U0389220

广西农作物种质资源

丛书主编　邓国富

水稻卷

邓国富　李丹婷　夏秀忠 等　著

科 学 出 版 社

北　京

内 容 简 介

本书概述了广西栽培稻和野生稻资源的分布、类型、特性，以及广西农业科学院水稻研究所在水稻种质资源收集、保存、鉴定和评价等方面的工作。书中选录了386份栽培稻资源和59份野生稻资源，介绍了每份资源的采集地、类型及分布、主要特征特性和利用价值，并配以相关性状的典型图片。

本书主要面向从事水稻种质资源保护、研究和利用的科技工作者，大专院校师生，农业管理部门工作者，水稻种植及加工人员等，旨在提供广西水稻种质资源的有关信息，促进水稻种质资源的有效保护和可持续利用。

图书在版编目（CIP）数据

广西农作物种质资源．水稻卷／邓国富等著．—北京：科学出版社，2020.6

ISBN 978-7-03-064979-9

Ⅰ．①广…　Ⅱ．①邓…　Ⅲ．①水稻－种质资源－广西　Ⅳ．① S32

中国版本图书馆CIP数据核字（2020）第072874号

责任编辑：陈　新　郝晨扬／责任校对：郑金红

责任印制：肖　兴／封面设计：金舵手世纪

科学出版社 出版

北京东黄城根北街16号

邮政编码：100717

http://www.sciencep.com

北京九天鸿程印刷有限责任公司 印刷

科学出版社发行　各地新华书店经销

*

2020年6月第　一　版　开本：787×1092　1/16

2020年6月第一次印刷　印张：29 3/4

字数：702 000

定价：428.00 元

（如有印装质量问题，我社负责调换）

“广西农作物种质资源”丛书编委会

本书著者名单

主要著者

邓国富　李丹婷　夏秀忠　张宗琼　梁云涛　徐志健

其他著者

农保选　杨行海　曾　宇　莊　洁　刘开强　潘英华

戴高兴　梁海福　周维永　陈韦韦　冯　锐　郭　辉

陈　灿　蒋显斌

Foreword 丛书序

农作物种质资源是农业科技原始创新、现代种业发展的物质基础，是保障粮食安全、建设生态文明、支撑农业可持续发展的战略性资源。近年来，随着自然环境、种植业结构和土地经营方式等的变化，大量地方品种迅速消失，作物野生近缘植物资源急剧减少。因此，农业部（现称农业农村部）于2015年启动了“第三次全国农作物种质资源普查与收集行动”，以查清我国农作物种质资源本底，并开展种质资源的抢救性收集。

广西壮族自治区（后简称广西）是首批启动“第三次全国农作物种质资源普查与收集行动”的省（区、市）之一，完成了75个县（市）农作物种质资源的全面普查，以及22个县（市、区）农作物种质资源的系统调查和抢救性收集，基本查清了广西农作物种质资源的基本情况，结合广西创新驱动发展专项“广西农作物种质资源收集鉴定与保存”，收集各类农作物种质资源2万余份，开展了系统的鉴定评价，筛选出一批优异的农作物种质资源，进一步丰富了我国农作物种质资源的战略储备。

在此基础上，广西农业科学院系统梳理和总结了广西农作物种质资源工作，组织全院科技人员编撰了“广西农作物种质资源”丛书。丛书详细介绍了广西农作物种质资源的基本情况、优异资源及创新利用等情况，是广西开展“第三次全国农作物种质资源普查与收集行动”和实施广西创新驱动发展专项“广西农作物种质资源收集鉴定与保存”的重要成果，对于更好地保护与利用广西的农作物种质资源具有重要意义。

值此丛书脱稿之际，作此序，表示祝贺，希望广西进一步加强农作物种质资源保护，深入推动种质资源共享利用，为广西现代种业发展和乡村振兴做出更大的贡献。

中国工程院院士 刘旭

2019年9月

Preface 丛书前言

广西地处我国南疆，属亚热带季风气候区，雨水丰沛，光照充足，自然条件优越，生物多样性水平居全国前列，其生物资源具有数量多、分布广、特异性突出等特点，是水稻、玉米、甘蔗、大豆、热带果树、蔬菜、食用菌、花卉等种质资源的重要分布地和区域多样性中心。

为全面、系统地保护优异的农作物种质资源，广西积极开展农作物种质资源普查与收集工作。在国家有关部门的统筹安排下，广西先后于1955～1958年、1983～1985年、2015～2019年开展了第一次、第二次、第三次全国农作物种质资源普查与收集行动，还于1978～1980年、1991～1995年、2008～2010年分别开展了广西野生稻、桂西山区、沿海地区等单一作物或区域性的农作物种质资源考察与收集行动。

广西农业科学院是广西农作物种质资源收集、保护与创新利用工作的牵头单位，种质资源收集与保存工作成效显著，为国家农作物种质资源的保护和创新利用做出了重要贡献。经过一代又一代种质资源科技工作者的不懈努力，全院目前拥有野生稻、花生等国家种质资源圃2个，甘蔗、龙眼、荔枝、淮山、火龙果、番石榴、杨桃等省部级种质资源圃7个，保存农作物种质资源及相关材料8万余份，其中野生稻种质资源约占全国保存总量的1/2、栽培稻种质资源约占全国保存总量的1/6、甘蔗种质资源约占全国保存总量的1/2、糯玉米种质资源约占全国保存总量的1/3。通过创新利用这些珍贵的种质资源，广西农业科学院创制了一批在科研、生产上发挥了巨大作用的新材料、新品种，例如：利用广西农家品种“矮仔占”培育了第一个以杂交育种方法育成的矮秆水稻品种，引发了水稻的第一次绿色革命——矮秆育种；广西选育的桂99是我国第一个利用广西田东普通野生稻育成的恢复系，是国内应用面积最大的水稻恢复系之一；创制了广西首个被农业部列为玉米生产主导品种的桂单0810、广西第一个通过国家审定的糯玉米品种——桂糯518，桂糯518现已成为广西乃至我国糯玉米育种史上的标志性品种；利用收集引进的资源还创制了我国种植比例和累计推广面积最大的自育甘蔗品种——桂糖11号、桂糖42号（当前种植面积最大）；培育了一大批深受市场欢迎的水果、蔬菜特色品种，从钦州荔枝实生资源中选育出了我国第一个国审荔枝新品种——贵妃红，利用梧州青皮冬瓜、北海粉皮冬瓜等育成了“桂蔬”系列黑皮冬瓜（在华南地区市场占有率达60%以上）。1981年建成的广西农业科学院种质资源库是我国第一座现代化农作物种质资源库，是广西乃至我国农作物种质资源保护和创新利用的重要平台。这些珍贵的种质资源和重要的种质创新平台为推动我国种质创新、提高生物育种效率发挥了重要作用。

广西是2015年首批启动"第三次全国农作物种质资源普查与收集行动"的4个省（区、市）之一，圆满完成了75个县（市）主要农作物种质资源的普查征集，全面完成了22个县（市、区）农作物种质资源的系统调查和抢救性收集。在此基础上，广西壮族自治区人民政府于2017年启动广西创新驱动发展专项"广西农作物种质资源收集鉴定与保存"（桂科AA17204045），首次实现广西农作物种质资源收集区域、收集种类和生态类型的3个全覆盖，是广西目前最全面、最系统、最深入的农作物种质资源收集与保护行动。通过普查行动和专项的实施，广西农业科学院收集水稻、玉米、甘蔗、大豆、果树、蔬菜、食用菌、花卉等涵盖22科51属80种的种质资源2万余份，发现了1个兰花新种和3个兰花新记录种，明确了贵州地宝兰、华东葡萄、灌阳野生大豆、弄岗野生龙眼等新的分布区，这些资源对研究物种起源与进化具有重要意义，为种质资源的挖掘利用和新材料、新品种的精准创制奠定了坚实的基础。

为系统梳理"第三次全国农作物种质资源普查与收集行动"和"广西农作物种质资源收集鉴定与保存"的项目成果，全面总结广西农作物种质资源收集、鉴定和评价工作，为种质资源创新和农作物育种工作者提供翔实的优异农作物种质资源基础信息，推动农作物种质资源的收集保护和共享利用，广西农业科学院组织全院20个专业研究所200余名专家编写了"广西农作物种质资源"丛书。丛书全套共12卷，分别是《水稻卷》《玉米卷》《甘蔗卷》《果树卷》《蔬菜卷》《花生卷》《大豆卷》《薯类作物卷》《杂粮卷》《食用豆类作物卷》《花卉卷》《食用菌卷》。丛书系统总结了广西农业科学院在农作物种质资源收集、保存、鉴定和评价等方面的工作，分别概述了水稻、玉米、甘蔗等广西主要农作物种质资源的分布、类型、特色、演变规律等，图文并茂地展示了主要农作物种质资源，并详细描述了它们的采集地、主要特征特性、优异性状及利用价值，是一套综合性的种质资源图书。

在种质资源收集、鉴定、入库和丛书编撰过程中，农业农村部特别是中国农业科学院等单位领导和专家给予了大力支持和指导。丛书出版得到了"第三次全国农作物种质资源普查与收集行动"和"广西农作物种质资源收集鉴定与保存"的经费支持。中国工程院院士、著名植物种质资源学家刘旭先生还专门为丛书作序。在此，一并致以诚挚的谢意。

广西农业科学院院长 

2019年9月

Contents 目 录

第一章
广西水稻种质资源概述

广西地处我国华南地区，位于北纬20°54′～26°24′、东经104°28′～112°04′，属于亚热带季风气候区，气候温暖，雨水丰沛，光照充足。水稻是广西最主要的粮食作物，2017年种植面积为192.25万hm^2，总产量为1087.9万t，占广西粮食总产量的74.1%。

广西稻作历史悠久，在桂北的资源县出土了历史久远的炭化稻米，距今约6000年。广西具有独特的地理位置、复杂的地形地貌、多样的气候类型和多民族稻作文化等特点，这些特点造就了广西丰富多样的野生稻和栽培稻资源。另外，有学者研究认为广西是亚洲栽培稻的起源地之一（Huang et al.，2012）。

第一节　广西栽培稻种质资源概述

一、栽培稻资源调查、收集、保存和鉴定

自20世纪30年代初开始，广西开展了15次不同规模的稻种资源调查与收集工作。其中，2015～2018年开展第三次全国农作物种质资源普查与收集行动，共完成13个地级市58个县（市、区）160个乡（镇）229个村水稻种质资源调查，收集栽培稻资源516份。至今已完成广西大部分县（市、区）水稻种质资源的收集，入库保存栽培稻资源约1.5万份。

经整理，编入《中国稻种资源目录》（中国农业科学院作物品种资源研究所，1992）的广西栽培稻种质资源达8000多份，约占全国总数的1/5，不仅包含籼稻、粳稻、早稻、晚稻等栽培稻常见品种类型，还有诸如深水稻、冬稻、有色稻、光壳稻及间作稻等特色品种类型。广西保存的栽培稻种质资源蕴藏丰富的优异基因和少数民族特色种质，可谓稻种资源中的“瑰宝”（李道远等，2001）。

从20世纪80年代开始，对收集的稻种资源利用程氏六项指数进行籼粳分类研究、酯酶同工酶谱带分析和光温反应研究，并对稻种资源的主要形态性状、主要病虫害抗性、耐胁迫性及品质特性等进行鉴定评价。现已建立43项性状共25万数据词条的栽培稻种质资源数据库，包括株高等15项表型特征数据，直链淀粉含量等9项米质相关性状，千粒重等5项产量相关性状，钙、铁、锌、硒等4项微量元素含量，抗旱、耐寒、耐涝、耐贫瘠等4项耐非生物胁迫性，对南方水稻黑条矮缩病抗性等4项抗病性及抗褐飞虱、白背飞虱等2项抗虫性。

二、广西栽培稻资源类型与分布

广西保存的栽培稻资源类型丰富，以籼粳类型分，籼稻约占65%（资源份数所占比例，下同），粳稻约占35%；籼稻广泛分布于平原、丘陵或山区的河谷地带，在广西各地级市均有典型籼稻分布；粳稻主要分布于高寒山区或桂北地区，如东兰县、天峨县、隆林各族自治县等地。以早晚稻类型分，晚稻约占82%，早稻约占18%。以水陆类型分，水稻约占94.6%，陆稻约占5.4%。以粘糯类型分，粘稻约占74.6%，糯稻约占25.4%，其中籼糯约占糯稻资源的22%、粳糯约占糯稻资源的78%。此外，广西还有香稻，紫米稻（黑米稻、墨米稻），冬稻（冬禾、雪禾、冷禾），深水稻，多毛稻，光壳稻和间作稻（夹根稻、合生禾）等特色类型。其中，香稻和紫米稻在广西各地均有分布；冬稻是一种利用冬闲季节种植的品种，一般10月中旬播种，翌年5～6月收获，曾起到利用冬闲田解决春荒的作用，资源保存量极少，目前仅在天等县、大新县、西林县等地少量种植；深水稻仅在桂平市、邕宁区、覃塘区、港北区等地个别乡村的江河沿岸低洼地、沼泽地、水塘等地，北海市、防城港市、钦州市等地海边积水田、咸水田等地种植；多毛稻多分布于山区，收集到的典型种质有灌阳县和平乐县的毛二谷、横县的红线光等（梁耀懋，1991）。

三、广西特色栽培稻资源

根据2015～2018年的调查结果，广西目前仍种植的具有一定面积且在产业中有一定影响的水稻古老地方品种主要有3种类型，分别为粳型香糯稻、有色稻和深水稻。

粳型香糯稻是广西著名的地方特色稻种资源，具有悠久的种植历史。粳型糯稻粒大且圆，俗称大糯，与之对应的籼型糯稻粒小且长，俗称小糯。在广西古老地方品种中，具有香味的大多为大糯，即粳型香糯，又称大香糯。广西收集保存的粳型香糯稻数量约占全部栽培稻种质资源总数的3%，主要分布在桂西、桂南及桂中部分地区，以百色市、河池市、柳州市等地的山区分布最多，桂北地区有少量分布。其代表性品种有上思香糯、靖西大香糯、三江大顺香糯、环江长北香糯、融水香糯、都安板升香糯、龙胜红糯等。其中，上思香糯、靖西大香糯、环江长北香糯、龙胜红糯4个品种获得国家农产品地理标志登记保护。大香糯在广西已有300多年的种植历史，生产上以古老地方品种为主。古老地方品种品质优且风味独特，在少数民族的祭祀、婚嫁及节庆等习俗方面也具有特殊作用，因而得以世代种植并保存至今。最常见的，如三月三或清明时节的五色糯米饭、油茶的标配——爆米花和少数民族酿制的各种糯米酒等，都采用当地的大香糯做原材料。许多香糯稻资源原产于山区或高寒山区，具有耐寒、耐旱、抗病虫的特性，加上香味浓郁，如靖西香糯、龙州香糯等香糯稻品种，都是一些难得的香源和抗源。但老香糯品种产量相对较低，单产仅为3000～3750kg/hm^2，品种比较杂乱、高秆易倒，不便于田间管理。近5年来，大香糯在广西年种植面积约为0.8万hm^2（陈传华等，2017；曾宇等，2017）。

广西有色稻有红米、黑米和紫米3种类型，数量约占广西收集保存栽培稻种质资源总数的25%。黑米和紫米的糙米种皮呈乌黑色、紫黑色、紫色、褐色，红米的糙米种皮呈微红色、红色、赤褐色。有色稻在广西有悠久的栽培历史，根据历史资料，在南宋初期就有有色稻的种植，随着年代的推移，种植范围不断扩大，曾遍布广西各地。新中国成立后，随着新品种逐渐推广，有色稻的种植面积越来越少，主要集中在桂西、桂中、桂北等地海拔较高的高寒或半高寒山区，占广西有色稻种植面积的80%以上；桂南、桂东地区仅有少量分布。其中，桂西地区分布最多，如百色市的田东县、隆林各族自治县、西林县、德保县、凌云县、那坡县，河池市的东兰县、凤山县、环江毛南族自治县、巴马瑶族自治县、都安瑶族自治县、罗城仫佬族自治县、南丹县等地均有分布。沿海地区有色稻资源种类虽然极少，但却有种植历史悠久的特色稻——海红米（也称海水稻、潮禾米）。有色稻的保留和传承，与当地习俗和饮食习惯密切相关。广西壮族、瑶族、苗族、侗族、仫佬族、毛南族等多个民族都有食用黑米或红米的传统，在象州县、融水苗族自治县、三江侗族自治县、金秀瑶族自治县等地至今仍有以有色稻米为主食的侗寨，除食用黑糯米饭、红米饭外，他们喜食有色稻米制作的粽子、糍粑、汤圆、肠粉、年糕、点心等，如巴马瑶族自治县、凤山县的黑米粽和红米肠粉都是当地有名的特色小吃。以黑米、红米酿造的黑米酒和红米酒（含甜酒）也是当地少数民族的珍品。近年来，广西有色稻得到了很好的应用和发展，东兰墨米、龙胜红糯、象州红米等地方品种获得国家农产品地理标志登记保护。河池市的环江黑糯、凤山黑糯、巴马墨米，玉林市的容县黑糯，贵港市的覃塘黑米、覃塘红米，柳州市的融水紫黑香糯、三江红糯，钦州市的海红米等地方品种被列为地方名特优农产品。由于市场需求扩大和政府推动，龙胜红糯、覃塘红米、融水紫黑香糯、钦州海红米等有色稻地方品种得到进一步推广应用（卢玉娥和梁耀懋，1987；应存山，1993；罗同平，2014）。

深水稻是一类可在深水条件下生长的水稻类型。广西是我国少数尚存深水稻种植的省（区、市）之一。20世纪90年代初期，广西农业科学院作物品种资源研究所曾对广西的深水稻做过考察与研究。根据当年的考察，广西深水稻有两种不同的栽培生态环境类型：其一，分布于桂东南及桂西南的浔江、西江、邕江等河流两岸的桂平市、覃塘区、港北区、邕宁区等地的低洼积水田、淹水田、水塘等地，称为沿江深水稻；其二，分布于钦州市、北海市、防城港市沿海的水浸围田、低田、咸水田、深湴田等，称为沿海深水稻。沿江深水稻和沿海深水稻的栽培生态环境有较大差异，在形态和栽培技术上有一定差别，特别是在耐盐碱上有明显不同。2008～2018 年，广西农业科学院水稻研究所再次调查了广西 18 个临海乡（镇）的深水稻种植状况，发现北海市的沙田镇、党江镇、公馆镇，钦州市的大番坡镇、犀牛脚镇，防城港市的江平镇、光坡镇、江山镇、企沙镇、茅岭乡等乡（镇）还有沿海深水稻零星种植；主要种植于海水倒灌田、盐度很高又无法种植其他作物的围田，茎秆随海水的上涨而逐渐伸长，免于被淹没，海水退后，重新从茎节长根并直立生长。耐盐性、耐淹性强，可满足沿海咸水田需求是深水稻仍有种植的一个原因；另一个原因是，深水稻米为红米，符合当地居民喜食红米的饮食习惯。调查所见深水稻品种仍然以深水莲、赤禾、毛禾等为主，秆高、分蘖少、芒长，综合性状不是很好，产量约为 3750kg/hm^2。

第二节　广西野生稻种质资源概述

一、广西野生稻资源类型与分布

野生稻是禾本科（Poaceae）稻属（*Oryza*）中除亚洲栽培稻和非洲栽培稻以外所有野生种的总称。根据目前比较公认的分类方法，野生稻共有 21 个种，主要分布在中国南部，以及南亚、东南亚、中美洲、南美洲、非洲、大洋洲等世界多个地区。中国已发现 3 种野生稻，即普通野生稻（*O. rufipogon*）、药用野生稻（*O. officinalis*）和疣粒野生稻（*O. meyeriana*），分布范围东起台湾省，西至云南省，南起海南省，北抵江西省。其中，广西发现了 2 个野生稻种，即普通野生稻和药用野生稻。同时，广西是我国野生稻资源分布最丰富的地区，在所辖 14 个地级市均发现有野生稻分布（陈成斌和庞汉华，2001）。

由于工农业生产发展、城市扩张和环境污染，野生稻资源的自然生长环境不断遭受破坏，野生稻资源的种群数量和分布面积急剧减少。例如，根据最新的调查结果，广西野生稻野外分布点仅存 296 个，比 30 年前减少了 78%，而且 98% 以上的分布点处于濒危状况。因此，加强对广西野生稻资源的保护刻不容缓。鉴于野生稻资源的重要作用和濒危现状，1999 年我国将 3 种野生稻列入《国家重点保护野生植物名录（第一批）》（二级）。同时，为了长期、有效地保护珍贵的野生稻资源，国家通过建立原生境保护区和种质资源圃（库）形成了较为完善的野生稻资源保护体系。其中，在广西建立了 10 个国家级野生稻原生境保护区（点）和 1 个国家级野生稻资源圃，从而保护了大批野生稻资源。在此基础上，通过对野生稻资源特征特性进行精准鉴定评价，为水稻育种改良提供了大批生产急需的优异亲本材料（陈成斌等，2005）。

二、广西野生稻特性及应用

野生稻是栽培稻的原始祖先种，中国科学院韩斌院士等研究发现，广西普通野生稻在基因组水平上与亚洲栽培稻的亲缘关系最近，这表明广西很可能是亚洲栽培稻的起源中心（Huang et al.，2012）。早在8000多年前，广西先民最早开始将野生稻人工驯化成栽培稻，并种植栽培稻，对推动人类文明的进程做出了重要的历史贡献。因此，广西野生稻种质资源在稻作基础研究和育种利用方面具有特殊的重要作用。

野生稻在长期的进化过程中形成了丰富的变异类型，对生物胁迫、非生物胁迫具有较强的耐受性或抗性。中国农业大学的一项对比研究表明，相对于普通野生稻，现代栽培稻丢失了约1/3的等位基因和1/2的基因型，其中包括大量抗病虫、抗杂草、抗逆、高效营养、高产等优异有利基因（王象坤等，2003）。因此，对野生稻的研究和创新利用一直是国内外科学家进行水稻品种改良和基础理论探索的重要途径。20世纪30年代，我国著名农学家丁颖先生利用广东普通野生稻与栽培稻杂交，育成了世界上第一个具有野生稻血缘的水稻品种——中山1号。此后，各地育种家利用中山1号又相继选育出多个衍生品种，如包胎矮等，这些品种经过半个世纪，80年代仍在生产上推广应用（李金泉等，2009）。1970年，“世界杂交水稻之父”袁隆平利用在海南发现的“野败”不育野生稻种质材料选育出杂交稻不育系，率先实现了杂交水稻三系配套，使我国水稻产量大幅提高。江西农业科学院利用东乡野生稻的强耐冷性育成了能在江西低温安全越冬的再生水稻材料，从而为解决水稻育秧期低温冷害的难题奠定了基础（陈大洲等，2003）。中国农业科学院从广西普通野生稻中克隆了高抗水稻白叶枯病的优异新基因*Xa23*。广西农业科学院李丁民研究员利用广西野生稻资源育成国内应用最广泛的水稻恢复系之一的桂99，至今利用该恢复系配组出杂交稻组合20多个，应用面积累计达1000万hm^2，为社会带来经济效益超40亿元。广西大学莫永生教授利用广西普通野生稻育成测253、测258等5个恢复系，先后配组出17个杂交稻组合，累计推广面积780万hm^2，新增产值113.96亿元，产生了显著的社会、经济效益。大量研究表明，野生稻种质资源是水稻育种重要的物质基础。深入挖掘野生稻中的有利基因对提高水稻产量、改善稻米品质、增强水稻抗性，以及保障粮食安全和保护生态环境具有重要战略意义（邓国富等，2012；潘英华等，2018）。

第二章
广西栽培稻种质资源

第一节 粳型糯稻种质资源

1. 白香糯

【采集地】广西柳州市融水苗族自治县良寨乡大里村。

【类型及分布】属于粳型糯稻，感温型品种，在良寨乡各村有零星种植。

【主要特征特性】[①] 在南宁种植，播始历期为73天，株高135.3cm，有效穗7个，穗长25.3cm，穗粒数162粒，结实率为91.8%，千粒重28.3g，谷粒短圆形，褐色中芒，颖尖紫色，谷壳黄色，白米[②]。

【利用价值】目前直接应用于生产，在当地已种植20多年。农户自留种，自产自销。主要用于酿制糯米酒、制作糍粑等，可做水稻育种亲本。

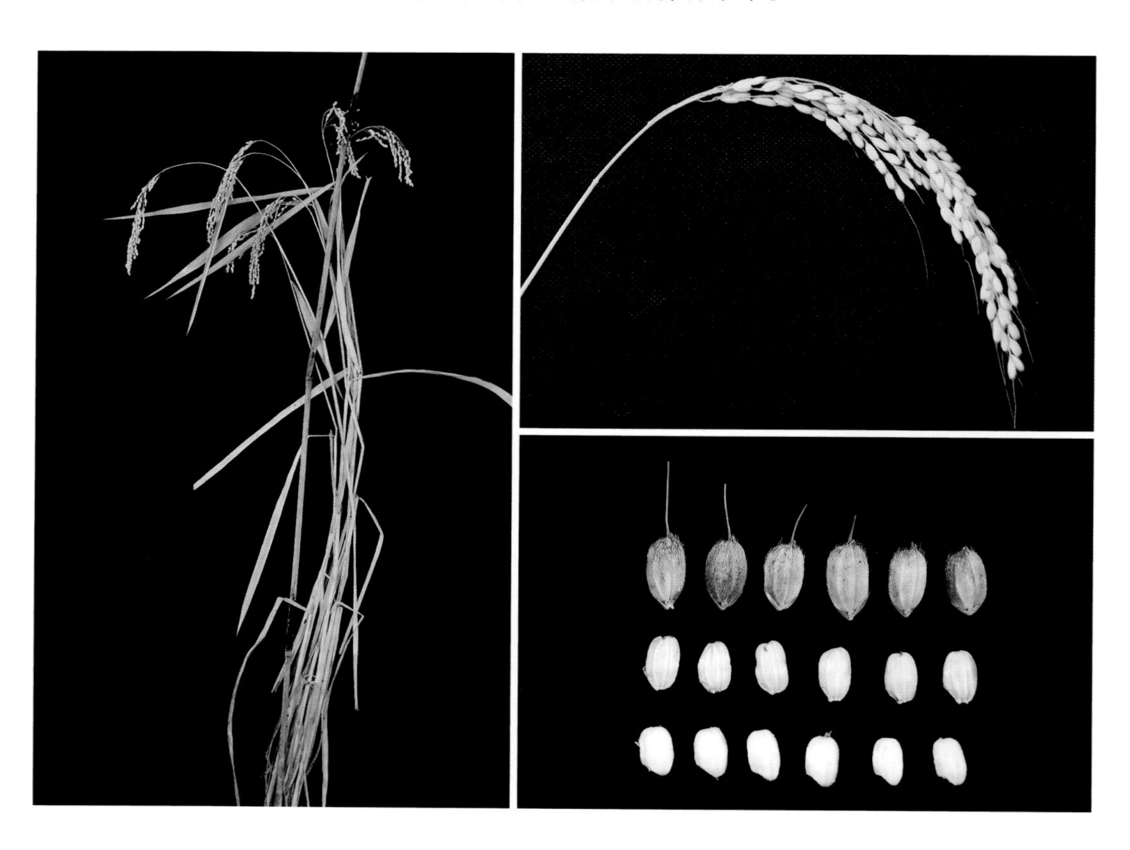

① 【主要特征特性】所列农艺性状数据均为2016～2018年田间鉴定数据的平均值，后文同

② 本书所描述米粒颜色均为糙米（如谷粒图片第二行所示）颜色，而精米（如谷粒图片第三行所示）均为白色

2. 东瓜寨糯

【采集地】广西桂林市阳朔县葡萄镇东瓜寨村。

【类型及分布】属于粳型糯稻，感光型品种，现种植分布少。

【主要特征特性】在南宁种植，播始历期为79天，株高163.5cm，有效穗7个，穗长27.5cm，穗粒数175粒，结实率为81.9%，千粒重28.3g，谷粒长7.6mm、宽3.8mm，谷粒阔卵形，无芒，颖尖黄色，谷壳褐色，白米。

【利用价值】目前直接应用于生产，在当地已种植10多年。农户自留种，自产自销。主要用于制作糍粑、粽子或蒸煮糯米饭等，可做水稻育种亲本。

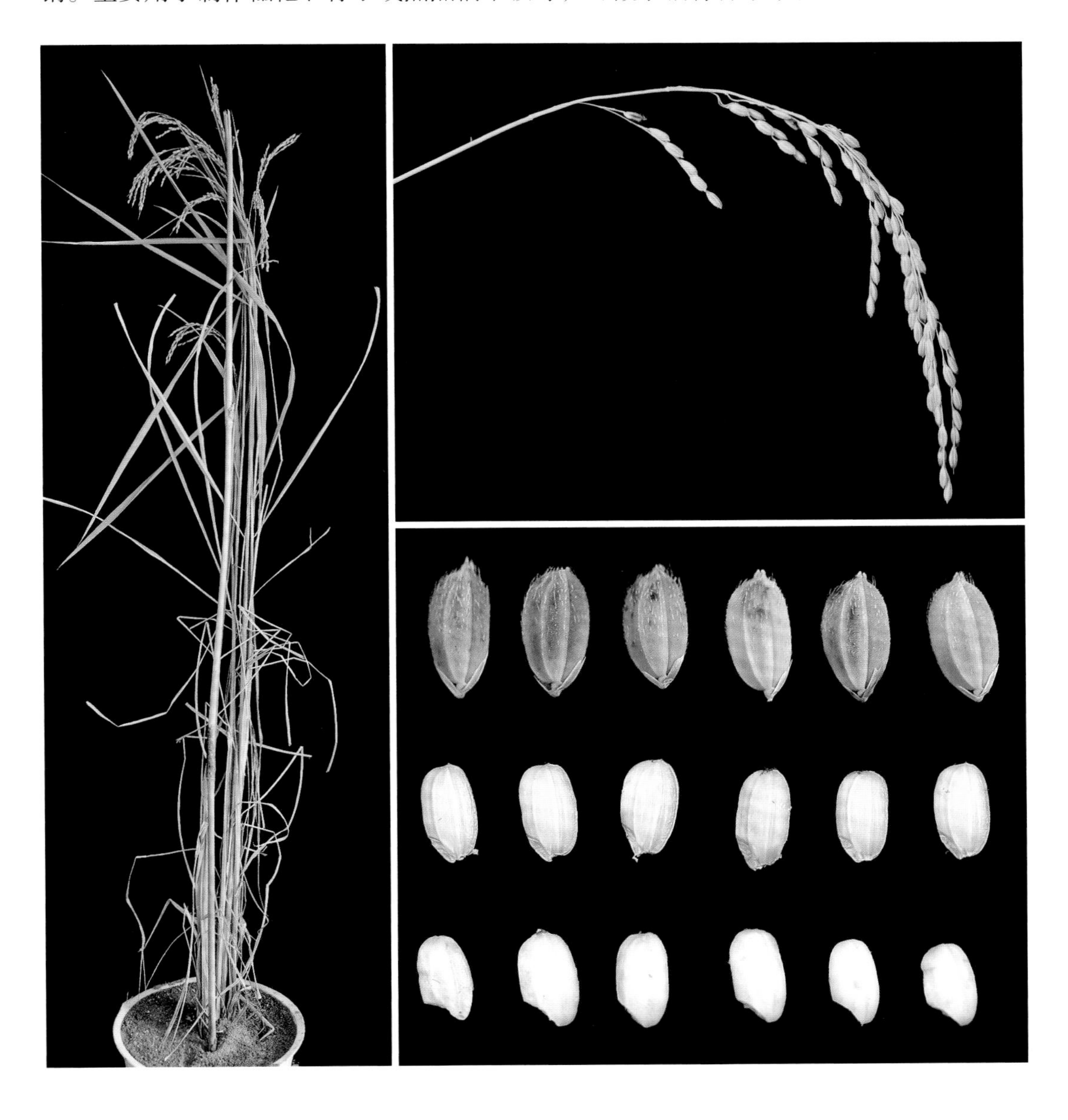

3. 坡洪鸭血糯

【采集地】广西百色市田东县那拔镇坡洪村。

【类型及分布】属于粳型糯稻，感光型品种，当地俗称鸭血糯，现种植分布少。

【主要特征特性】在南宁种植，播始历期为84天，株高160.7cm，有效穗8个，穗长28.1cm，穗粒数184粒，结实率为76.4%，千粒重31.4g，谷粒短圆形，褐色短芒，颖尖黑色，谷壳红褐色，白米。当地农户认为该品种易倒伏，但是不易落粒，米质优，抗病性强。

【利用价值】目前直接应用于生产，在当地已种植20年以上，一般4月中旬播种，10月中旬收获。农户自留种。可做水稻育种亲本。

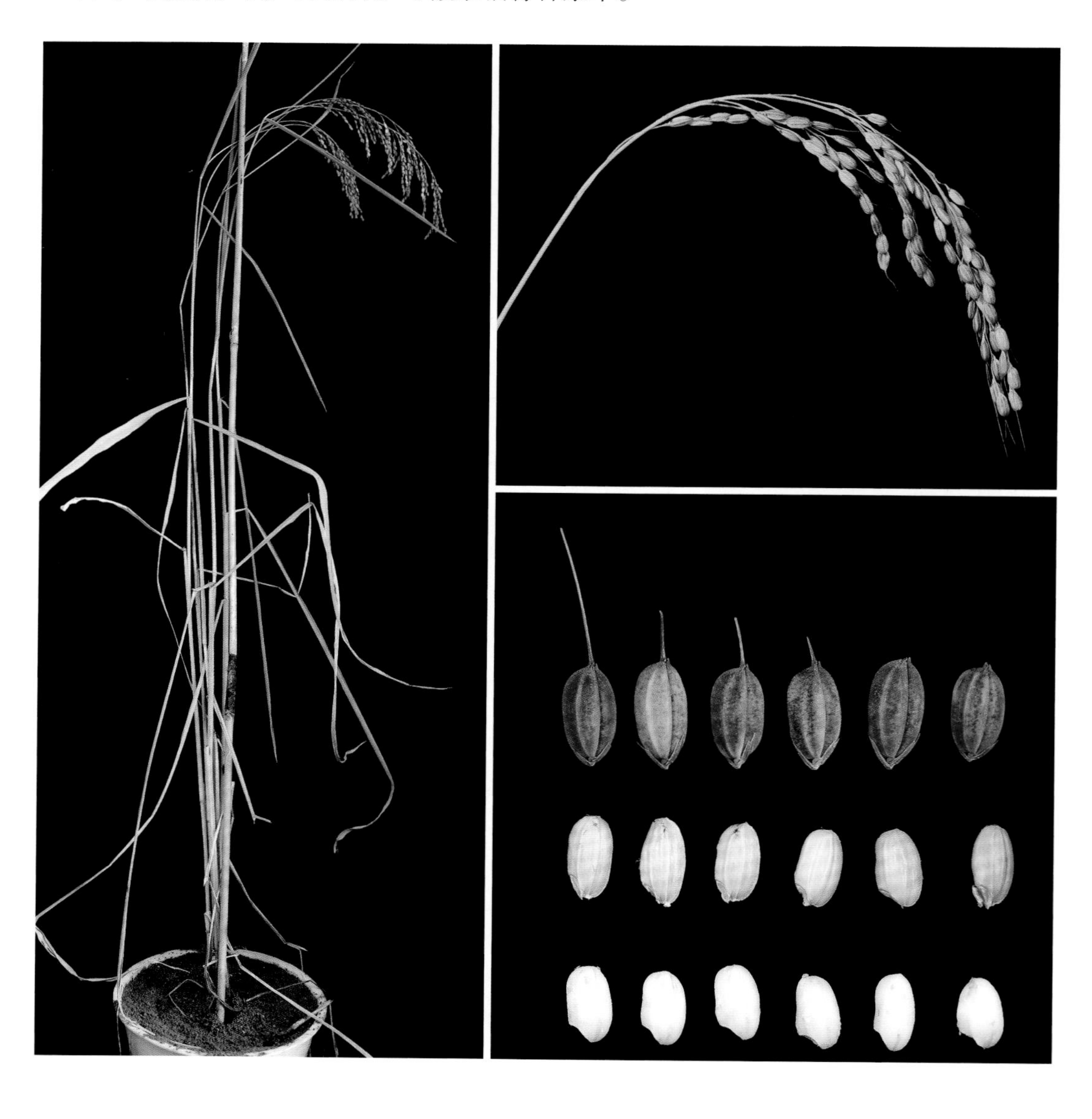

4. 旺吉大糯

【采集地】广西百色市田林县潞城瑶族乡旺吉村。

【类型及分布】属于粳型糯稻，感温型品种，现种植分布少。

【主要特征特性】在南宁种植，播始历期为73天，株高169.2cm，有效穗8个，穗长31.5cm，穗粒数202粒，结实率为82.2%，千粒重33.8g，谷粒长8.6mm、宽4.0mm，谷粒阔卵形，黄色短芒，颖尖黄色，谷壳黄色，白米。当地农户认为该品种米质优，抗病虫，广适，但易倒伏。

【利用价值】目前直接应用于生产，在当地已种植10年以上，一般7月上旬播种，10月下旬收获。农户自留种，自产自销。可做水稻育种亲本。

5. 红香糯

【采集地】广西百色市田林县潞城瑶族乡旺吉村。

【类型及分布】属于粳型糯稻，感光型品种，现种植分布少。

【主要特征特性】在南宁种植，播始历期为75天，株高132.2cm，有效穗7个，穗长25.3cm，穗粒数231粒，结实率为84.0%，千粒重29.4g，谷粒长7.7mm、宽3.9mm，谷粒阔卵形，无芒，颖尖黄色，谷壳褐色，白米。当地农户认为该品种米质优，抗病虫，广适。

【利用价值】目前直接应用于生产，一般7月上旬播种，10月下旬收获。农户自留种。主要用于制作粽子、发糕和点心等，可做水稻育种亲本。

6. 坝平大糯

【采集地】广西百色市隆林各族自治县沙梨乡坝平村。

【类型及分布】属于粳型糯稻，感光型品种，现种植分布少。

【主要特征特性】在南宁种植，播始历期为75天，株高171.8cm，有效穗6个，穗长31.0cm，穗粒数271粒，结实率为86.1%，千粒重23.8g，谷粒长7.0mm、宽3.5mm，谷粒阔卵形，褐色短芒，颖尖黑褐色，谷壳褐紫黑色，白米。当地农户认为该品种米质优，抗病，耐寒，耐贫瘠。

【利用价值】目前直接应用于生产，当地单季种植，已种植10年以上，一般5月上旬播种，9月中旬收获。农户自留种，自产自销。主要用于酿制糯米酒、甜酒和蒸煮五色糯米饭等，可做水稻育种亲本。

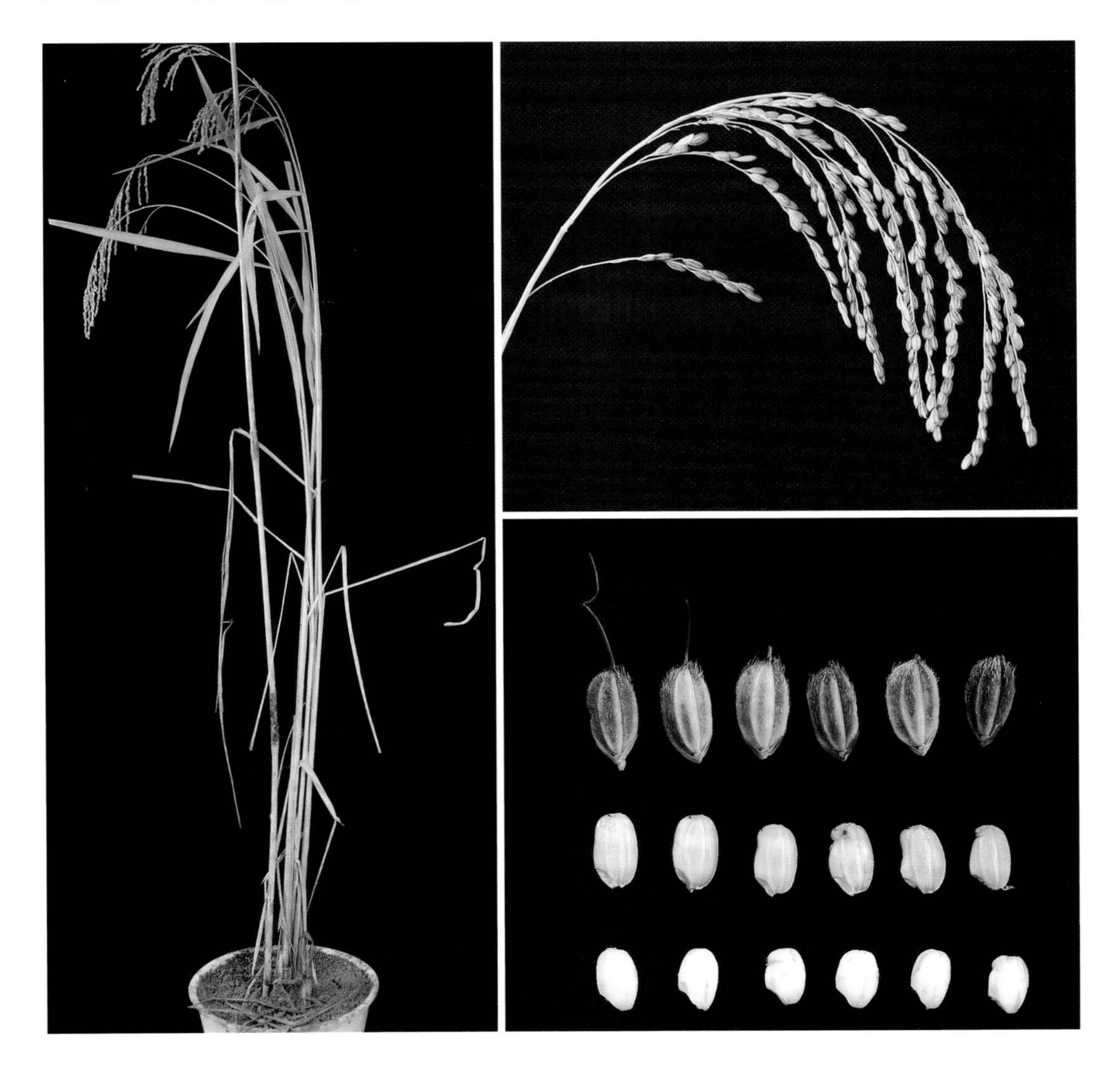

7. 马卡黄金糯

【采集地】广西百色市隆林各族自治县隆或镇马卡村。

【类型及分布】属于粳型糯稻，感温型品种，现种植分布少。

【主要特征特性】在南宁种植，播始历期为70天，株高142.6cm，有效穗9个，穗长28.9cm，穗粒数146粒，结实率为82.5%，千粒重32.3g，谷粒长8.4mm、宽4.0mm，谷粒阔卵形，黄色短芒，颖尖黄色，谷壳黄色，白米。当地农户认为该品种粒大饱满，米质优，抗倒伏，耐寒。

【利用价值】目前直接应用于生产，一般4月上旬播种，9月中旬收获。农户自留种，自产自销。主要用于酿制糯米酒、蒸煮五色糯米饭，可做水稻育种亲本。

8. 光毛大糯

【采集地】广西河池市凤山县长洲镇百乐村。

【类型及分布】属于粳型糯稻，感温型品种，现种植分布少。

【主要特征特性】在南宁种植，播始历期为54天，株高135.8cm，有效穗6个，穗长27.6cm，穗粒数150粒，结实率为83.5%，千粒重32.5g，谷粒长8.0mm、宽3.9mm，谷粒阔卵形，褐色短芒，颖尖褐色，谷壳黄色，白米。当地农户认为该品种米质优，耐贫瘠。

【利用价值】目前直接应用于生产，当地单季种植，已种植10年以上，一般4月中旬播种，10月中旬收获。农户自留种。该品种蒸煮的糯米饭软糯可口、余味清爽，可做水稻育种亲本。

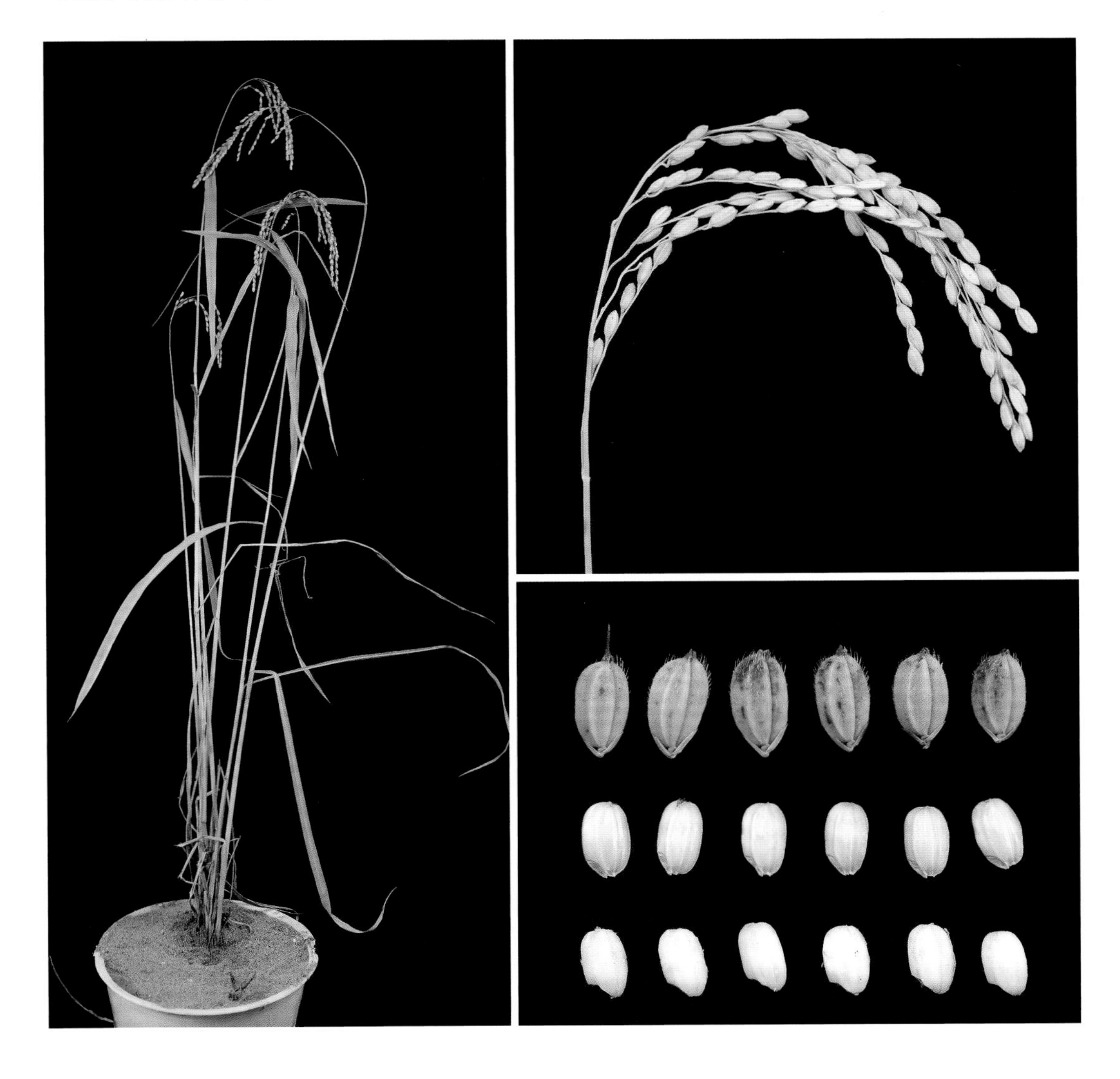

9. 红壳糯

【采集地】广西河池市凤山县长洲镇百乐村。

【类型及分布】属于粳型糯稻，感温型品种，现种植分布少。

【主要特征特性】在南宁种植，播始历期为67天，株高148.5cm，有效穗7个，穗长26.9cm，穗粒数220粒，结实率为77.7%，千粒重28.8g，谷粒长7.5mm、宽3.9mm，谷粒阔卵形，褐色短芒，颖尖褐色，谷壳赤褐色，白米。当地农户认为该品种米质优，耐贫瘠。

【利用价值】目前直接应用于生产，当地单季种植，已种植10多年，一般4月中旬播种，10月中旬收获。农户自留种，自产自销。该品种蒸煮的糯米饭余味清爽、口感极佳，主要用于蒸煮五色糯米饭，可做水稻育种亲本。

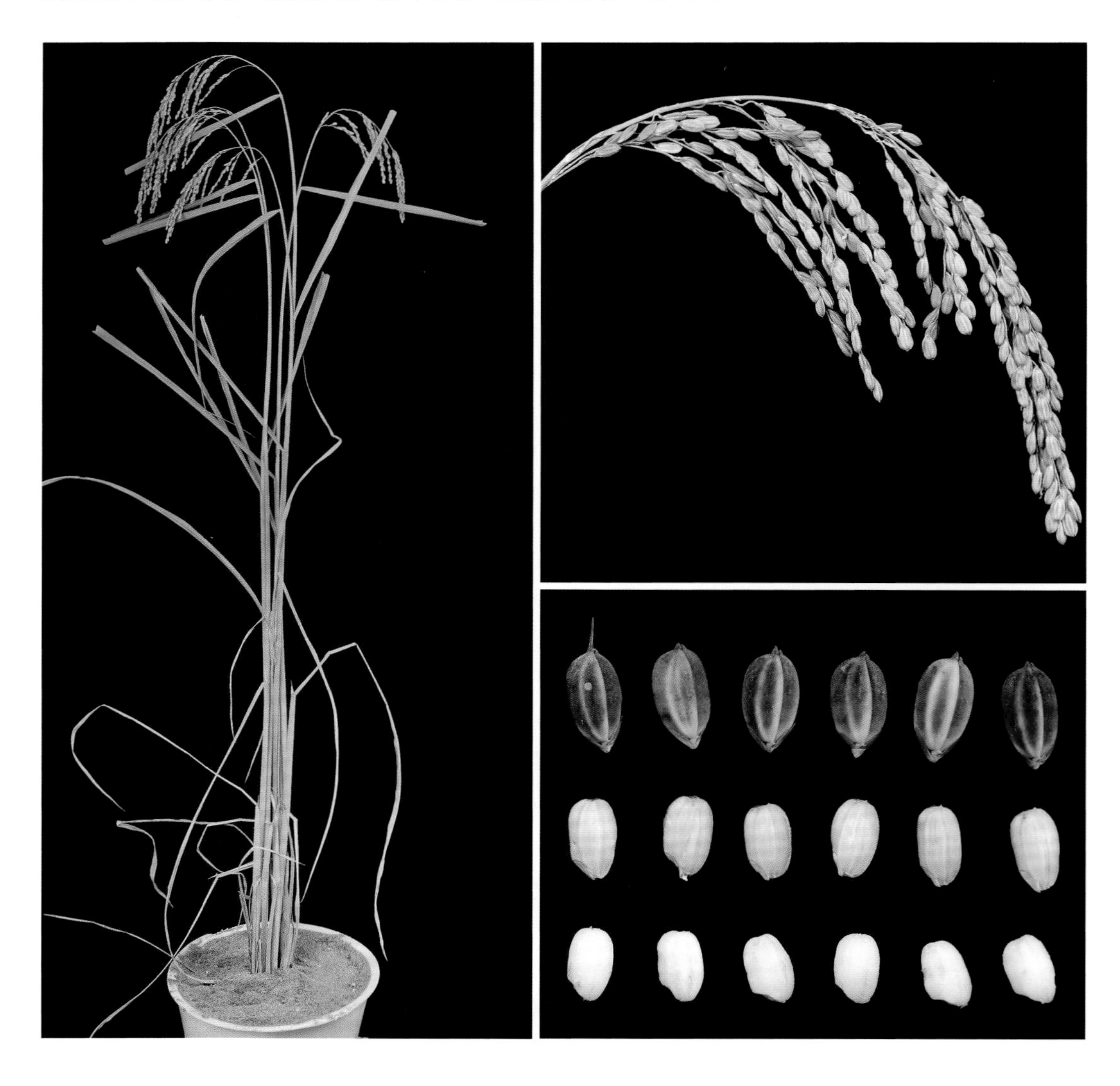

10. 久糯

【采集地】广西河池市凤山县长洲镇百乐村。

【类型及分布】属于粳型糯稻，感光型品种，现种植分布少。

【主要特征特性】在南宁种植，播始历期为77天，株高170.2cm，有效穗7个，穗长29.5cm，穗粒数151粒，结实率为84.7%，千粒重33.7g，谷粒阔卵形，褐色短芒，颖尖黄色，谷壳黄色，白米。当地农户认为该品种易倒伏，但籽粒饱满、米质优、耐贫瘠。

【利用价值】目前直接应用于生产，当地单季种植，已种植20多年，一般4月中旬播种，10月中旬收获。农户自留种，自产自销。该品种蒸煮的糯米饭米质松软、晶莹剔透、口感极佳，主要用于蒸煮糯米饭、酿制甜酒等，可做水稻育种亲本。

11. 白旱谷

【采集地】广西河池市凤山县长洲镇百乐村。

【类型及分布】属于粳型糯稻，陆稻，感光型品种，现种植分布少。

【主要特征特性】在南宁种植，播始历期为75天，株高153.1cm，有效穗7个，穗长28.7cm，穗粒数142粒，结实率为84.2%，千粒重38.4g，谷粒长10.5mm、宽4.0mm，谷粒椭圆形，无芒，颖尖褐色，谷壳黄色，护颖披针形，白米。当地农户认为该品种抗病虫，抗旱，耐寒，耐贫瘠。

【利用价值】目前直接应用于生产，当地已种植10多年，一般4月上旬播种，10月上旬收获。农户自留种，自产自销。该品种籽粒饱满、口感新鲜而细腻、色泽光亮，主要用于蒸煮五色糯米饭、酿制糯米酒等，可做水稻育种亲本。

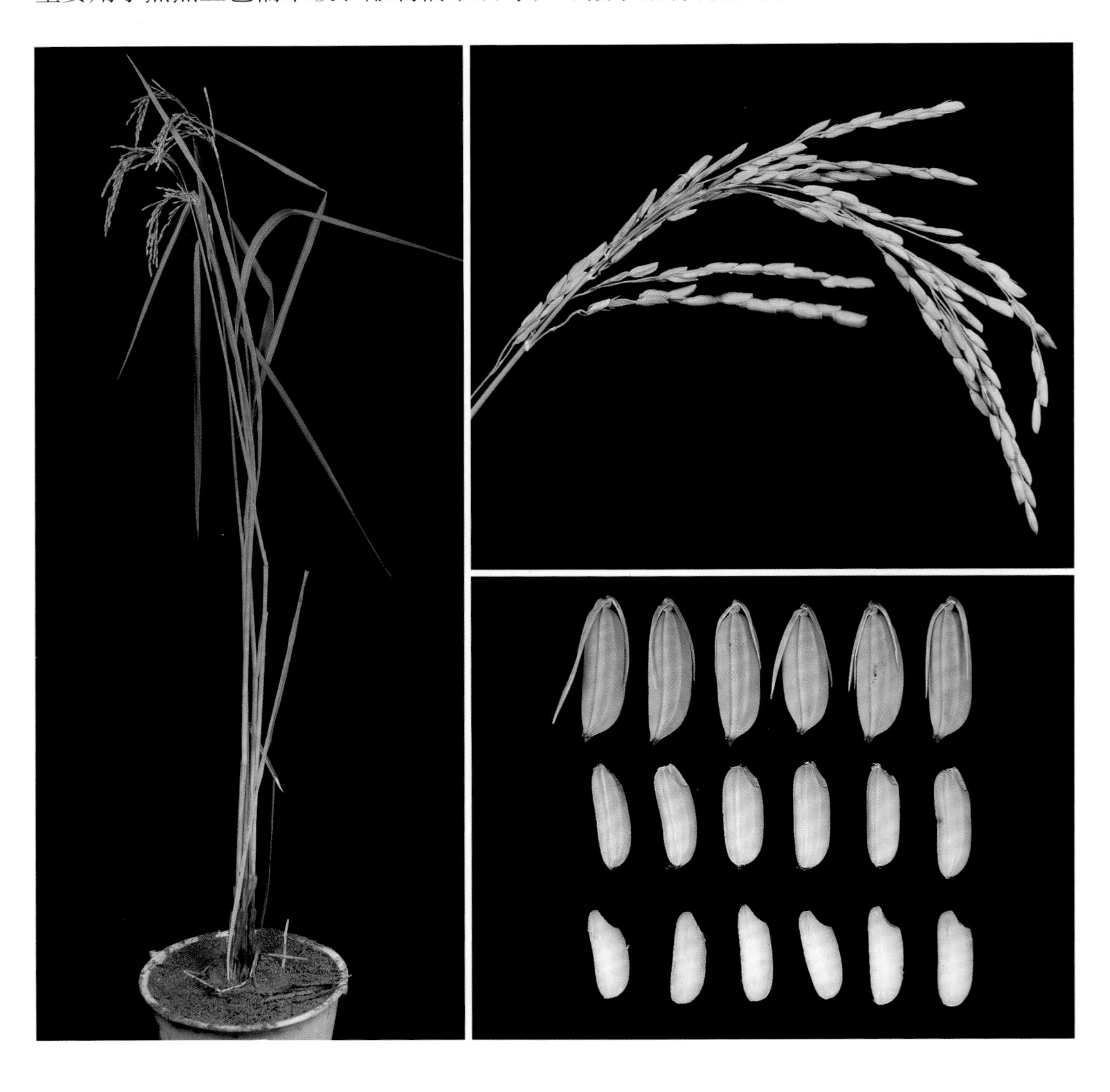

12. 同乐红须糯

【采集地】广西河池市凤山县乔音乡同乐村。

【类型及分布】属于粳型糯稻，感光型品种，现种植分布少。

【主要特征特性】在南宁种植，播始历期为77天，株高158.5cm，有效穗6个，穗长29.6cm，穗粒数179粒，结实率为82.0%，千粒重34.7g，谷粒阔卵形，褐色长芒，颖尖褐色，谷壳黄色，白米。当地农户认为该品种易倒伏，但是米质优、耐寒、耐贫瘠。

【利用价值】目前直接应用于生产，一般3月中旬播种，10月中旬收获。农户自留种，自产自销。主要用于酿制糯米酒、制作粽子等，可做水稻育种亲本。

13. 同乐粳

【采集地】广西河池市凤山县乔音乡同乐村。

【类型及分布】属于粳型糯稻，感温型品种，现种植分布少。

【主要特征特性】在南宁种植，播始历期为74天，株高178.3cm，有效穗5个，穗长34.8cm，穗粒数221粒，结实率为87.3%，千粒重34.3g，谷粒阔卵形，黄色长芒，颖尖黄色，谷壳黄色，白米。当地农户认为该品种茎秆高、易倒伏，但是米质优、耐寒、耐贫瘠。

【利用价值】目前直接应用于生产，当地已种植10多年，一般3月中旬播种，10月中旬收获。农户自留种，自产自销。主要用于蒸煮五色糯米饭或制作年糕、汤圆等，可做水稻育种亲本。

14. 光毛黑糯

【采集地】广西河池市凤山县乔音乡同乐村。

【类型及分布】属于粳型糯稻，感温型品种，现种植分布少。

【主要特征特性】在南宁种植，播始历期为68天，株高146.9cm，有效穗6个，穗长26.2cm，穗粒数196粒，结实率为77.1%，千粒重26.7g，谷粒长7.5mm、宽3.7mm，谷粒阔卵形，褐色短芒，颖尖褐色，谷壳紫黑色，白米。当地农户认为该品种米质优，抗病虫，耐贫瘠。

【利用价值】目前直接应用于生产，当地已种植10年以上，一般4月中旬播种，10月上旬收获。农户自留种，自产自销。该品种米粒圆润、晶莹剔透、口感柔韧，主要用于酿制糯米酒、甜酒或制作爆米花等，可做水稻育种亲本。

15. 百乐大糯

【采集地】广西河池市凤山县乔音乡百乐村。

【类型及分布】属于粳型糯稻，感温型品种，现种植分布少。

【主要特征特性】在南宁种植，播始历期为71天，株高164.9cm，有效穗6个，穗长32.9cm，穗粒数183粒，结实率为86.6%，千粒重35.2g，谷粒长9.4mm、宽3.9mm，谷粒椭圆形，黄色短芒，颖尖黄色，谷壳黄色，白米。当地农户认为该品种茎秆高、易倒伏、产量低，但是米质优、耐贫瘠。

【利用价值】目前直接应用于生产，一般4月中旬播种，10月上旬收获。农户自留种，自产自销。该品种谷粒干瘪，但米饭绵软略甜、天然清香，主要用于制作糍团、年糕和点心等，可做水稻育种亲本。

16. 糯旱谷

【采集地】广西河池市巴马瑶族自治县那桃乡民安村。

【类型及分布】属于粳型糯稻，感温型品种，现种植分布广。

【主要特征特性】在南宁种植，播始历期为63天，株高144.7cm，有效穗6个，穗长29.3cm，穗粒数145粒，结实率为88.5%，千粒重31.6g，谷粒长8.9mm、宽3.8mm，谷粒椭圆形，无芒，颖尖褐色，谷壳褐色，白米。当地农户认为该品种抗病虫，抗旱。

【利用价值】目前直接应用于生产，当地已种植10多年，一般3月中旬播种，8月上旬收获。农户自留种。该品种蒸煮有清香味、色泽光亮、口感均衡，常用于蒸煮五色糯米饭或制作糍粑等，可做水稻育种亲本。

17. 那勤糯谷

【采集地】广西河池市巴马瑶族自治县那社乡那勤村。

【类型及分布】属于粳型糯稻，感温型品种，现种植分布广。

【主要特征特性】在南宁种植，播始历期为55天，株高132.5cm，有效穗6个，穗长25.4cm，穗粒数145粒，结实率为87.7%，千粒重28.7g，谷粒长7.8mm、宽3.9mm，谷粒阔卵形，无芒，颖尖褐色，谷壳黄色，白米。当地农户认为该品种米质优，抗虫，抗旱。

【利用价值】目前直接应用于生产，当地已种植近10年，一般4月中旬播种，10月上旬收获。农户自留种。该品种米粒圆润透亮、口感柔韧，主要用于酿制糯米酒，蒸煮糯米饭或制作糍团等，可做水稻育种亲本。

18. 无毛糯

【采集地】广西柳州市三江侗族自治县富禄苗族乡匡里村。

【类型及分布】属于粳型糯稻，感光型品种，现种植分布少。

【主要特征特性】在南宁种植，播始历期为79天，株高142.1cm，有效穗9个，穗长25.9cm，穗粒数219粒，结实率为86.7%，千粒重24.8g，谷粒长7.9mm、宽3.6mm，谷粒阔卵形，黄色中芒，颖尖黄色，谷壳黄色，白米。当地农户认为该品种株型紧凑，着粒密度大，抗病虫，抗旱。

【利用价值】目前直接应用于生产，农户自留种。该品种蒸煮米粒圆润、香甜可口、口感绵延，常用于酿制糯米酒、制作爆米花等，可做水稻育种亲本。

19. 寨明糯

【采集地】广西柳州市三江侗族自治县梅林乡寨明村。

【类型及分布】属于粳型糯稻，感光型品种，现种植分布少。

【主要特征特性】在南宁种植，播始历期为74天，株高134.5cm，有效穗8个，穗长23.1cm，穗粒数195粒，结实率为94.6%，千粒重29.7g，谷粒长8.1mm、宽3.9mm，谷粒阔卵形，褐色短芒，颖尖紫色，谷壳褐色，白米。当地农户认为该品种易倒伏，但是耐旱、抗病虫。

【利用价值】目前直接应用于生产，农户自留种。该品种粒大饱满，米饭蒸煮油亮、晶莹饱满、口感柔糯可口，常用于蒸煮糯米饭或制作糍粑、糍团等，还用于酿制糯米酒、甜酒等，可做水稻育种亲本。

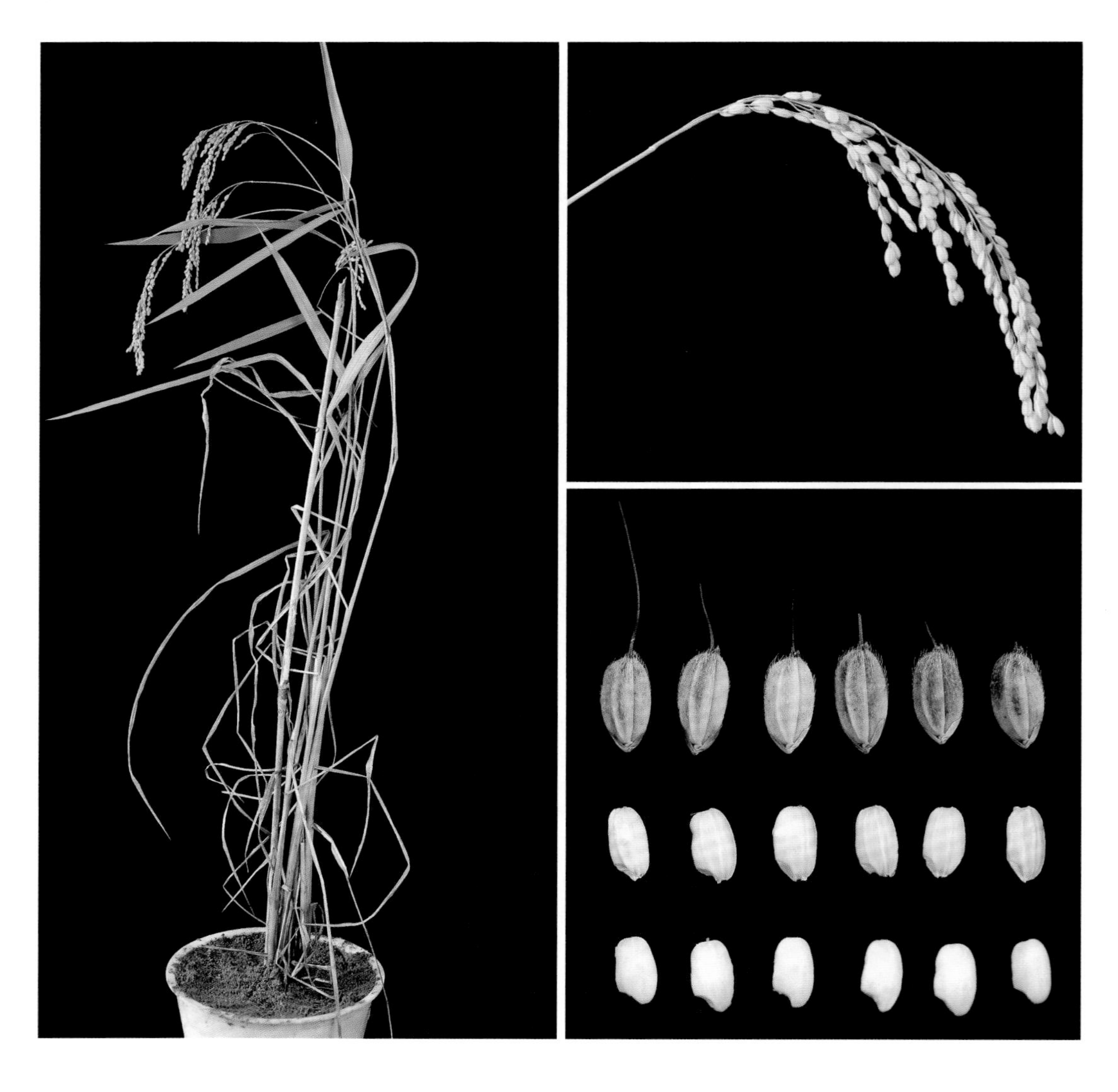

20. 匡里黑糯米

【采集地】广西柳州市三江侗族自治县富禄苗族乡匡里村。

【类型及分布】属于粳型糯稻，感温型品种，现种植分布少。

【主要特征特性】在南宁种植，播始历期为73天，株高143.5cm，有效穗7个，穗长7.8cm，穗粒数237粒，结实率为91.1%，千粒重23.7g，谷粒长7.9mm、宽3.8mm，谷粒阔卵形，无芒，颖尖褐色，谷壳紫黑色，黑米。当地农户认为该品种叶片披垂，茎秆高，易倒伏，耐旱。

【利用价值】目前直接应用于生产，农户自留种，当地已种植10多年。主要用于酿制黑糯米酒或制作粽子、糍团等，可做水稻育种亲本。

21. 大板糯

【采集地】广西梧州市苍梧县岭脚镇武烈村。

【类型及分布】属于粳型糯稻，感光型品种，现种植分布少。

【主要特征特性】在南宁种植，播始历期为84天，株高145.1cm，有效穗9个，穗长27.2cm，穗粒数165粒，结实率为91.9%，千粒重25.8g，谷粒长7.0mm、宽3.7mm，谷粒阔卵形，无芒，颖尖褐色，谷壳黄色，白米。当地农户认为该品种茎秆高，抗倒性差，米质优。

【利用价值】目前直接应用于生产，当地已种植近10年。农户自留种，自产自销。主要用于蒸煮糯米饭、酿制糯米酒和甜酒，可做水稻育种亲本。

22. 花斑糯

【采集地】广西百色市靖西市新靖镇东利村。

【类型及分布】属于粳型糯稻，感光型品种，陆稻，又称为大香糯，是靖西大糯的一种类型，现仍有较大面积种植。

【主要特征特性】在南宁种植，播始历期为81天，株高171.1cm，有效穗6个，穗长29.5cm，穗粒数167粒，结实率为88.8%，千粒重32.3g，谷粒长9.2mm、宽3.6mm，谷粒椭圆形，褐色短芒，颖尖褐色，谷壳黄色，白米。当地农户认为该糯稻米质优、抗病，但茎秆高、易倒伏。

【利用价值】目前直接应用于生产，在当地已种植几十年，一般5月上旬播种，10月中旬收获。主要用于蒸煮糯米饭食用，也用于酿酒或制作粽子、糍粑、米糕等，可做水稻育种亲本。

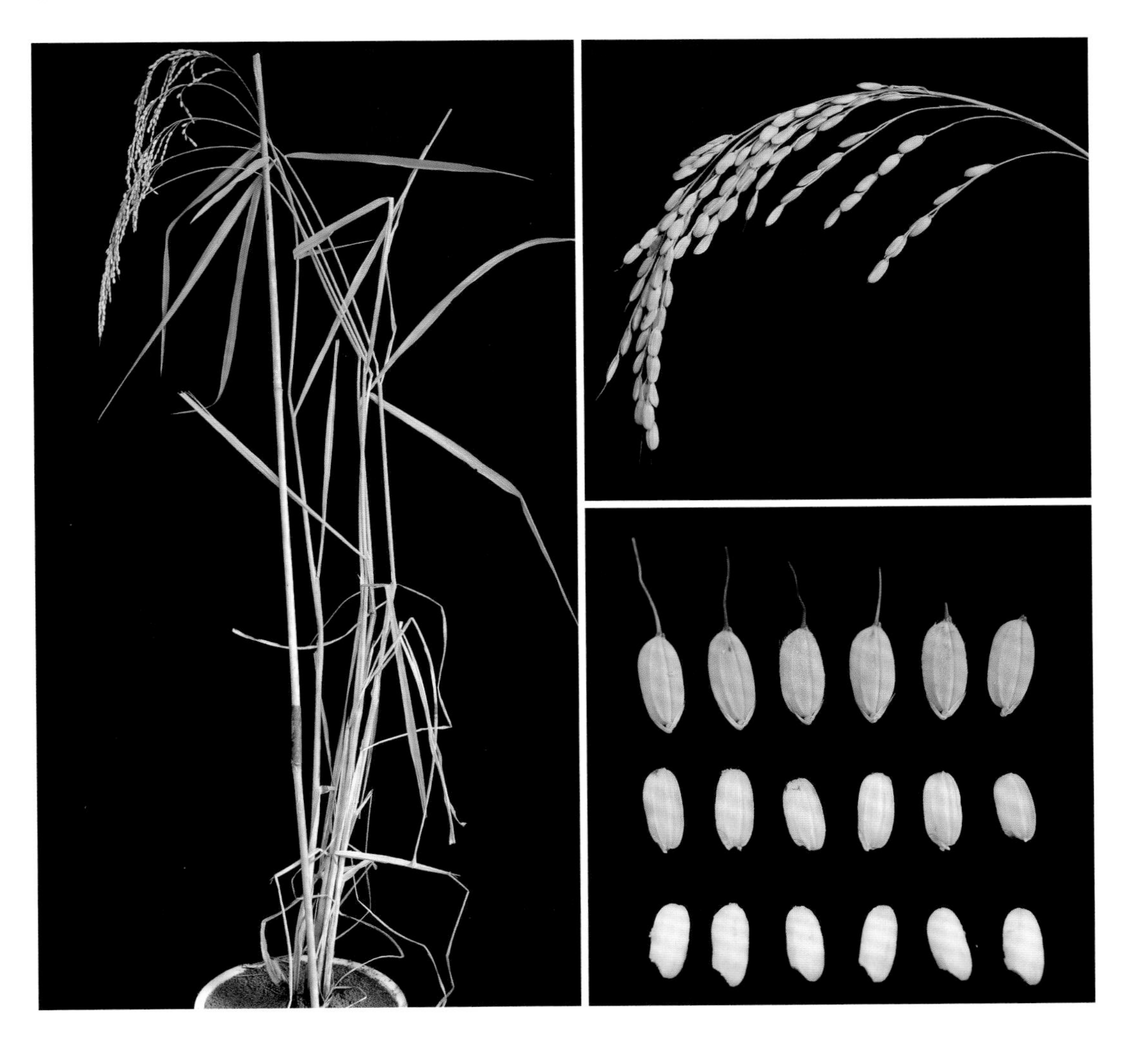

23. 丹香糯

【采集地】广西河池市环江毛南族自治县东兴镇为才村。

【类型及分布】属于粳型糯稻，感光型品种，现种植分布少。

【主要特征特性】在南宁种植，播始历期为76天，株高144.0cm，有效穗7个，穗长24.2cm，穗粒数226粒，结实率为86.1%，千粒重29.6g，谷粒长7.6mm、宽3.9mm，谷粒阔卵形，黑色短芒，颖尖紫色，谷壳黄色，白米。

【利用价值】目前直接应用于生产，在当地已种植10多年。农户自留种。该品种蒸煮品质较好、软而不黏，米饭晶莹透亮，常用于蒸煮糯米饭，可做水稻育种亲本。

24. 长北糯

【采集地】广西河池市环江毛南族自治县驯乐苗族乡长北村。

【类型及分布】属于粳型糯稻，感温型品种，现种植分布少。

【主要特征特性】在南宁种植，播始历期为74天，株高142.7cm，有效穗8个，穗长27.4cm，穗粒数208粒，结实率为87.3%，千粒重26.8g，谷粒长7.8mm、宽3.7mm，谷粒阔卵形，黄色中芒，颖尖黄色，谷壳黄色，白米。当地农户认为该品种茎秆高，株型散，易倒伏。

【利用价值】目前直接应用于生产，在当地已种植10多年。农户自留种。可做水稻育种亲本。

25. 黑壳稻米

【采集地】广西来宾市象州县寺村镇王院村。

【类型及分布】属于粳型糯稻，感温型品种，现种植分布少。

【主要特征特性】在南宁种植，播始历期为72天，株高165.7cm，有效穗5个，穗长29.8cm，穗粒数216粒，结实率为82.5%，千粒重31.7g，谷粒长7.8mm、宽3.9mm，谷粒阔卵形，黑色短芒，颖尖黑色，谷壳黑色，白米。当地农户认为该品种株型集中，茎秆高。

【利用价值】目前直接应用于生产。农户自留种，自产自销。该品种蒸煮有清香，主要用于蒸煮糯米饭、制作粽子等，可做水稻育种亲本。

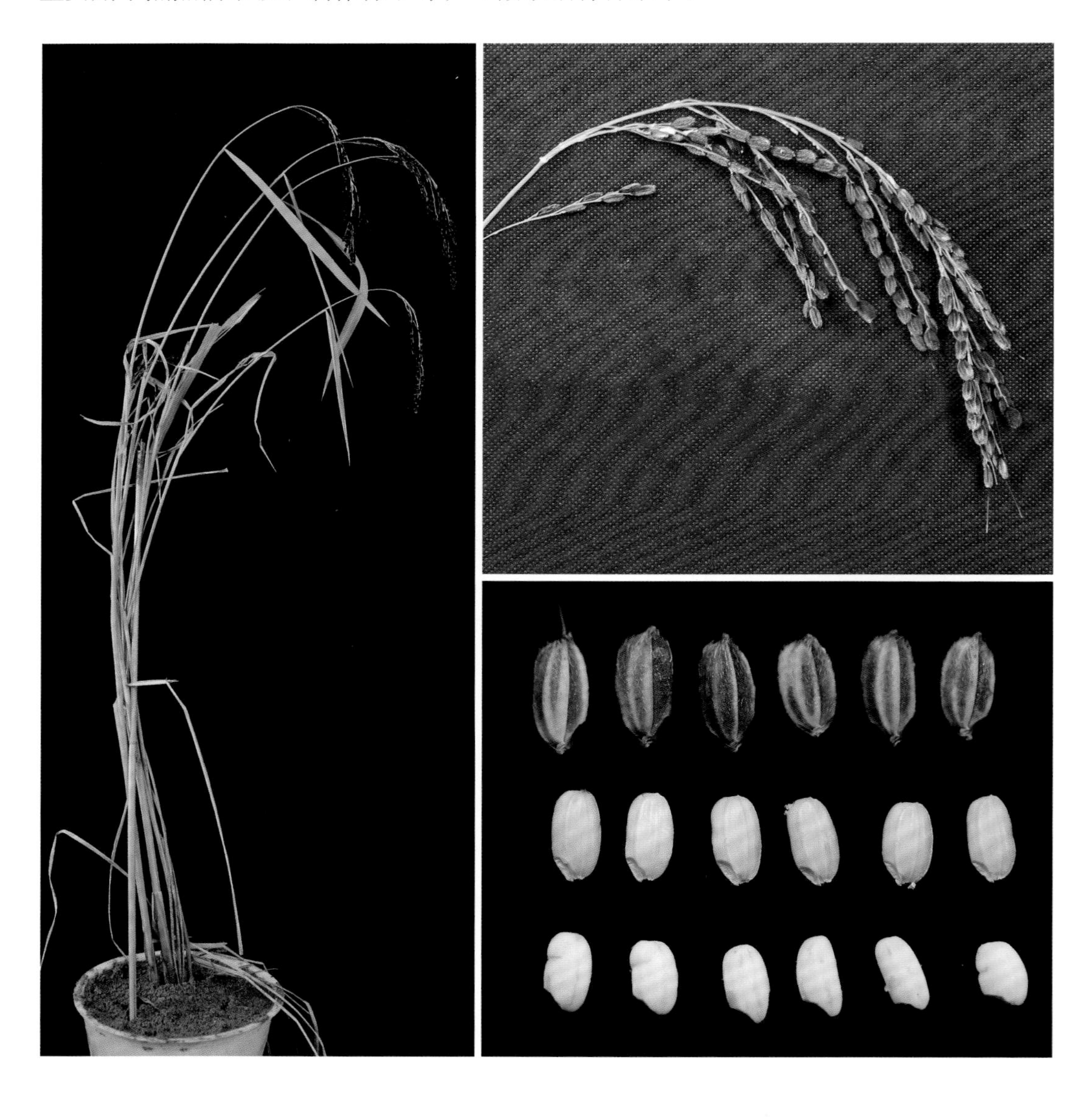

26. 红壳糯米

【采集地】广西来宾市象州县寺村镇古闷村。

【类型及分布】属于粳型糯稻，陆稻，感温型品种，现种植分布少。

【主要特征特性】在南宁种植，播始历期为68天，株高156.1cm，有效穗6个，穗长30.3cm，穗粒数254粒，结实率为81.5%，千粒重33.3g，谷粒长8.6mm、宽4.0mm，谷粒阔卵形，无芒，颖尖褐色，谷壳赤褐色，白米。当地农户认为该品种茎秆高，抗病。

【利用价值】目前直接应用于生产，当地已种植10年以上。农户自留种。该品种米粒饱满、口感略甜，主要用于酿制糯米酒、甜酒或制作糍团等，可做水稻育种亲本。

27. 双告红粳米 1

【采集地】广西来宾市象州县大乐镇双告村。

【类型及分布】属于粳型糯稻，感光型品种，现种植分布少。

【主要特征特性】在南宁种植，播始历期为 67 天，株高 133.8cm，有效穗 6 个，穗长 25.7cm，穗粒数 182 粒，结实率为 81.3%，千粒重 29.0g，谷粒长 8.0mm、宽 4.0mm，谷粒阔卵形，无芒，颖尖紫黑色，谷壳黄色，红米。当地农户认为该品种分蘖力差，抗倒性强。

【利用价值】目前直接应用于生产，当地已种植 10 多年。农户自留种，自产自销。主要用于酿制红糯米酒、甜酒等，可做水稻育种亲本。

28. 双告红粳米 2

【采集地】广西来宾市象州县大乐镇双告村。

【类型及分布】属于粳型糯稻，感光型品种，现种植分布少。

【主要特征特性】在南宁种植，播始历期为 68 天，株高 129.8cm，有效穗 8 个，穗长 25.2cm，穗粒数 197 粒，结实率为 96.9%，千粒重 29.8g，谷粒长 7.9mm、宽 3.9mm，谷粒细阔卵形，无芒，颖尖黑色，谷壳黄色，红米。当地农户认为该品种株型散，易倒伏。

【利用价值】目前直接应用于生产，当地已种植 10 多年。农户自留种，自产自销。主要用于酿制红糯米酒或直接蒸煮食用，可做水稻育种亲本。

29. 仁元大糯

【采集地】广西来宾市武宣县金鸡乡仁元村。

【类型及分布】属于粳型糯稻，感光型品种，现种植分布少。

【主要特征特性】在南宁种植，播始历期为72天，株高136.7cm，有效穗8个，穗长24.0cm，穗粒数200粒，结实率为83.3%，千粒重29.8g，谷粒长8.1mm、宽3.9mm，谷粒阔卵形，黑色短芒，颖尖紫黑色，谷壳黄色，白米。当地农户认为该品种株型散，易倒伏，抗病虫。

【利用价值】目前直接应用于生产，当地已种植近10年。农户自留种，自产自销。主要用于蒸煮食用或制作粽子、糍粑等，可做水稻育种亲本。

30. 陆糯稻

【采集地】广西来宾市金秀瑶族自治县三江乡。

【类型及分布】属于粳型糯稻，陆稻，现种植分布少，可在山地种植。

【主要特征特性】在南宁种植，播始历期为63天，株高120.2cm，有效穗7个，穗长27.6cm，穗粒数156粒，结实率为84.9%，千粒重32.8g，谷粒长8.4mm、宽4.0mm，谷粒阔卵形，无芒，颖尖褐色，谷壳赤褐色，白米。当地农户认为该品种株型紧凑，抗倒性强，米质优。

【利用价值】目前直接应用于生产，当地单季种植，已种植10多年，一般4月上旬播种，9月上旬收获。农户自留种。该品种籽粒圆润饱满、口感筋道滑腻、软而不黏，常用于酿制糯米酒或制作汤圆、糍粑等，可做水稻育种亲本。

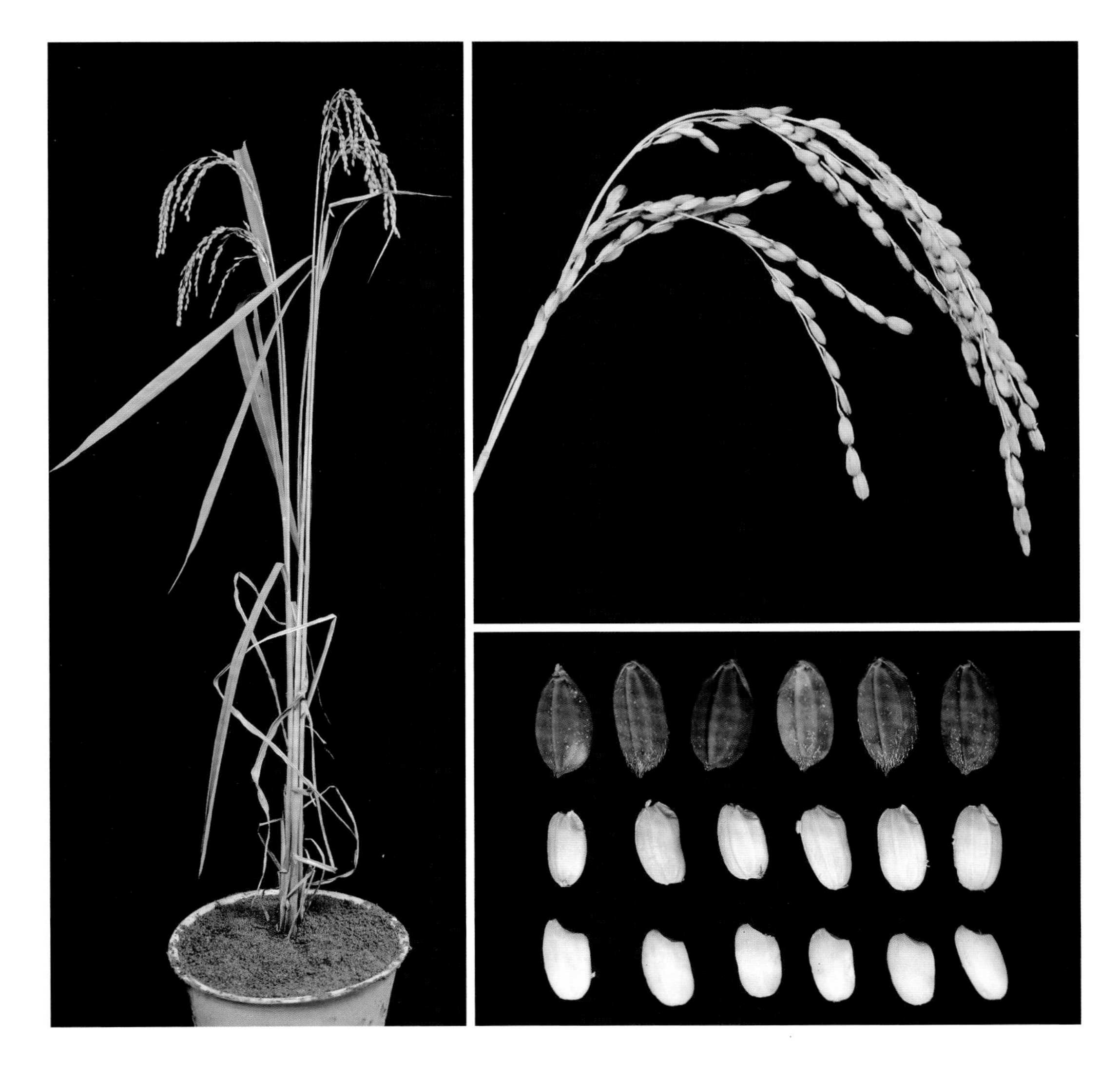

31. 圆头糯

【采集地】广西来宾市金秀瑶族自治县金秀镇金田村。

【类型及分布】属于粳型糯稻，感光型品种，现种植分布少。

【主要特征特性】在南宁种植，播始历期为77天，株高156.5cm，有效穗8个，穗长25.6cm，穗粒数233粒，结实率为86.3%，千粒重22.1g，谷粒长7.1mm、宽3.6mm，谷粒阔卵形，无芒，颖尖黄色，谷壳黄色，白米。当地农户认为该品种茎秆高、米质优，可在山地种植。

【利用价值】目前直接应用于生产，当地单季种植，已种植10年以上，一般5月中旬播种，10月中旬收获。农户自留种，自产自销。可做水稻育种亲本。

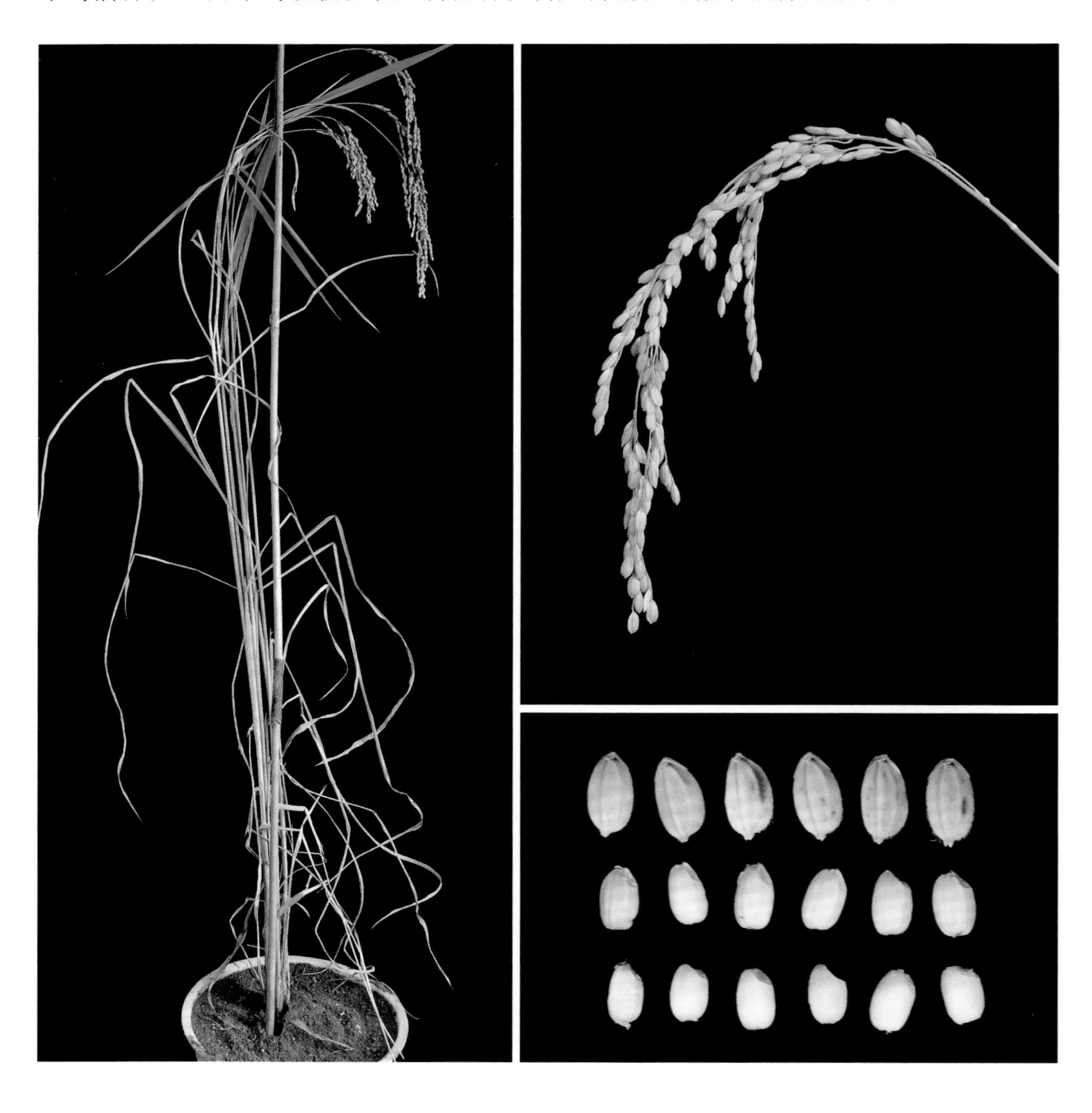

32. 长乐陆稻

【采集地】广西来宾市金秀瑶族自治县三江乡长乐村。

【类型及分布】属于粳型糯稻，陆稻，感温型品种，现种植分布少，在水田、坡地或山上均可种植。

【主要特征特性】在南宁种植，播始历期为68天，株高126.7cm，有效穗6个，穗长32.1cm，穗粒数171粒，结实率为87.6%，千粒重34.2g，谷粒长8.1mm、宽4.1mm，谷粒阔卵形，无芒，颖尖褐色，谷壳赤褐色，白米。当地农户认为该品种米质优，抗旱，耐贫瘠。

【利用价值】目前直接应用于生产，当地已种植10年以上，一般5月上旬播种，10月中旬收获。农户自留种，自产自销。可做水稻育种亲本。

33. 加仁糯米

【采集地】广西来宾市忻城县城关镇加仁村。

【类型及分布】属于粳型糯稻，感光型品种，现种植分布少。

【主要特征特性】在南宁种植，播始历期为76天，株高167.6cm，有效穗8个，穗长30.0cm，穗粒数204粒，结实率为82.6%，千粒重31.0g，谷粒长8.0mm、宽3.9mm，谷粒阔卵形，无芒，颖尖黄色，谷壳黄色，白米。当地农户认为该品种茎秆高，米质优。

【利用价值】目前直接应用于生产，当地已种植10多年，一般7月上旬播种，11月上旬收获。农户自留种。可做水稻育种亲本。

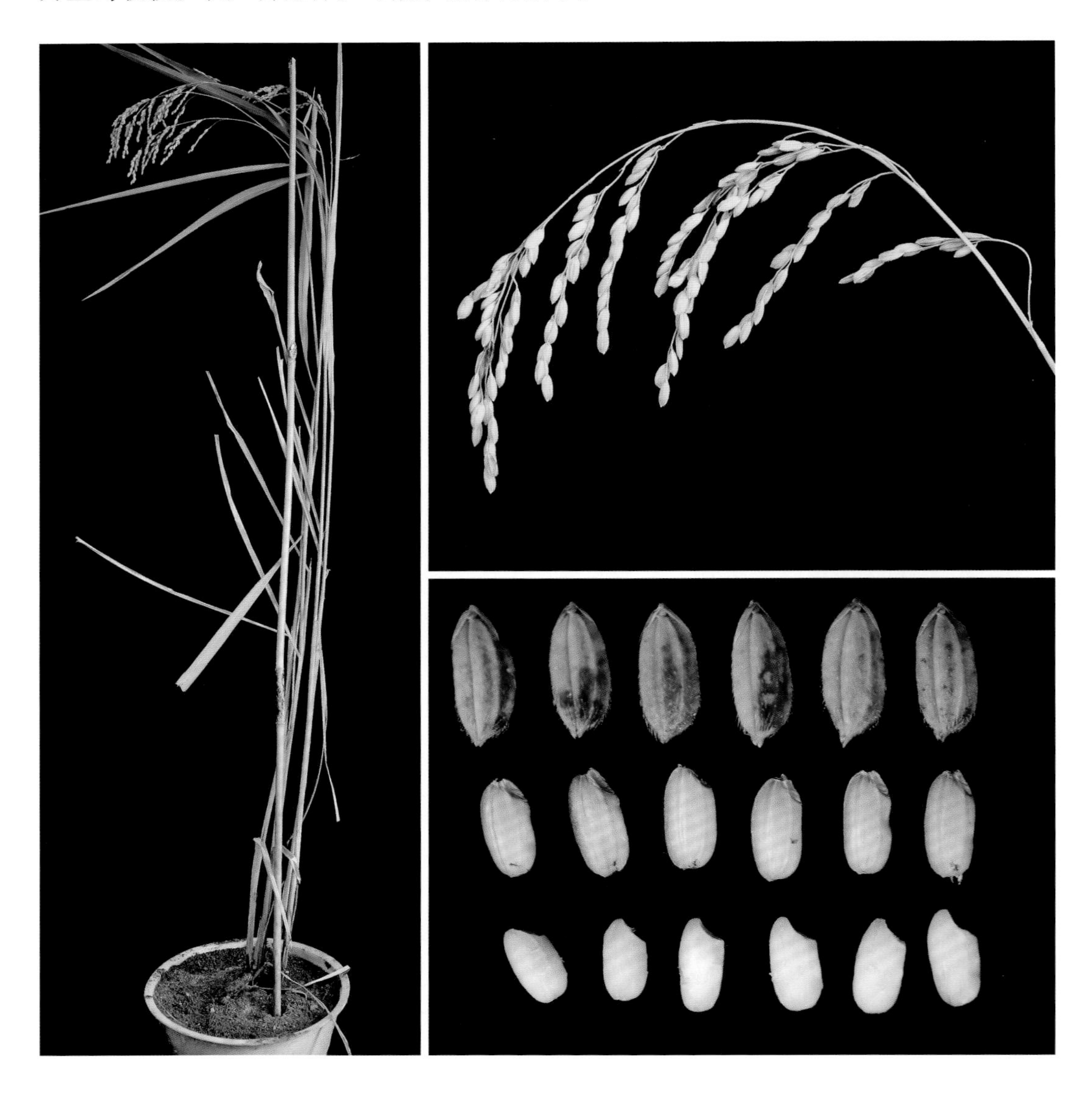

34. 灰皮墨米

【采集地】广西河池市东兰县武篆镇巴学村。

【类型及分布】属于粳型糯稻，感光型品种，属于东兰墨米的一种类型，现种植分布少。

【主要特征特性】在南宁种植，播始历期为82天，株高159.4cm，有效穗5个，穗长30.8cm，穗粒数192粒，结实率为88.0%，千粒重31.1g，谷粒长8.0mm、宽4.2mm，谷粒阔卵形，无芒，颖尖褐色，谷壳黑色，黑米。当地农户认为该品种高产、米质优、抗病虫、广适，可在山地种植。

【利用价值】目前直接应用于生产，一般6月下旬播种，11月上旬收获。主要用于酿酒，具有保健作用，也可直接蒸煮食用，或用于制作粽子、糍粑等，可做水稻育种亲本。

35. 墨米一号

【采集地】广西河池市东兰县武篆镇中和村。

【类型及分布】属于粳型糯稻，感光型品种，是东兰墨米的一种类型，现种植分布广，可在河流冲积土山坡地种植。

【主要特征特性】在南宁种植，播始历期为75天，株高143.1cm，有效穗6个，穗长27.8cm，穗粒数208粒，结实率为82.6%，千粒重29.7g，谷粒长8.1mm、宽4.2mm，谷粒阔卵形，黑色短芒，颖尖黑色，谷壳紫黑色，黑米。当地农户认为该品种高产，抗病虫，耐热，米品质极优、糯性强。

【利用价值】目前直接应用于生产，种植历史悠久，一般7月下旬播种，10月下旬收获。主要用于蒸煮黑色糯米饭或制作粽子、糍粑等，也是酿酒的好原料，具有保健作用，可做水稻育种亲本。

36. 候乜闷

【采集地】广西河池市东兰县兰木乡同仕村。

【类型及分布】属于粳型糯稻，感光型品种，现种植分布少。

【主要特征特性】在南宁种植，播始历期为71天，株高134.6cm，有效穗8个，穗长23.9cm，穗粒数204粒，结实率为79.2%，千粒重28.6g，谷粒长6.8mm、宽3.6mm，谷粒阔卵形，褐色短芒，颖尖紫色，谷壳黄色，白米。当地农户认为该品种高产、米质优、耐热，可在山地种植。

【利用价值】目前直接应用于生产，当地单季种植，一般6月下旬播种，10月下旬收获。农户自留种。可做水稻育种亲本。

37. 英法糯米

【采集地】广西河池市东兰县长乐镇英法村。

【类型及分布】属于粳型糯稻，当地单季种植，现种植分布少。

【主要特征特性】在南宁种植，播始历期为69天，株高170.2cm，有效穗7个，穗长32.5cm，穗粒数175粒，结实率为88.7%，千粒重30.6g，谷粒长6.5mm、宽3.6mm，谷粒阔卵形，褐色短芒，颖尖紫色，谷壳黄色，白米。当地农户认为该品种高产、米质优，可在山地种植。

【利用价值】目前直接应用于生产，一般6月下旬播种，10月下旬收获。农户自留种。可做水稻育种亲本。

38. 靖西蜜蜂糯

【采集地】广西百色市靖西市新靖镇东利村。

【类型及分布】属于粳型糯稻，感光型品种，又称大香糯，现种植分布少。

【主要特征特性】在南宁种植，播始历期为76天，株高169.9cm，有效穗7个，穗长31.2cm，穗粒数201粒，结实率为87.9%，千粒重35.0g，谷粒长8.3mm、宽4.1mm，谷粒阔卵形，无芒，颖尖黄色，谷壳褐色，白米。当地农户认为该品种高产、米质优，可在山地种植。

【利用价值】目前直接应用于生产，当地单季种植，一般5月中旬播种，10月中旬收获。农户自留种。可做水稻育种亲本。

39. 上思蜜蜂糯

【采集地】广西防城港市上思县在妙镇更所村。

【类型及分布】属于粳型糯稻，现仍有上百公顷种植面积，是上思香糯的一种类型，因谷粒的颜色及花纹像蜜蜂的肚子而得名。

【主要特征特性】在南宁种植，播始历期为85天，株高155.9cm，有效穗8个，穗长26.6cm，穗粒数183粒，结实率为91.2%，千粒重29.3g，谷粒长7.4mm、宽3.8mm，谷粒阔卵形，无芒，颖尖褐色，谷壳赤褐色，白米。当地农户认为该品种茎秆高而软，成熟期易倒伏，造成减产，稻米品质好、有香味，米饭冷后不回生。

【利用价值】目前直接应用于生产，当地已种植20多年。农户自留种，自产自销。主要用于蒸煮糯米饭或制作糍粑、米糕等，可用作矮秆香糯稻品种选育的亲本。

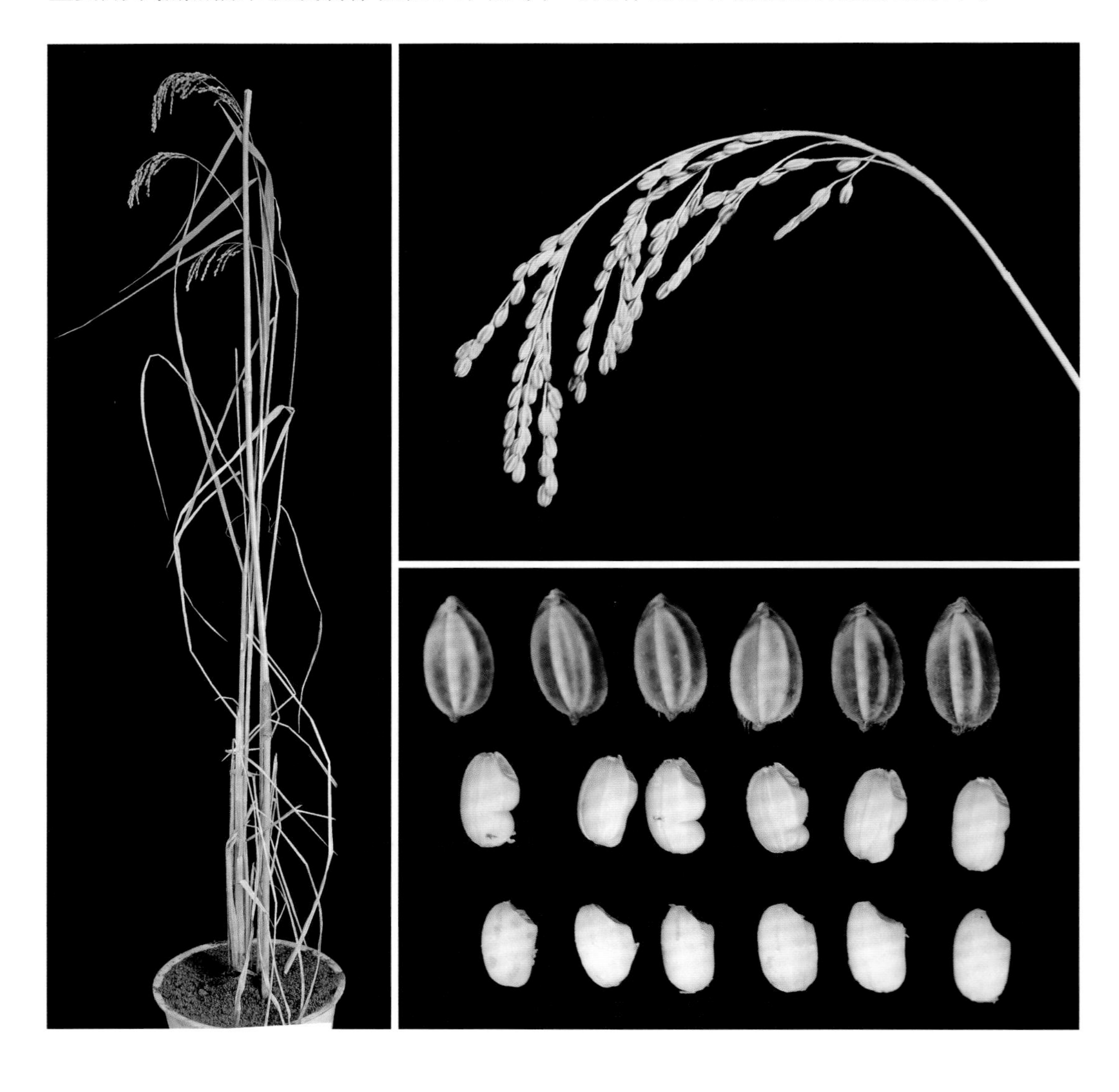

40. 小粒香糯谷

【采集地】广西防城港市上思县在妙镇更所村。

【类型及分布】属于粳型糯稻，感光型品种，现种植面积约为200hm^2。

【主要特征特性】在南宁种植，播始历期为85天，株高151.7cm，有效穗7个，穗长29.5cm，穗粒数196粒，结实率为81.4%，千粒重26.2g，谷粒长7.3mm、宽3.9mm，谷粒阔卵形，无芒，颖尖紫色，谷壳黄色，白米。当地栽培，植株较高，易倒伏，产量低，当地产量一般为3500kg/hm^2。当地农户认为该品种米饭松软，有香味。

【利用价值】目前直接应用于生产，当地已种植20多年，一般7月播种，11月下旬收获。农户一般采用拔穗晒干的方式自留种，一般自家食用或出售。可做水稻育种亲本。

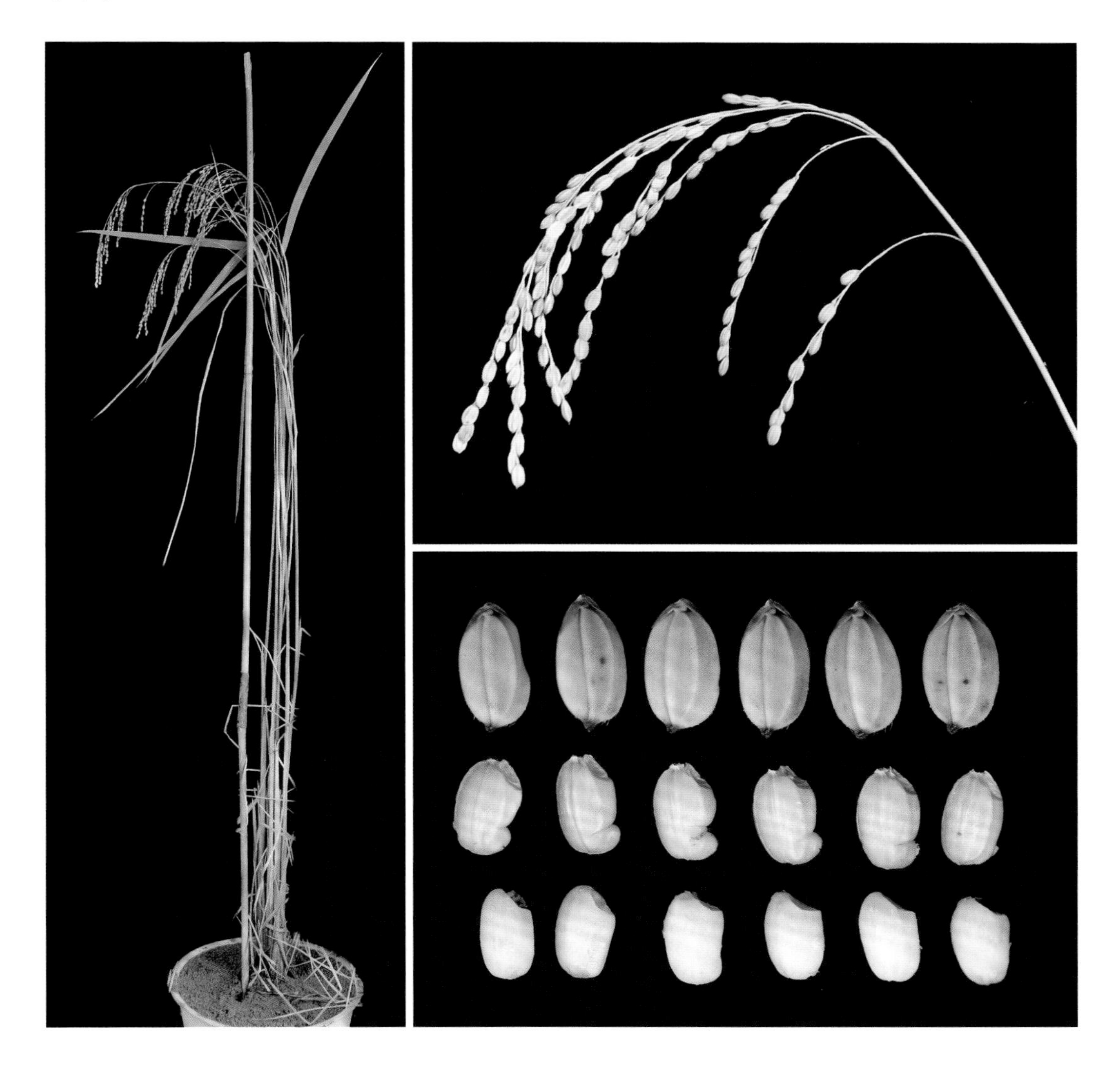

41. 大粒糯谷

【采集地】广西防城港市上思县在妙镇更所村。

【类型及分布】属于粳型糯稻，感光型品种，现种植面积约为200hm^2。

【主要特征特性】在南宁种植，播始历期为87天，株高158.7cm，有效穗6个，穗长28.5cm，穗粒数156粒，结实率为87.2%，千粒重28.9g，谷粒长8.0mm、宽3.9mm，谷粒阔卵形，无芒，颖尖黄色，谷壳黄色，白米。当地农户认为该品种栽培茎秆软，易倒伏，产量低，一般为3500kg/hm^2。

【利用价值】目前直接应用于生产，当地已种植20多年，一般7月播种，11月下旬收获。农户一般采用拔穗晒干的方式自留种，自家食用或出售。可做水稻育种亲本。

42. 早糯稻

【采集地】广西崇左市凭祥市夏石镇夏桐村。

【类型及分布】属于粳型糯稻，感光型品种。

【主要特征特性】在南宁种植，播始历期为72天，株高120.6cm，有效穗8个，穗长27.1cm，穗粒数142粒，结实率为83.1%，千粒重26.3g，谷粒长7.2mm、宽3.8mm，谷粒阔卵形，无芒，颖尖黄色，谷壳黄色，白米。当地农户认为该品种早稻产量高，品质稍差；晚稻米香、糯性好，产量低。

【利用价值】目前直接应用于生产，当地一般3月初播种，7月收获。可做水稻育种亲本。

43. 大糯稻

【采集地】广西崇左市凭祥市夏石镇浦门村。

【类型及分布】属于粳型糯稻，感温型品种，现种植面积约为0.67hm^2。

【主要特征特性】在南宁种植，播始历期为73天，株高127.4cm，有效穗10个，穗长24.8cm，穗粒数170粒，结实率为89.1%，千粒重25.0g，谷粒长6.7mm、宽3.9mm，谷粒短圆形，无芒，颖尖黄色，谷壳黄色，白米。当地农户认为该品种米饭口感好，抗性好。

【利用价值】目前直接应用于生产，当地已种植约10年，一般清明后播种，7月收获。农户自留种，自产自销。可做水稻育种亲本。

44. 公正香糯

【采集地】广西防城港市上思县公正乡公正村。

【类型及分布】属于粳型糯稻，感光型品种，是上思香糯的一种类型，现种植面积少。

【主要特征特性】在南宁种植，播始历期为83天，株高153.4cm，有效穗9个，穗长26.9cm，穗粒数184粒，结实率为74.5%，千粒重22.2g，谷粒长7.1mm、宽3.7mm，谷粒阔卵形，无芒，颖尖褐色，谷壳黄色，白米。当地农户认为该品种易倒伏，抗病虫性差。

【利用价值】目前直接应用于生产，农户自留种，可做水稻育种亲本。

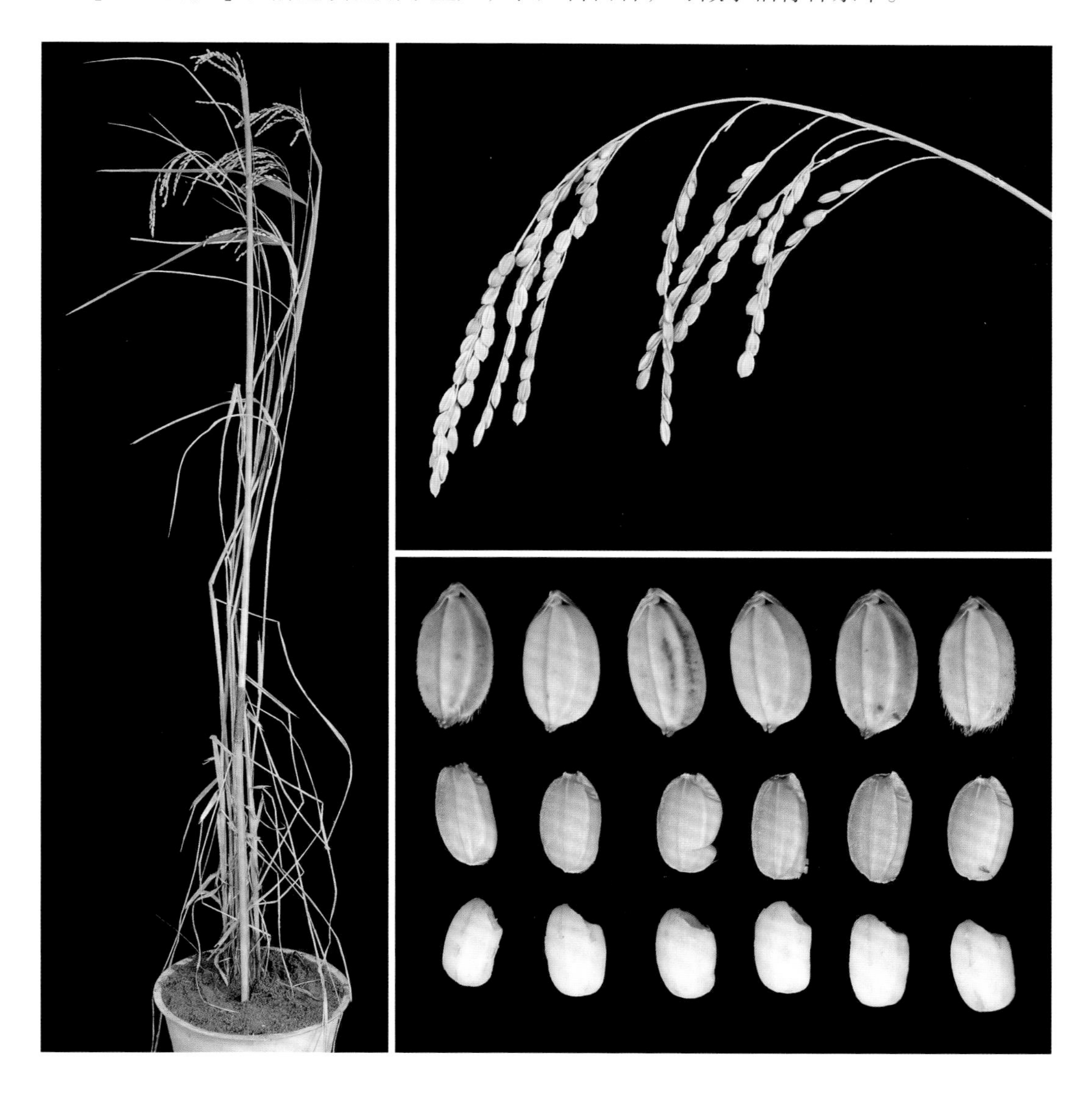

45. 上思香糯

【采集地】广西防城港市上思县那琴乡龙楼村。

【类型及分布】属于粳型糯稻，感光型品种。

【主要特征特性】在南宁种植，播始历期为83天，株高157.6cm，有效穗7个，穗长26.6cm，穗粒数207粒，结实率为83.5%，千粒重22.4g，谷粒长7.1mm、宽3.7mm，谷粒阔卵形，无芒，颖尖褐色，谷壳黄色，白米。当地农户认为该品种易倒伏，感稻瘟病。

【利用价值】目前直接应用于生产，农户自留种，可做水稻育种亲本。

46. 三联大糯

【采集地】广西河池市都安瑶族自治县高岭镇三联村。

【类型及分布】属于粳型糯稻，感光型品种，现有约300户农户种植，面积约为26hm^2。

【主要特征特性】在南宁种植，播始历期为74天，株高140.3cm，有效穗8个，穗长23.1cm，穗粒数192粒，结实率为86.6%，千粒重30.6g，谷粒长8.1mm、宽3.9mm，谷粒阔卵形，褐色短芒，颖尖紫色，谷壳黄色，白米。该品种糯性好，米质优，抗病虫，产量约为2250kg/hm^2。

【利用价值】目前直接应用于生产，当地已种植约20年，一般7月播种，11月收获。农户自留种，自产自销。可做水稻育种亲本。

47. 糯红稻

【采集地】广西河池市都安瑶族自治县百旺镇板定村。

【类型及分布】属于粳型糯稻，感光型品种，俗称红稻，现种植面积约为 $3hm^2$。

【主要特征特性】在南宁种植，播始历期为 73 天，株高 141.5cm，有效穗 6 个，穗长 25.0cm，穗粒数 202 粒，结实率为 86.0%，千粒重 27.4g，谷粒长 8.2mm、宽 3.8mm，谷粒阔卵形，黑色短芒，颖尖黑色，谷壳黄色，红米。当地农户认为该品种米质优，产量约为 $3000kg/hm^2$。

【利用价值】目前直接应用于生产，当地已种植约 30 年。农户自留种，自产自销。可做水稻育种亲本。

48. 短芒香糯

【采集地】广西百色市那坡县百南乡上隆村。

【类型及分布】属于粳型糯稻，感光型品种，现约有200户农户种植，面积约为13.5hm^2。

【主要特征特性】在南宁种植，播始历期为81天，株高164.6cm，有效穗8个，穗长29.5cm，穗粒数165粒，结实率为81.7%，千粒重32.3g，谷粒长8.6mm、宽4.1mm，谷粒阔卵形，褐色短芒，颖尖黑色，谷壳黄色，白米。当地农户认为该品种有香味，食味佳，中抗病虫，耐寒性好，产量约为4500kg/hm^2。

【利用价值】该品种是产地认证产品，目前直接应用于生产，当地已种植约100年，一般4～5月播种，10～11月收获。农户自留种，主要自用或出售，市场价格可达16元/kg。可做水稻育种亲本。

49. 那布粳糯

【采集地】广西防城港市上思县叫安乡那布村。

【类型及分布】属于粳型糯稻，感光型品种。

【主要特征特性】在南宁种植，播始历期为 84 天，株高 160.2cm，有效穗 7 个，穗长 26.7cm，穗粒数 257 粒，结实率为 83.3%，千粒重 25.5g，谷粒长 7.5mm、宽 3.8mm，谷粒阔卵形，无芒，颖尖褐色，谷壳褐色，白米。

【利用价值】目前直接应用于生产，农户自留种，可做水稻育种亲本。

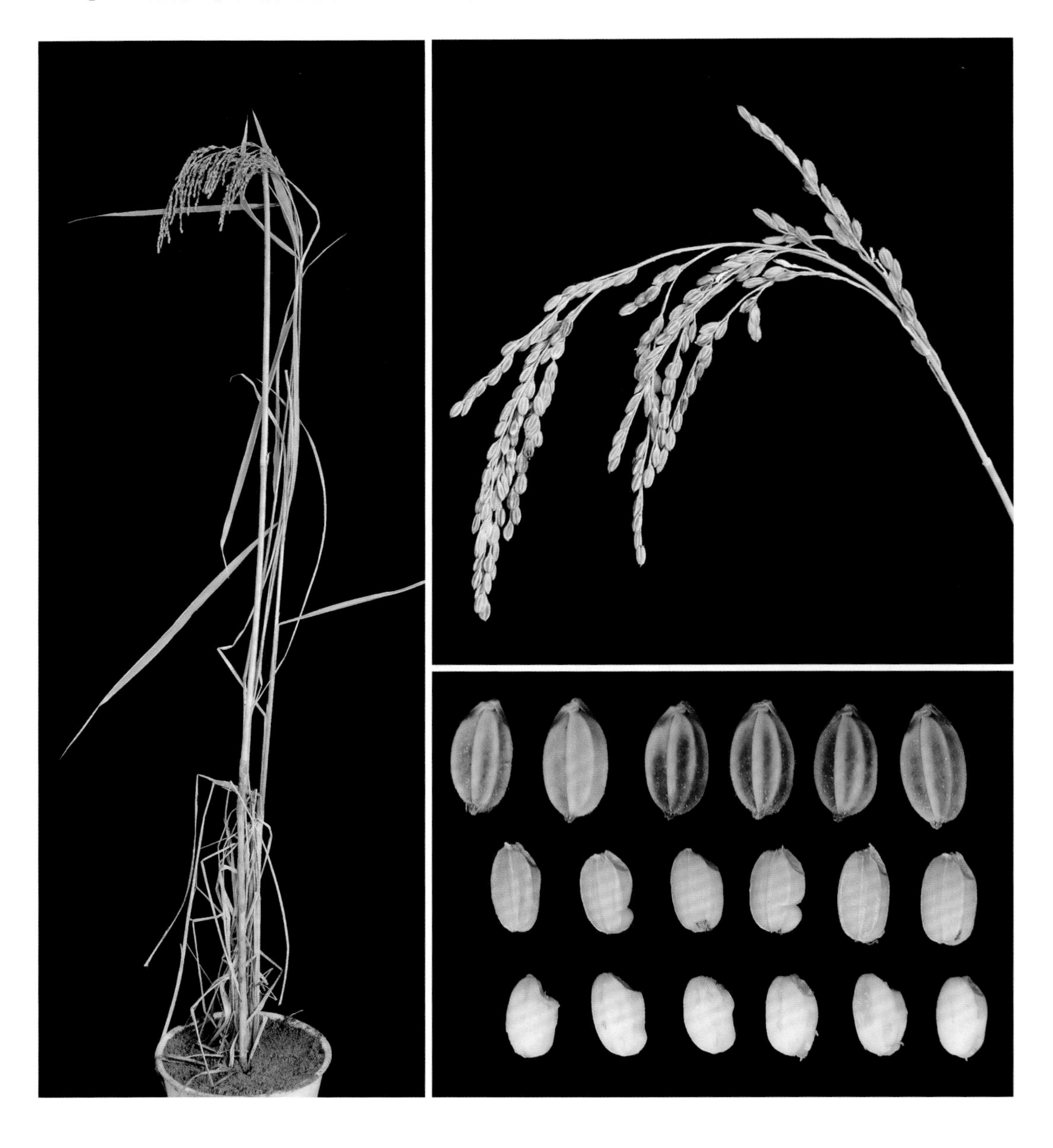

50. 大乐大糯

【采集地】广西柳州市融安县长安镇大乐村。

【类型及分布】属于粳型糯稻，感光型品种。

【主要特征特性】在南宁种植，播始历期为76天，株高101.4cm，有效穗11个，穗长24.1cm，穗粒数200粒，结实率为82.8%，千粒重31.4g，谷粒长7.0mm、宽3.7mm，谷粒阔卵形，无芒，颖尖黄色，谷壳黄色，白米。

【利用价值】目前直接应用于生产，可做水稻育种亲本。

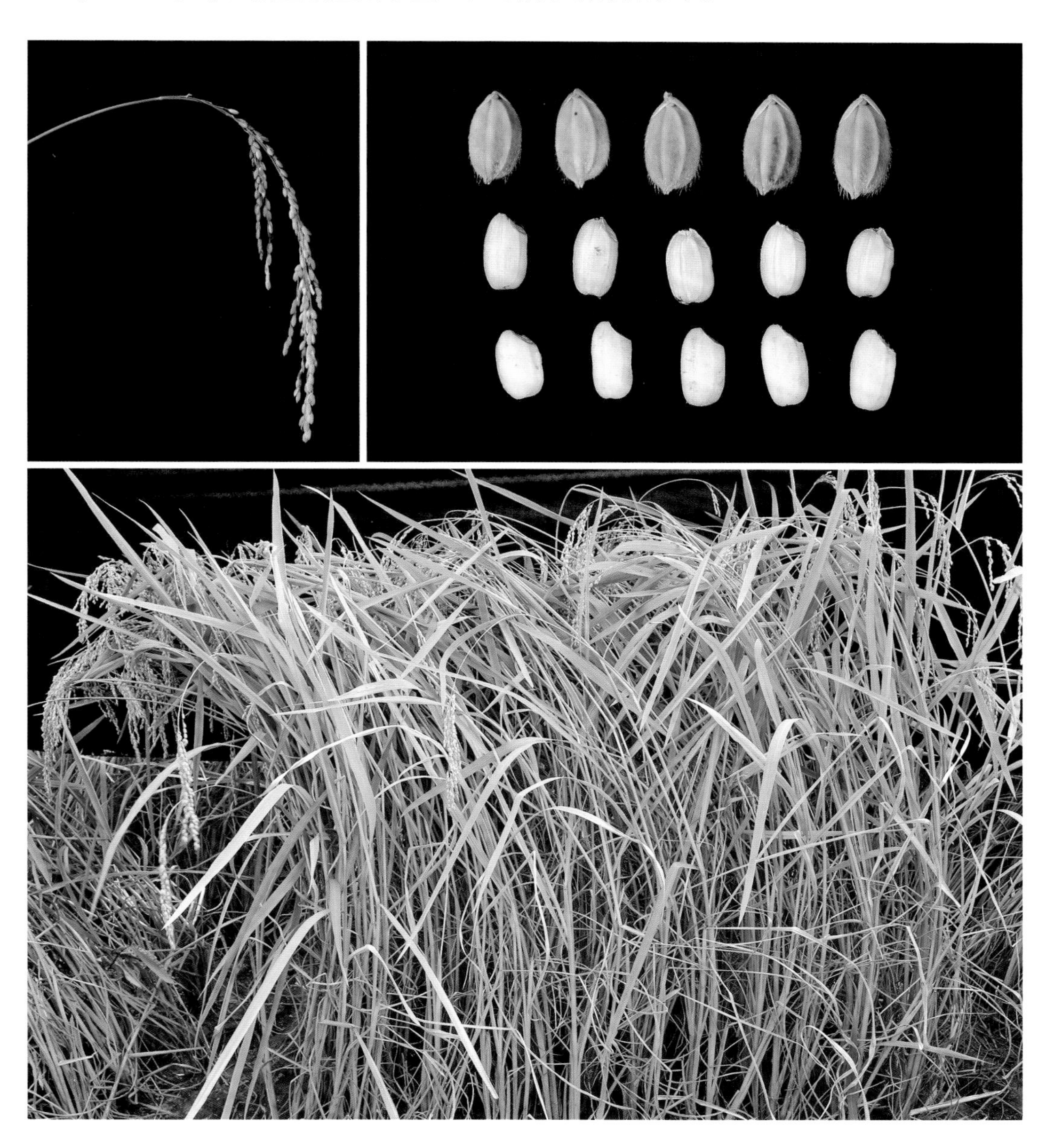

51. 黄壳糯

【采集地】广西桂林市资源县资源镇同禾村。

【类型及分布】属于粳型糯稻，感温型品种，现种植分布少。

【主要特征特性】在南宁种植，播始历期为67天，株高100.8cm，有效穗7个，穗长27.9cm，穗粒数119粒，结实率为89.4%，千粒重30.5g，谷粒长8.2mm、宽3.8mm，谷粒阔卵形，无芒，颖尖紫色，谷壳黄色，白米。

【利用价值】目前直接应用于生产，当地已种植10多年。农户自留种。可做水稻育种亲本。

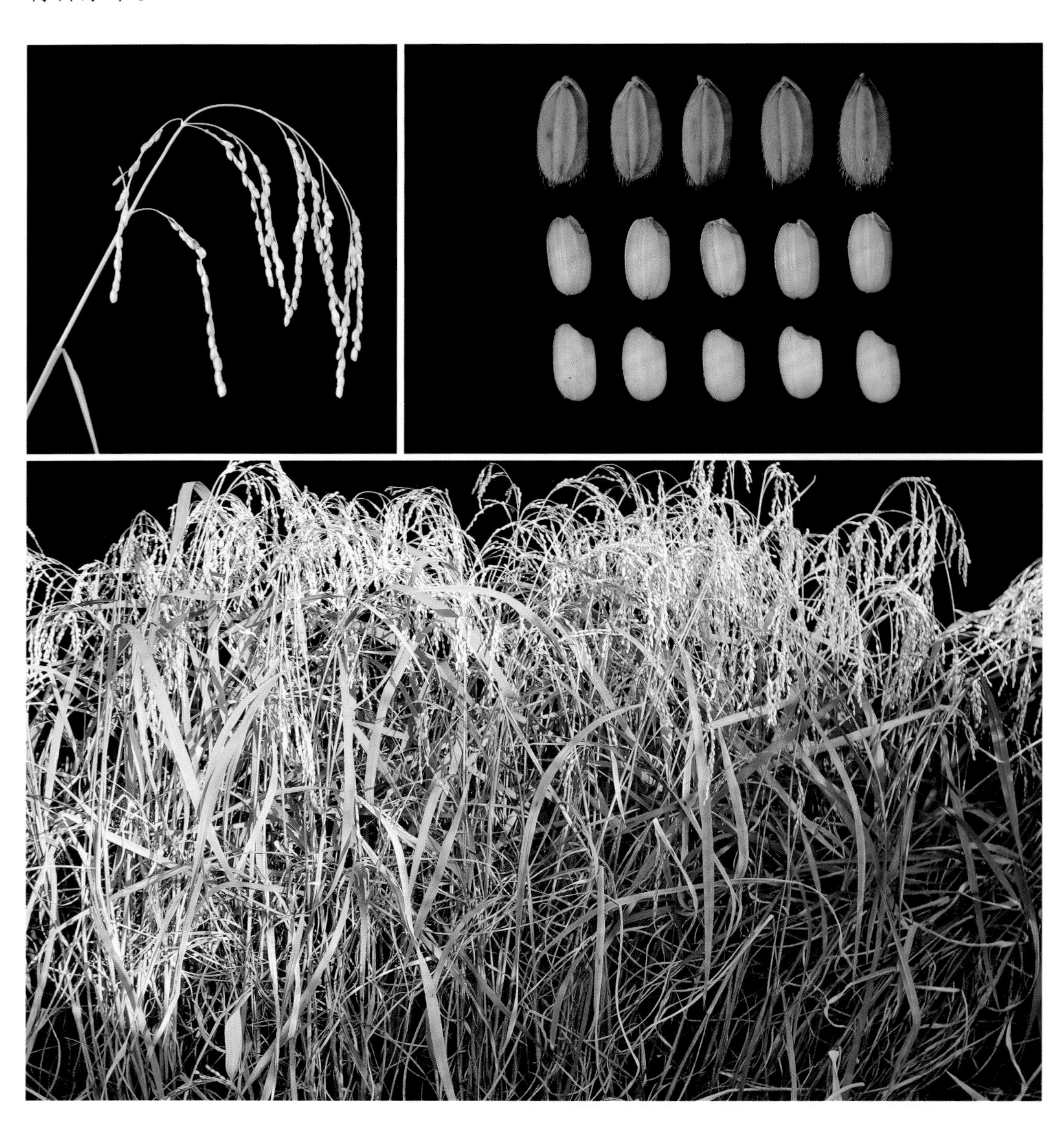

52. 古美大糯

【采集地】广西百色市田阳区坡洪镇古美村。

【类型及分布】属于粳型糯稻，感光型品种，现种植分布少。

【主要特征特性】在南宁种植，播始历期为73天，株高122.6cm，有效穗9个，穗长32.8cm，穗粒数241粒，结实率为83.6%，千粒重33.8g，谷粒长7.9mm、宽4.0mm，谷粒阔卵形，无芒，颖尖紫色，谷壳黄色，白米。

【利用价值】目前直接应用于生产，当地已种植10多年。农户自留种，自产自销。可做水稻育种亲本。

53. 八月黄

【采集地】广西百色市乐业县逻沙乡全达村。

【类型及分布】属于粳型糯稻，感温型品种，现种植分布少，可在山地种植。

【主要特征特性】在南宁种植，播始历期为64天，株高118.8cm，有效穗7个，穗长22.8cm，穗粒数142粒，结实率为93.9%，千粒重31.1g，谷粒长7.8mm、宽3.8mm，谷粒阔卵形，无芒，颖尖褐色，谷壳黄色，白米。当地农户认为该品种米质优。

【利用价值】目前直接应用于生产，单季稻种植，一般4月中旬播种，9月下旬收获。农户自留种，自产自销。可做水稻育种亲本。

54. 大寨大糯

【采集地】广西百色市乐业县逻沙乡全达村。

【类型及分布】属于粳型糯稻，感温型品种，现种植分布少，可在山地种植。

【主要特征特性】在南宁种植，播始历期为73天，株高189.2cm，有效穗12个，穗长30.1cm，穗粒数146粒，结实率为88.7%，千粒重37.4g，谷粒长9.5mm、宽3.7mm，谷粒椭圆形，无芒，颖尖黄色，谷壳黄色，白米。当地农户认为该品种具有米质优、广适等特性。

【利用价值】目前直接应用于生产，单季稻种植，一般5月上旬播种，10月上旬收获。农户自留种，自产自销。可做水稻育种亲本。

55. 黄腊糯

【采集地】广西河池市罗城仫佬族自治县黄金镇北盛村。

【类型及分布】属于粳型糯稻，感光型品种，现种植分布少。

【主要特征特性】在南宁种植，播始历期为72天，株高184.2cm，有效穗9个，穗长28.7cm，穗粒数166粒，结实率为94.0%，千粒重35.9g，谷粒长8.7mm、宽3.6mm，谷粒椭圆形，无芒，颖尖黄色，谷壳黄色，白米。当地农户认为该品种米质优。

【利用价值】目前直接应用于生产，单季稻种植，一般6月中旬播种，11月上旬收获。农户自留种，自产自销。可做水稻育种亲本。

56. 寨岑大糯

【采集地】广西河池市罗城仫佬族自治县宝坛乡寨岑村。

【类型及分布】属于粳型糯稻，感温型品种，现种植分布少。

【主要特征特性】在南宁种植，播始历期为65天，株高118.6cm，有效穗8个，穗长23.8cm，穗粒数146粒，结实率为92.9%，千粒重33.4g，谷粒长8.0mm、宽3.8mm，谷粒阔卵形，褐色短芒，颖尖红色，谷壳黄色，白米。当地农户认为该品种米质优。

【利用价值】目前直接应用于生产，单季稻种植，一般4月下旬播种，9月中旬收获。农户自留种。可做水稻育种亲本。

57. 八月糯

【采集地】广西柳州市融水苗族自治县红水乡芝东村。

【类型及分布】属于粳型糯稻，感光型品种，现约有20户农户种植，面积约为1.7hm^2。

【主要特征特性】在南宁种植，播始历期为71天，株高137.6cm，有效穗7个，穗长27.5cm，穗粒数209粒，结实率为86.1%，千粒重31.4g，谷粒长6.8mm、宽3.8mm，谷粒短圆形，褐色短芒，颖尖紫色，谷壳褐色，白米，产量约为4500kg/hm^2。当地农户认为该品种米质优，抗病虫。

【利用价值】目前直接应用于生产，当地已种植约100年，一般3月底播种，8月中上旬收获。农户自留种，自产自销。可做水稻育种亲本。

58. 新安糯稻

【采集地】广西柳州市融水苗族自治县融水镇新安村。

【类型及分布】属于粳型糯稻，感光型品种，现仍广泛种植。

【主要特征特性】在南宁种植，播始历期为 73 天，株高 132.0cm，有效穗 6 个，穗长 24.9cm，穗粒数 256 粒，结实率为 84.6%，千粒重 31.1g，谷粒长 7.7mm、宽 3.7mm，谷粒阔卵形，黑色短芒，颖尖黑色，谷壳黄色，白米。

【利用价值】目前直接应用于生产，当地已种植约 10 年，一般 4 月下旬播种，10 月收获。农户自留种，自产自销。主要用于制作粽子、糍粑或蒸煮糯米饭等，可做水稻育种亲本。

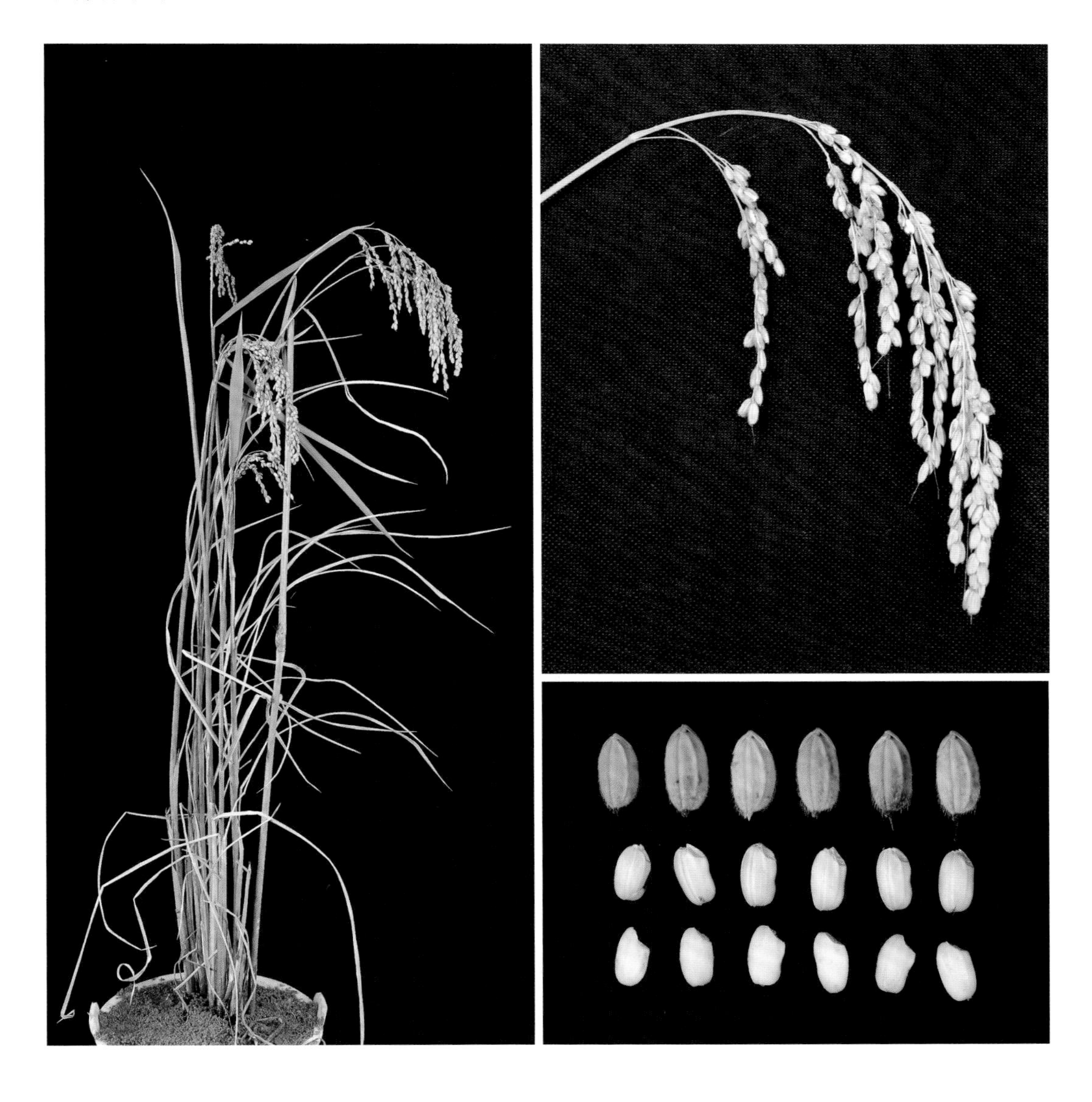

59. 振民大糯

【采集地】广西柳州市融水苗族自治县红水乡振民村。

【类型及分布】属于粳型糯稻，感光型品种。

【主要特征特性】在南宁种植，播始历期为74天，株高133.6cm，有效穗8个，穗长24.2cm，穗粒数319粒，结实率为88.9%，千粒重25.3g，谷粒长6.6mm、宽3.6mm，谷粒阔卵形，无芒，颖尖黄色，谷壳黄色，白米。

【利用价值】目前直接应用于生产，农户自留种，可做水稻育种亲本。

60. 黑糯稻

【采集地】广西柳州市融水苗族自治县红水乡振民村。

【类型及分布】属于粳型糯稻，感光型品种，现约有20户农户种植，面积约为0.7hm^2。

【主要特征特性】在南宁种植，播始历期为74天，株高152.0cm，有效穗7个，穗长34.6cm，穗粒数253粒，结实率为90.7%，千粒重27.5g，谷粒长8.0mm、宽3.7mm，谷粒阔卵形，无芒，颖尖黑色，谷壳紫黑色，黑米，产量约为6000kg/hm^2。

【利用价值】目前直接应用于生产，当地已种植约10年，一般5月中旬播种，9月收获。农户自留种，自用或出售。可做水稻育种亲本。

61. 芝东大糯

【采集地】广西柳州市融水苗族自治县红水乡芝东村。

【类型及分布】属于粳型糯稻，感光型品种，现约有20户农户种植，面积约为1.7hm^2。

【主要特征特性】在南宁种植，播始历期为75天，株高163.6cm，有效穗8个，穗长28.6cm，穗粒数252粒，结实率为88.5%，千粒重27.0g，谷粒长7.5mm、宽3.5mm，谷粒阔卵形，褐色短芒，颖尖褐色，谷壳褐色，白米。当地农户认为该品种米质优，抗病虫，产量约为5250kg/hm^2。

【利用价值】目前直接应用于生产，当地已种植约100年，一般4月上旬播种，10月上旬收获。农户自留种，自产自销。可做水稻育种亲本。

62. 紫黑糯

【采集地】广西柳州市融水苗族自治县红水乡良双村。

【类型及分布】属于粳型糯稻，感光型品种，现种植面积约为0.7hm^2。

【主要特征特性】在南宁种植，播始历期为74天，株高157.6cm，有效穗8个，穗长29.7cm，穗粒数259粒，结实率为86.0%，千粒重22.3g，谷粒长7.6mm、宽3.3mm，谷粒椭圆形，黄色长芒，颖尖褐色，谷壳褐色，黑米。

【利用价值】目前直接应用于生产，当地已种植约10年，一般4月中旬前播种，10月下旬收获。农户自留种，自产自销。可做水稻育种亲本。

63. 八月香糯

【采集地】广西柳州市融水苗族自治县红水乡良双村。

【类型及分布】属于粳型糯稻，感光型品种，现种植面积约为 $0.7hm^2$。

【主要特征特性】在南宁种植，播始历期为73天，株高136.0cm，有效穗8个，穗长29.3cm，穗粒数252粒，结实率为90.5%，千粒重29.4g，谷粒长7.8mm、宽3.7mm，谷粒阔卵形，黄色短芒，颖尖黄色，谷壳黄色，白米。

【利用价值】目前直接应用于生产，当地已种植约10年，一般4月上旬播种，10月中下旬收获。农户自留种，自产自销。主要用于制作糍粑，可做水稻育种亲本。

64. 八里香

【采集地】广西柳州市融水苗族自治县红水乡良双村。

【类型及分布】属于粳型糯稻，感光型品种，现种植面积约为 $0.5hm^2$。

【主要特征特性】在南宁种植，播始历期为 69 天，株高 131.0cm，有效穗 7 个，穗长 28.0cm，穗粒数 224 粒，结实率为 87.1%，千粒重 29.4g，谷粒长 7.6mm、宽 3.8mm，谷粒阔卵形，褐色短芒，颖尖褐色，谷壳黄色，白米。该品种稻米有香味。

【利用价值】目前直接应用于生产，当地已种植约 10 年，一般 4 月上旬播种，10 月中下旬收获。农户自留种，自产自销。可做水稻育种亲本。

65. 大红糯

【采集地】广西柳州市融水苗族自治县红水乡良双村。

【类型及分布】属于粳型糯稻，感光型品种，现种植面积约为 0.7hm^2，主要分布在海拔约 600m 的梯田。

【主要特征特性】在南宁种植，播始历期为 75 天，株高 156.2cm，有效穗 6 个，穗长 30.5cm，穗粒数 265 粒，结实率为 91.1%，千粒重 29.3g，谷粒长 7.6mm、宽 3.6mm，谷粒阔卵形，褐色短芒，颖尖褐色，谷壳褐色，白米，产量约为 6000kg/hm^2。

【利用价值】目前直接应用于生产，当地已种植约 10 年，一般 4 月上旬播种，10 月中下旬收获。农户自留种，自产自销。可做水稻育种亲本。

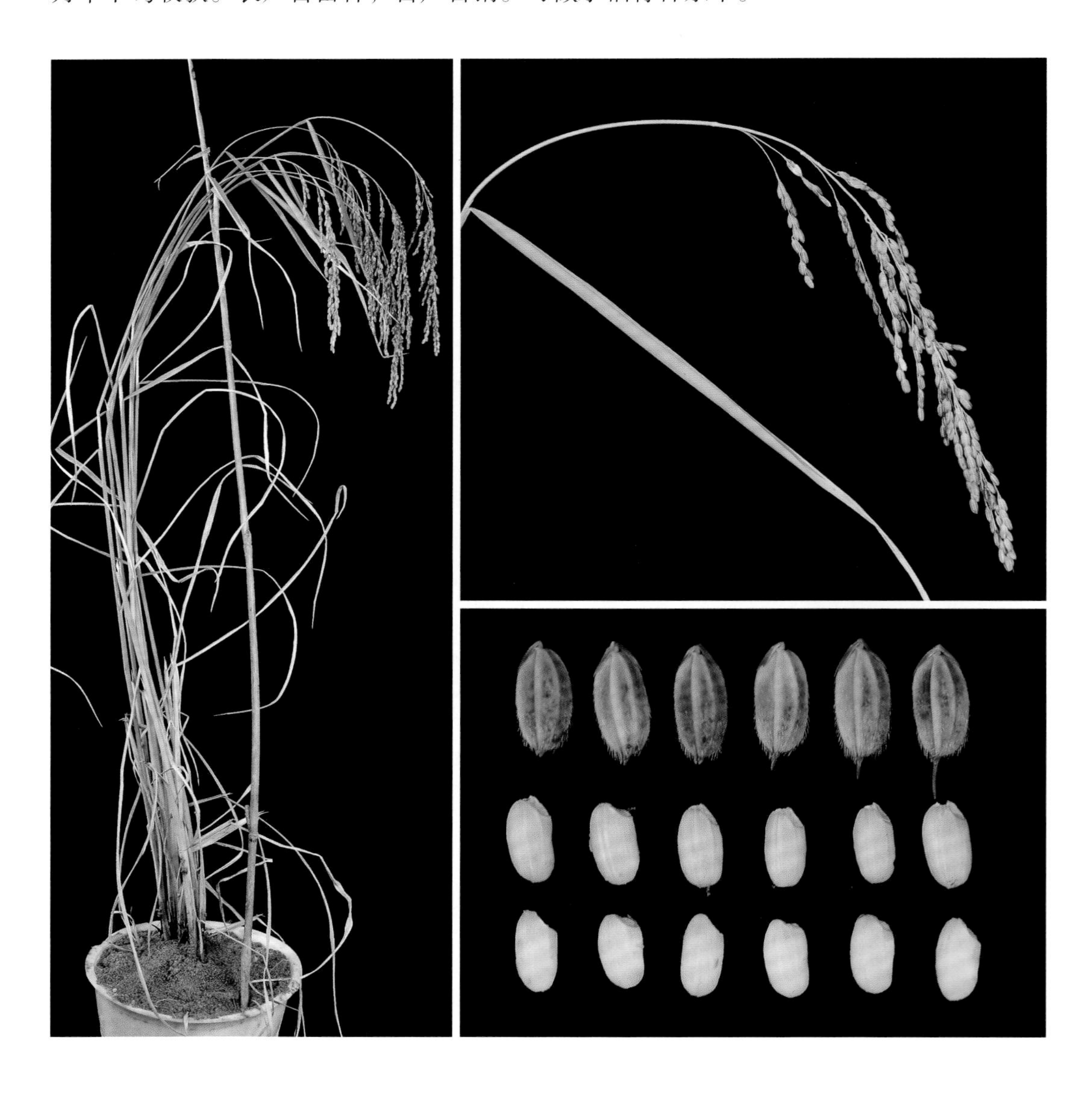

66. 紫黑糯稻

【采集地】广西柳州市融水苗族自治县红水乡振民村。

【类型及分布】属于粳型糯稻，感光型品种，现约有200户农户种植。

【主要特征特性】在南宁种植，播始历期为72天，株高148.2cm，有效穗9个，穗长31.5cm，穗粒数250粒，结实率为89.5%，千粒重24.0g，谷粒长8.0mm、宽3.4mm，谷粒椭圆形，黄色长芒，颖尖褐色，谷壳褐色，黑米，产量约为4500kg/hm^2。

【利用价值】目前直接应用于生产，当地已种植10年以上，一般5月播种，9月收获。农户自留种，自用或出售。可做水稻育种亲本。

67. 田寨糯米

【采集地】广西桂林市龙胜各族自治县龙脊镇马海村。

【类型及分布】属于粳型糯稻，感温型品种，俗称冷水糯，现约有10户农户种植，面积约为0.5hm^2。

【主要特征特性】在南宁种植，播始历期为65天，株高135.6cm，有效穗8个，穗长27.1cm，穗粒数231粒，结实率为89.5%，千粒重27.1g，谷粒长7.2mm、宽3.8mm，谷粒阔卵形，无芒，颖尖黄色，谷壳黄色，白米。当地农户认为该品种抗病性好，产量约为4500kg/hm^2。

【利用价值】目前直接应用于生产，当地已种植约60年，一般5月播种，10月收获。农户自留种，自产自销。可做水稻育种亲本。

68. 地灵白糯

【采集地】广西桂林市龙胜各族自治县乐江镇地灵村。

【类型及分布】属于粳型糯稻，感光型品种，现仅有少数农户种植，面积约为0.1hm²，主要分布在山坡水田。

【主要特征特性】在南宁种植，播始历期为66天，株高120.4cm，有效穗8个，穗长24.7cm，穗粒数153粒，结实率为89.3%，千粒重27.7g，谷粒长7.8mm、宽3.8mm，谷粒阔卵形，黑色短芒，颖尖紫色，谷壳黄色，白米。

【利用价值】目前直接应用于生产，当地已种植上百年。农户自留种，自产自销。可做水稻育种亲本。

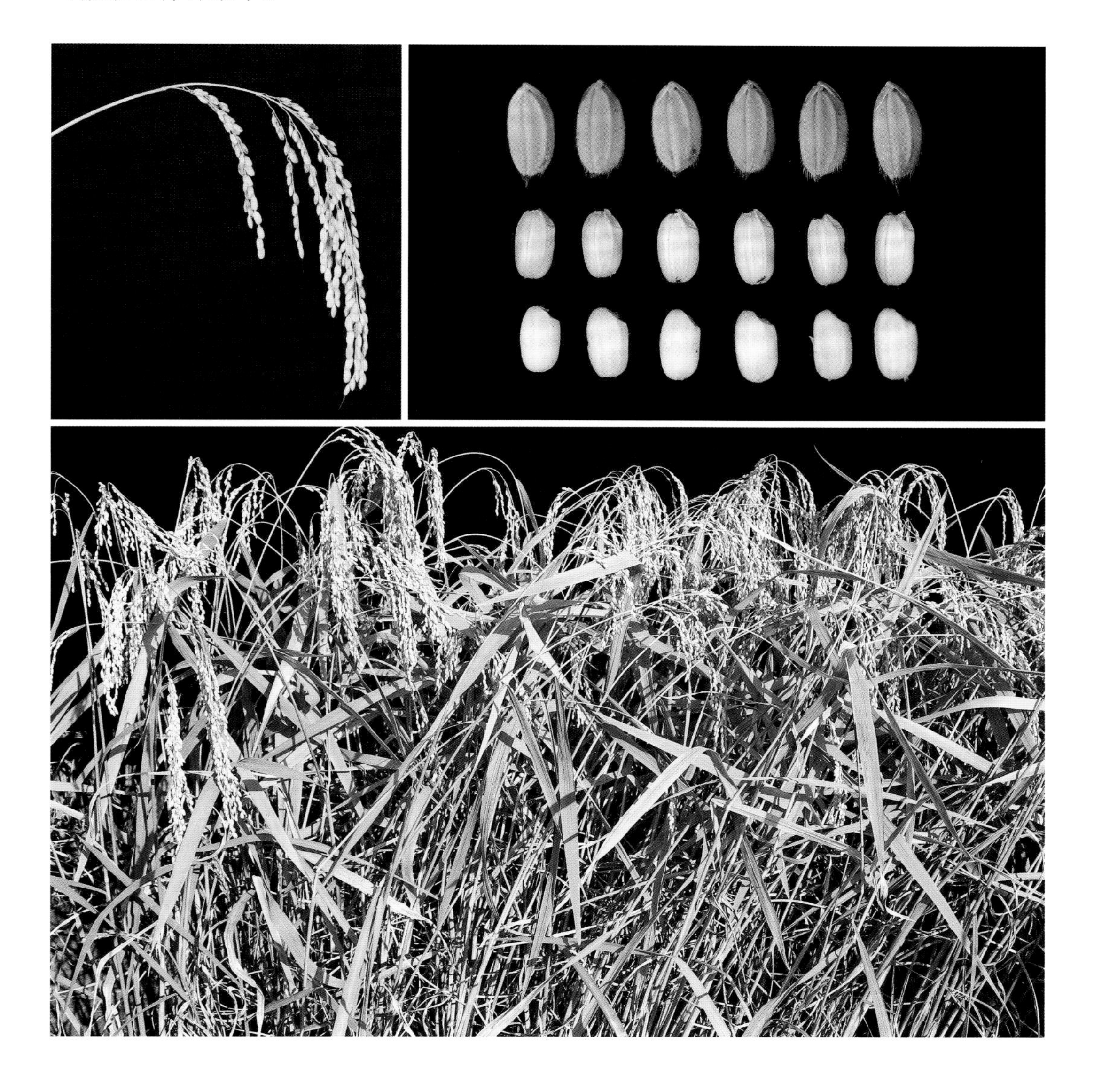

69. 地灵红糯

【采集地】广西桂林市龙胜各族自治县乐江镇地灵村。

【类型及分布】属于粳型糯稻，感光型品种，又称“胭脂米”，现已商品化为地理标志性产品，种植面积约为66.7hm^2。

【主要特征特性】在南宁种植，播始历期为73天，株高147.8cm，有效穗7个，穗长26.1cm，穗粒数175粒，结实率为94.0%，千粒重30.8g，谷粒长8.2mm、宽3.6mm，谷粒椭圆形，无芒，颖尖紫色，谷壳褐色，红米。该品种米质一般，感稻瘟病，不耐肥。

【利用价值】目前直接应用于生产，在当地有上千年种植历史，稻米销售价格高。在当地主要蒸煮食用，蒸熟后的糯米饭细腻、油亮且色泽红润，溢香四座，口感弹软滑嫩，可做水稻育种亲本。

70. 地禾糯

【采集地】广西桂林市恭城瑶族自治县三江乡大地村。

【类型及分布】属于粳型糯稻，感温型品种。

【主要特征特性】在南宁种植，播始历期为61天，株高117.4cm，有效穗6个，穗长27.0cm，穗粒数126粒，结实率为89.2%，千粒重34.9g，谷粒长9.0mm、宽4.0mm，谷粒椭圆形，无芒，颖尖褐色，谷壳黄色，白米，产量约为5250kg/hm^2。当地农户认为该品种稻米糯性好、有香味，抗病虫，抗旱，耐寒，耐贫瘠。

【利用价值】目前直接应用于生产，当地已种植约50年，一般4～5月播种，10月中下旬收获。农户自留种，自产自销。可做水稻育种亲本。

71. 毛塘香禾

【采集地】广西桂林市恭城瑶族自治县三江乡三联村。

【类型及分布】属于粳型糯稻，感温型品种，现仅有两三户农户种植。

【主要特征特性】在南宁种植，播始历期为63天，株高136.8cm，有效穗8个，穗长26.5cm，穗粒数227粒，结实率为86.1%，千粒重28.4g，谷粒长8.2mm、宽3.6mm，谷粒椭圆形，褐色短芒，颖尖紫色，谷壳黄色，白米，产量约为3750kg/hm^2。当地农户认为该品种抗病虫，耐寒，抗旱，耐贫瘠，米质优，具有保健功能。

【利用价值】目前直接应用于生产，当地已种植约200年，一般5月播种，10月下旬收获。农户自留种，自产自销。可做水稻育种亲本。

72. 三联糯稻

【采集地】广西桂林市恭城瑶族自治县三江乡三联村。

【类型及分布】属于粳型糯稻，感温型品种，现约有10户农户种植，面积约为0.3hm^2。

【主要特征特性】在南宁种植，播始历期为73天，株高132.0cm，有效穗8个，穗长26.6cm，穗粒数234粒，结实率为89.5%，千粒重30.9g，谷粒长7.2mm、宽4.2mm，谷粒短圆形，无芒，颖尖黄色，谷壳黄色，白米，产量约为4500kg/hm^2。当地农户认为该品种米质优，抗病虫，耐寒，抗旱，耐贫瘠。

【利用价值】目前直接应用于生产，当地已种植近100年，一般4月播种，8月收获。农户自留种，自产自销。用于制作当地小吃炒米，可做水稻育种亲本。

73. 那洪黑糯

【采集地】广西百色市凌云县玉洪瑶族乡那洪村。

【类型及分布】属于粳型糯稻，感温型品种，现仅几户农户零星种植。

【主要特征特性】在南宁种植，播始历期为54天，株高144.4cm，有效穗6个，穗长27.4cm，穗粒数151粒，结实率为89.2%，千粒重30.0g，谷粒长9.0mm、宽3.6mm，谷粒椭圆形，无芒，颖尖褐色，谷壳褐色，黑米。当地农户认为该品种米质优。

【利用价值】目前直接应用于生产，当地已种植30多年，一般4月上旬播种，10月上旬收获。农户自留种，自产自销。可做水稻育种亲本。

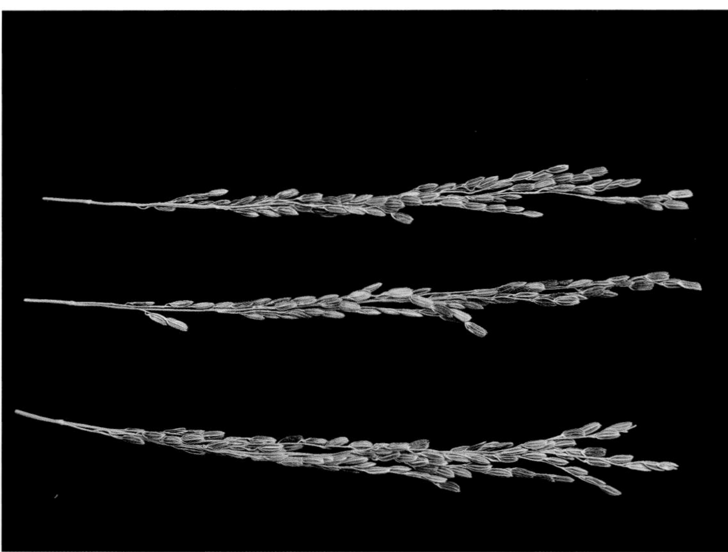

74. 那羊糯稻

【采集地】广西河池市大化瑶族自治县乙圩乡果好村。

【类型及分布】属于粳型糯稻，感温型品种。

【主要特征特性】在南宁种植，播始历期为49天，株高130.4cm，有效穗7个，穗长27.5cm，穗粒数170粒，结实率为90.0%，千粒重31.0g，谷粒长8.0mm、宽4.0mm，谷粒阔卵形，无芒，颖尖褐色，谷壳黄色，白米。

【利用价值】目前直接应用于生产，可做水稻育种亲本。

75. 那统粳糯

【采集地】广西百色市隆林各族自治县者保乡江同村。

【类型及分布】属于粳型糯稻，感温型品种，现仍广泛种植。

【主要特征特性】在南宁种植，播始历期为73天，株高163.2cm，有效穗7个，穗长31.4cm，穗粒数252粒，结实率为89.8%，千粒重30.7g，谷粒长7.6mm、宽4.2mm，谷粒阔卵形，无芒，颖尖紫色，谷壳黄色，白米。

【利用价值】目前直接应用于生产，当地已种植10多年。农户自留种，自产自销。可做水稻育种亲本。

76. 那哄糯谷

【采集地】广西百色市隆林各族自治县者保乡雅口村。

【类型及分布】属于粳型糯稻，感温型品种，现仍广泛种植。

【主要特征特性】在南宁种植，播始历期为78天，株高170.8cm，有效穗7个，穗长34.1cm，穗粒数239粒，结实率为93.7%，千粒重30.3g，谷粒长8.0mm、宽3.4mm，谷粒椭圆形，无芒，颖尖褐色，谷壳黄色，白米。

【利用价值】目前直接应用于生产，当地已种植10多年。农户自留种，自产自销。可做水稻育种亲本。

77. 红米稻

【采集地】广西百色市西林县足别瑶族苗族乡足别村。

【类型及分布】属于粳型糯稻，感温型品种，现约有 20 户农户种植，面积约为 $2hm^2$。

【主要特征特性】在南宁种植，播始历期为 61 天，株高 127.2cm，有效穗 6 个，穗长 33.8cm，穗粒数 124 粒，结实率为 90.5%，千粒重 36.7g，谷粒长 9.8mm、宽 4.0mm，谷粒椭圆形，无芒，颖尖褐色，谷壳褐色，红米。

【利用价值】目前直接应用于生产，当地已种植 50 多年，一般 5 月播种，9 月收获。农户自留种，自产自销。可做水稻育种亲本。

78. 木龙小米

【采集地】广西贺州市富川瑶族自治县新华乡井湾村。

【类型及分布】属于粳型糯稻，感温型品种。

【主要特征特性】在南宁种植，播始历期为62天，株高117.8cm，有效穗6个，穗长25.0cm，穗粒数238粒，结实率为78.7%，千粒重27.6g，谷粒长7.2mm、宽3.6mm，谷粒阔卵形，无芒，颖尖黄色，谷壳褐色，白米。

【利用价值】目前直接应用于生产，可做水稻育种亲本。

79. 高糯谷

【采集地】广西百色市平果市旧城镇康马村。

【类型及分布】属于粳型糯稻，双季稻种植，现约有10户农户种植。

【主要特征特性】在南宁种植，播始历期为77天，株高165.8cm，有效穗5个，穗长26.9cm，穗粒数189粒，结实率为83.2%，千粒重29.6g，谷粒长7.4mm、宽3.6mm，谷粒阔卵形，无芒，颖尖黄色，谷壳褐色，白米。当地农户认为该品种米质优，有保健作用。

【利用价值】目前直接应用于生产，当地已种植约50年。农户自留种，自用或出售。可做水稻育种亲本。

80. 矮糯

【采集地】广西百色市平果市旧城镇康马村。

【类型及分布】属于粳型糯稻，双季稻种植，现约有10户农户种植。

【主要特征特性】在南宁种植，播始历期为75天，株高114.6cm，有效穗9个，穗长19.2cm，穗粒数195粒，结实率为89.6%，千粒重30.1g，谷粒长8.3mm、宽3.8mm，谷粒阔卵形，无芒，颖尖紫黑色，谷壳黄色，白米。当地农户认为该品种米质优，但易感病。

【利用价值】目前直接应用于生产，当地已种植约50年，一般7月播种，11月收获。农户自留种，自产自销。可做水稻育种亲本。

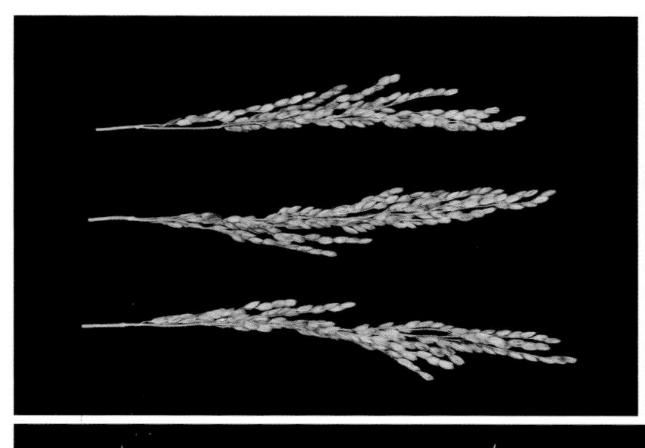

81. 糯谷

【采集地】广西百色市平果市同老乡五柳村。

【类型及分布】属于粳型糯稻，感光型品种，当地种植面积约为 0.4hm^2。

【主要特征特性】在南宁种植，播始历期为 77 天，株高 177.4cm，有效穗 4 个，穗长 31.5cm，穗粒数 245 粒，结实率为 79.8%，千粒重 29.4g，谷粒长 7.4mm、宽 3.7mm，谷粒阔卵形，无芒，颖尖黄色，谷壳褐色，白米，产量约为 4500kg/hm^2。

【利用价值】目前直接应用于生产，当地已种植约 10 年，一般 7 月中旬播种，9 月上旬收获。农户自留种，自产自销。主要用于制作粽子、糍粑等，可做水稻育种亲本。

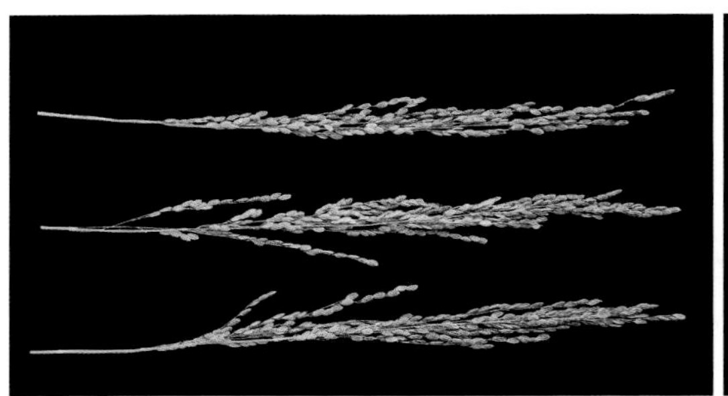

82. 黑矮糯稻

【采集地】广西南宁市马山县。

【类型及分布】属于粳型糯稻，感光型品种。

【主要特征特性】在南宁种植，播始历期为75天，株高112.0cm，有效穗6个，穗长19.4cm，穗粒数225粒，结实率为91.6%，千粒重31.4g，谷粒长8.2mm、宽3.7mm，谷粒椭圆形，无芒，颖尖褐色，谷壳褐色，白米。

【利用价值】目前直接应用于生产，农户自留种，可做水稻育种亲本。

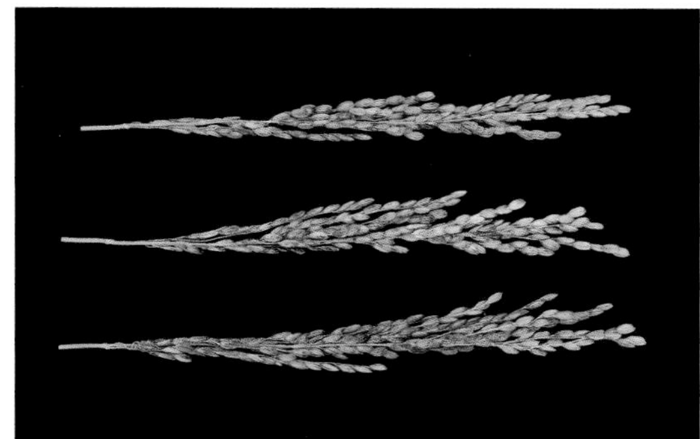

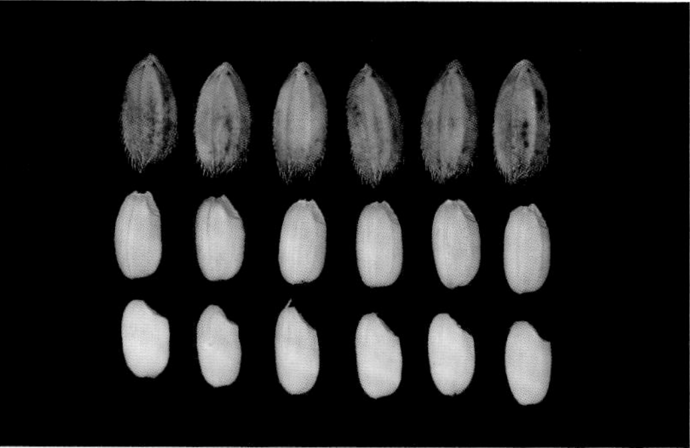

83. 白糯

【采集地】广西崇左市扶绥县柳桥乡坡利村。

【类型及分布】属于粳型糯稻，感温型品种，现种植分布少。

【主要特征特性】在南宁种植，播始历期为88天，株高169.8cm，有效穗6个，穗长24.6cm，穗粒数169粒，结实率为75.9%，千粒重21.2g，谷粒长6.9mm、宽3.5mm，谷粒阔卵形，无芒，颖尖褐色，谷壳黄色，白米。

【利用价值】目前直接应用于生产，农户自留种，可做水稻育种亲本。

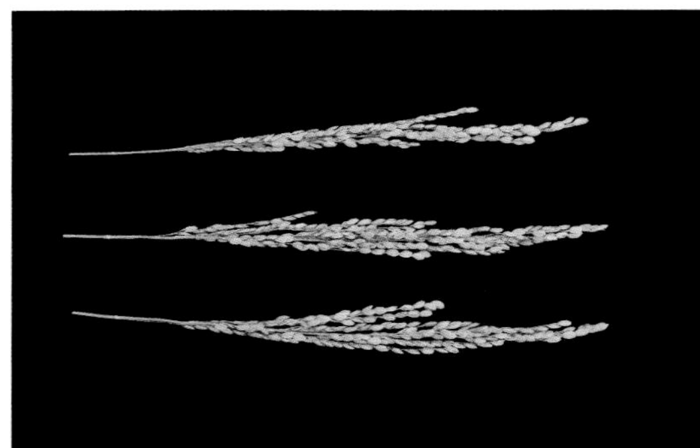

84. 那莫大糯

【采集地】广西河池市凤山县金牙瑶族乡上牙村。

【类型及分布】属于粳型糯稻，感温型品种，现种植分布少。

【主要特征特性】在南宁种植，播始历期为72天，株高176.0cm，有效穗5个，穗长31.5cm，穗粒数236粒，结实率为94.3%，千粒重34.8g，谷粒长8.7mm、宽3.9mm，谷粒椭圆形，无芒，颖尖黄色，谷壳黄色，白米。

【利用价值】目前直接应用于生产，农户自留种，可做水稻育种亲本。

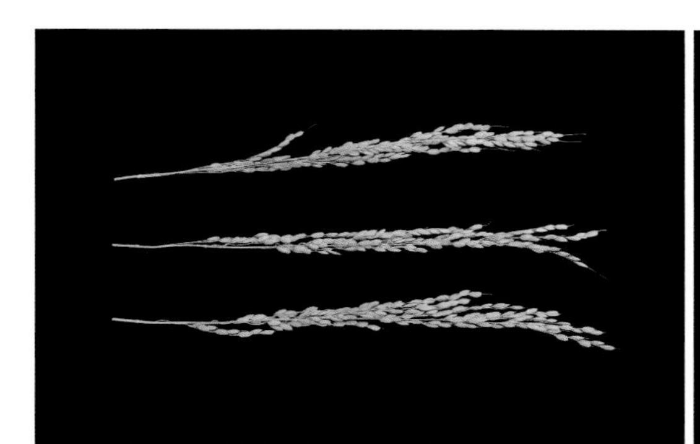

85.“珍”大糯

【采集地】广西崇左市龙州县金龙镇贵平村。

【类型及分布】属于粳型糯稻，感温型品种，现种植分布少。

【主要特征特性】在南宁种植，播始历期为82天，株高175.2cm，有效穗5个，穗长31.8cm，穗粒数159粒，结实率为86.5%，千粒重28.1g，谷粒长7.2mm、宽3.7mm，谷粒阔卵形，无芒，颖尖黄色，谷壳褐色，白米。

【利用价值】目前直接应用于生产，农户自留种，可做水稻育种亲本。

86. 板贵红糯

【采集地】广西崇左市龙州县金龙镇贵平村。

【类型及分布】属于粳型糯稻，感温型品种，现种植分布少。

【主要特征特性】在南宁种植，播始历期为 79 天，株高 160.4cm，有效穗 6 个，穗长 28.2cm，穗粒数 142 粒，结实率为 78.2%，千粒重 28.4g，谷粒长 7.8mm、宽 3.5mm，谷粒椭圆形，黄色短芒，颖尖黄色，谷壳黄色，红米。当地农户认为该品种茎秆高、软，易倒伏。

【利用价值】目前直接应用于生产，当地已种植 10 多年。农户自留种，自产自销。可做水稻育种亲本。

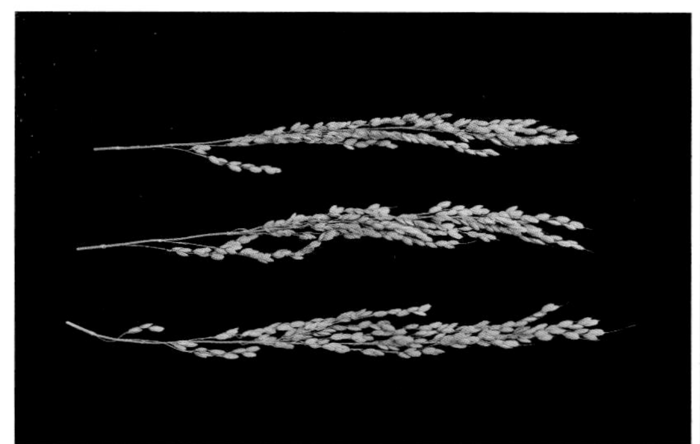

87. 大湾红米糯

【采集地】广西柳州市融水苗族自治县白云乡大湾村。

【类型及分布】属于粳型糯稻，感温型品种，现种植分布少。

【主要特征特性】在南宁种植，播始历期为77天，株高176.6cm，有效穗4个，穗长26.8cm，穗粒数183粒，结实率为90.2%，千粒重29.1g，谷粒长7.9mm、宽4.0mm，谷粒阔卵形，黄色短芒，颖尖黄色，谷壳黄色，红米。当地农户认为该品种茎秆高、软，叶披垂。

【利用价值】目前直接应用于生产，当地已种植20多年。农户自留种，自产自销。可做水稻育种亲本。

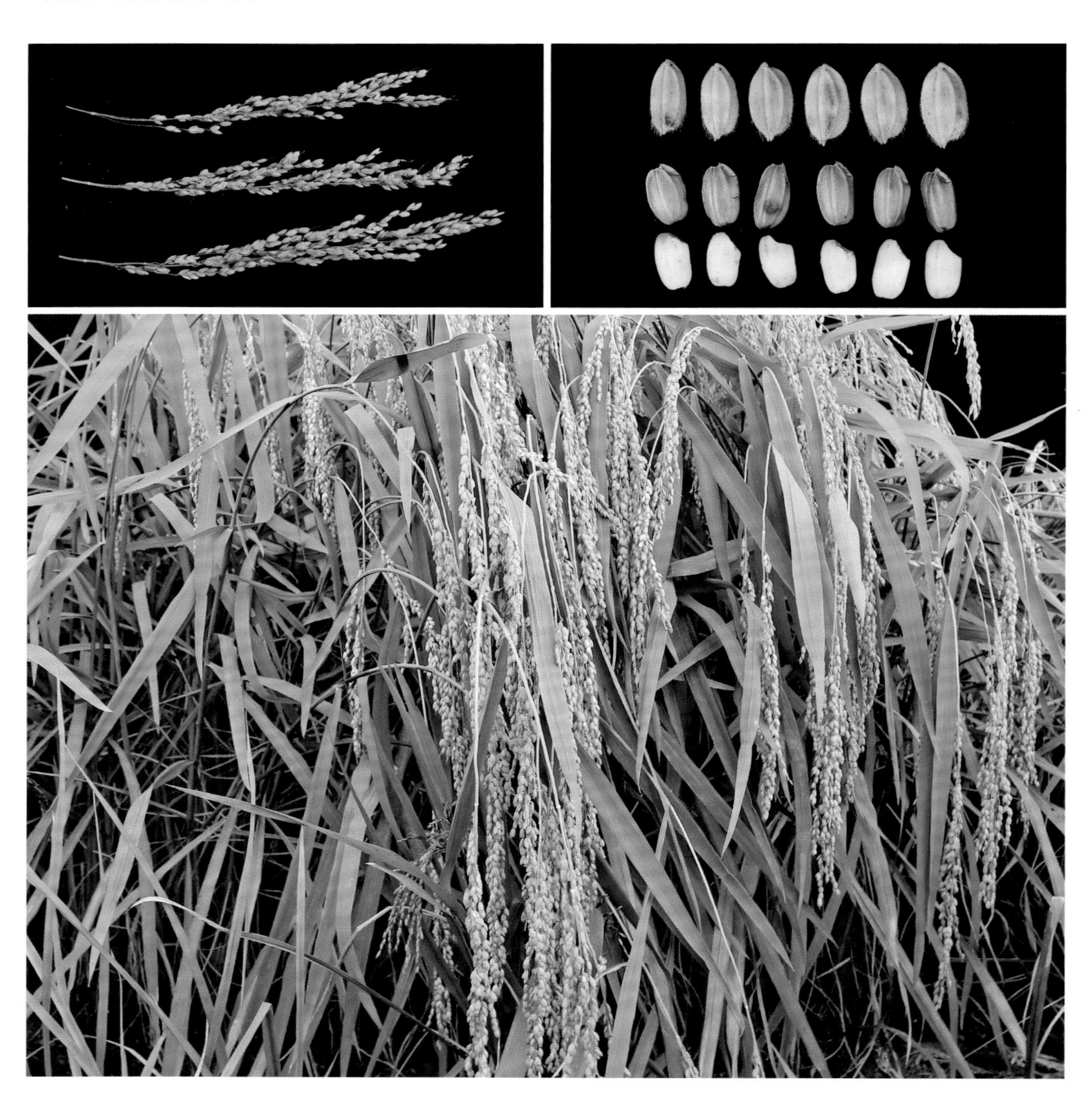

88. 大湾黑米糯

【采集地】广西柳州市融水苗族自治县白云乡大湾村。

【类型及分布】属于粳型糯稻，感温型品种，现种植分布少。

【主要特征特性】在南宁种植，播始历期为77天，株高178.0cm，有效穗5个，穗长33.1cm，穗粒数238粒，结实率为96.2%，千粒重26.6g，谷粒长8.3mm、宽3.7mm，谷粒椭圆形，无芒，颖尖黑色，谷壳黑色，黑米。当地农户认为该品种茎秆高、软，叶披垂。

【利用价值】目前直接应用于生产，当地已种植20多年。农户自留种，自产自销。可做水稻育种亲本。

89. 勾肚糯

【采集地】广西柳州市融水苗族自治县白云乡大湾村。

【类型及分布】属于粳型糯稻，感温型品种，现种植分布少。

【主要特征特性】在南宁种植，播始历期为78天，株高160.4cm，有效穗4个，穗长26.6cm，穗粒数216粒，结实率为96.3%，千粒重28.4g，谷粒长7.7mm、宽3.6mm，谷粒阔卵形，无芒，颖尖黄色，谷壳黄色，白米。当地农户认为该品种易倒伏。

【利用价值】目前直接应用于生产，当地已种植20多年。农户自留种，自产自销。可做水稻育种亲本。

90. 牛尾红米糯

【采集地】广西柳州市融水苗族自治县白云乡大湾村。

【类型及分布】属于粳型糯稻，感温型品种，现种植分布少。

【主要特征特性】在南宁种植，播始历期为75天，株高145.8cm，有效穗7个，穗长26.5cm，穗粒数196粒，结实率为88.4%，千粒重29.8g，谷粒长7.7mm、宽3.6mm，谷粒阔卵形，褐色长芒，颖尖黑色，谷壳黄色，红米。

【利用价值】目前直接应用于生产，当地已种植10年以上。农户自留种，自产自销。可做水稻育种亲本。

91. 黑秆紫色糯

【采集地】广西柳州市融水苗族自治县白云乡大湾村。

【类型及分布】属于粳型糯稻，感温型品种，现种植分布少。

【主要特征特性】在南宁种植，播始历期为76天，株高165.2cm，有效穗4个，穗长28.6cm，穗粒数157粒，结实率为76.9%，千粒重25.1g，谷粒长7.4mm、宽3.7mm，谷粒阔卵形，无芒，颖尖黑色，谷壳黑色，黑米。

【利用价值】目前直接应用于生产，当地已种植10多年。农户自留种，自产自销。主要用于酿制黑糯米酒，可做水稻育种亲本。

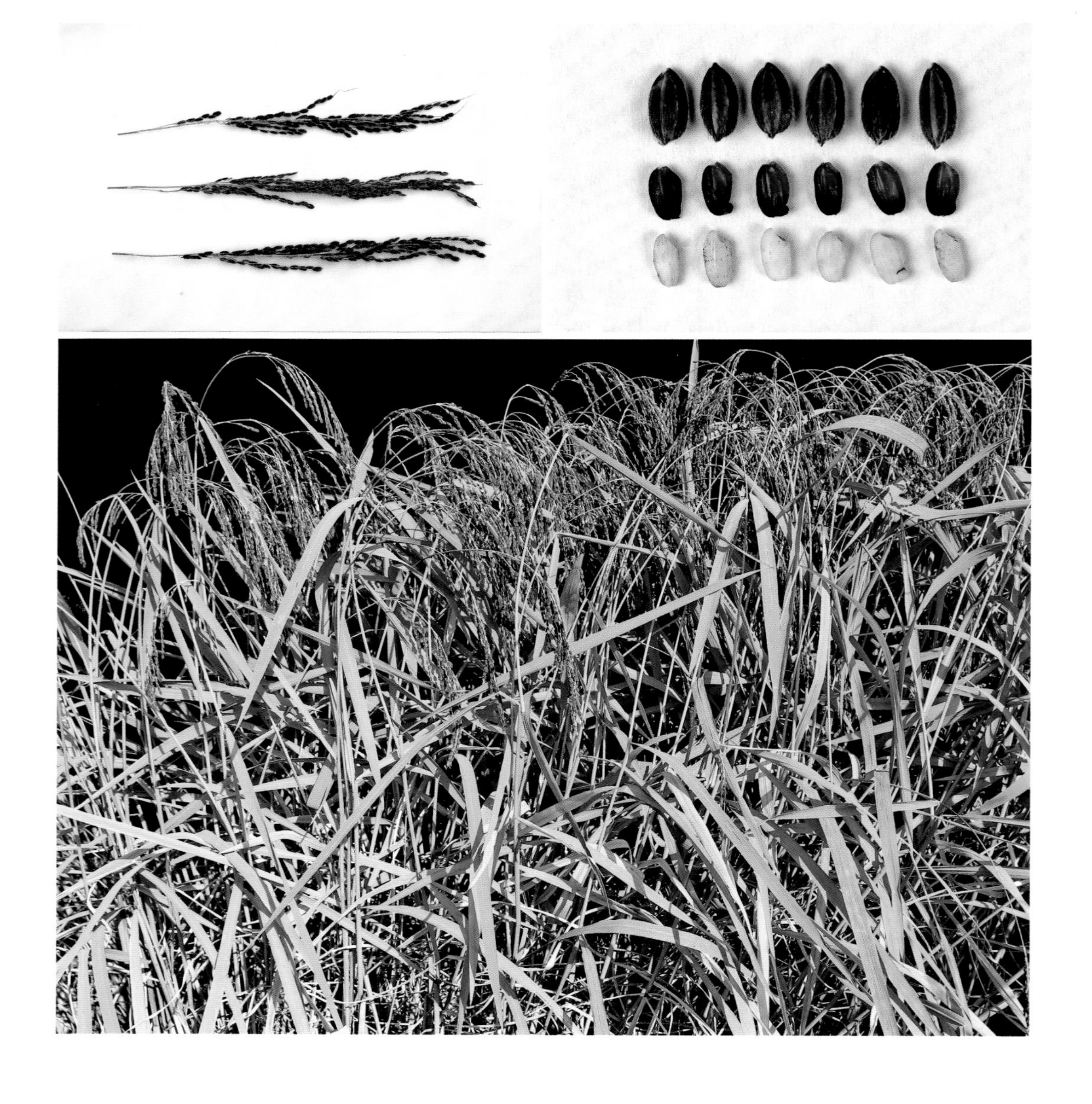

92. 光头紫尖糯

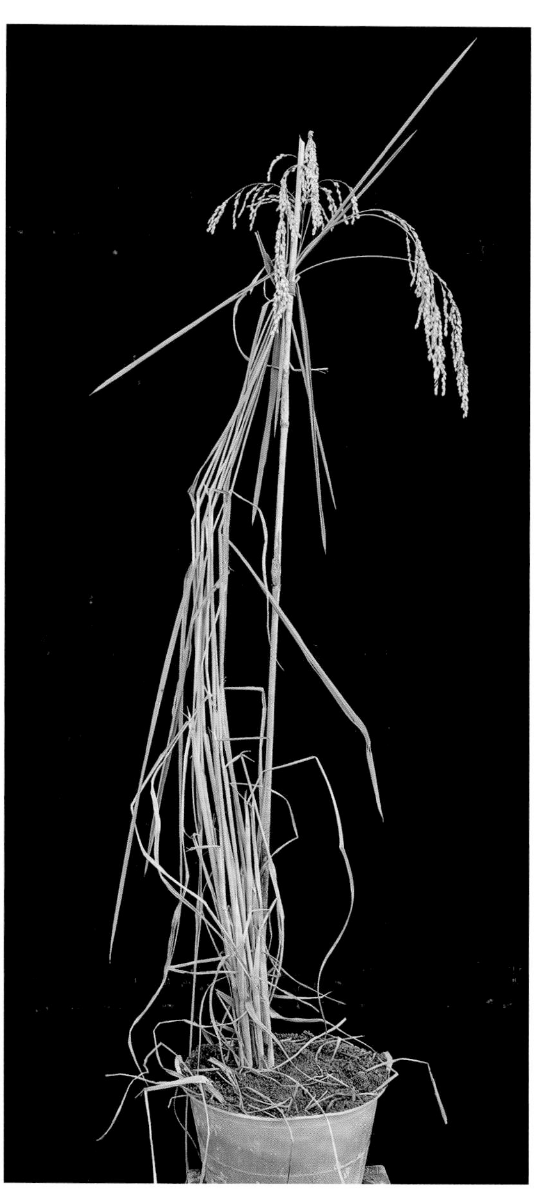

【采集地】广西柳州市融水苗族自治县白云乡大湾村。

【类型及分布】属于粳型糯稻，感光型品种，现种植分布少。

【主要特征特性】在南宁种植，播始历期为75天，株高179.4cm，有效穗5个，穗长25.7cm，穗粒数193粒，结实率为92.1%，千粒重29.1g，谷粒长7.6mm、宽3.6mm，谷粒阔卵形，无芒，颖尖褐色，谷壳黄色，白米。当地农户认为该品种茎秆高、软，叶披垂。

【利用价值】目前直接应用于生产，当地已种植10多年。农户自留种，自产自销。可做水稻育种亲本。

93. 光头糯

【采集地】广西柳州市融水苗族自治县白云乡大湾村。

【类型及分布】属于粳型糯稻，感温型品种，现种植分布少。

【主要特征特性】在南宁种植，播始历期为79天，株高177.0cm，有效穗6个，穗长26.4cm，穗粒数225粒，结实率为93.7%，千粒重26.6g，谷粒长7.1mm、宽3.5mm，谷粒阔卵形，无芒，颖尖褐色，谷壳褐色，白米。当地农户认为该品种茎秆高、软，叶披垂。

【利用价值】目前直接应用于生产，当地已种植10多年。农户自留种，自产自销。可做水稻育种亲本。

94. 光头白芒糯

【采集地】广西柳州市融水苗族自治县白云乡大湾村。

【类型及分布】属于粳型糯稻，感温型品种。

【主要特征特性】在南宁种植，播始历期为79天，株高164.2cm，有效穗5个，穗长28.4cm，穗粒数195粒，结实率为96.1%，千粒重26.1g，谷粒长7.5mm、宽3.5mm，谷粒阔卵形，无芒，颖尖黄色，谷壳黄色，白米。

【利用价值】目前直接应用于生产，农户自留种，可做水稻育种亲本。

95. 抗小屈

【采集地】广西柳州市融水苗族自治县白云乡大湾村。

【类型及分布】属于粳型糯稻，感温型品种。

【主要特征特性】在南宁种植，播始历期为75天，株高177.4cm，有效穗5个，穗长31.0cm，穗粒数227粒，结实率为96.4%，千粒重26.3g，谷粒长7.0mm、宽3.5mm，谷粒阔卵形，无芒，颖尖黄色，谷壳黄色，白米。

【利用价值】目前直接应用于生产，农户自留种，可做水稻育种亲本。

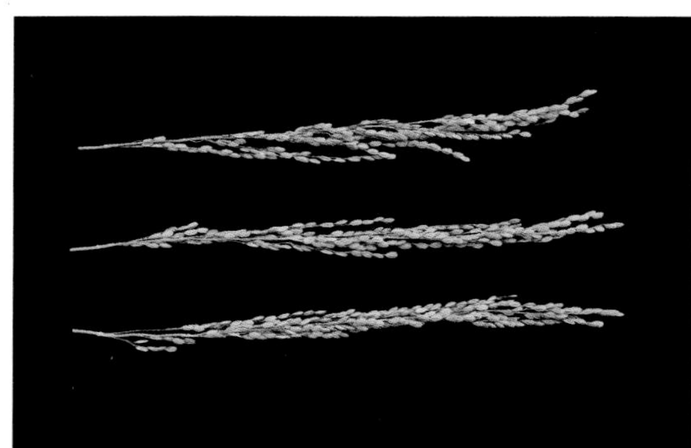

96. 大湾光头糯

【采集地】广西柳州市融水苗族自治县白云乡大湾村。

【类型及分布】属于粳型糯稻，感光型品种。

【主要特征特性】在南宁种植，播始历期为75天，株高169.6cm，有效穗6个，穗长26.5cm，穗粒数165粒，结实率为92.1%，千粒重26.9g，谷粒长7.4mm、宽3.4mm，谷粒阔卵形，无芒，颖尖黄色，谷壳黄色，白米。

【利用价值】目前直接应用于生产，农户自留种，可做水稻育种亲本。

97. 寨岑白粳

【采集地】广西河池市罗城仫佬族自治县宝坛乡寨岑村。

【类型及分布】属于粳型糯稻，感光型品种，单季稻种植，现种植分布少。

【主要特征特性】在南宁种植，播始历期为75天，株高162.4cm，有效穗7个，穗长29.2cm，穗粒数255粒，结实率为81.9%，千粒重28.9g，谷粒长7.1mm、宽3.6mm，谷粒阔卵形，无芒，颖尖紫黑色，谷壳褐色，红米。当地农户认为该品种米质优。

【利用价值】目前直接应用于生产，一般6月中旬播种，10月中旬收获。农户自留种，自产自销。可做水稻育种亲本。

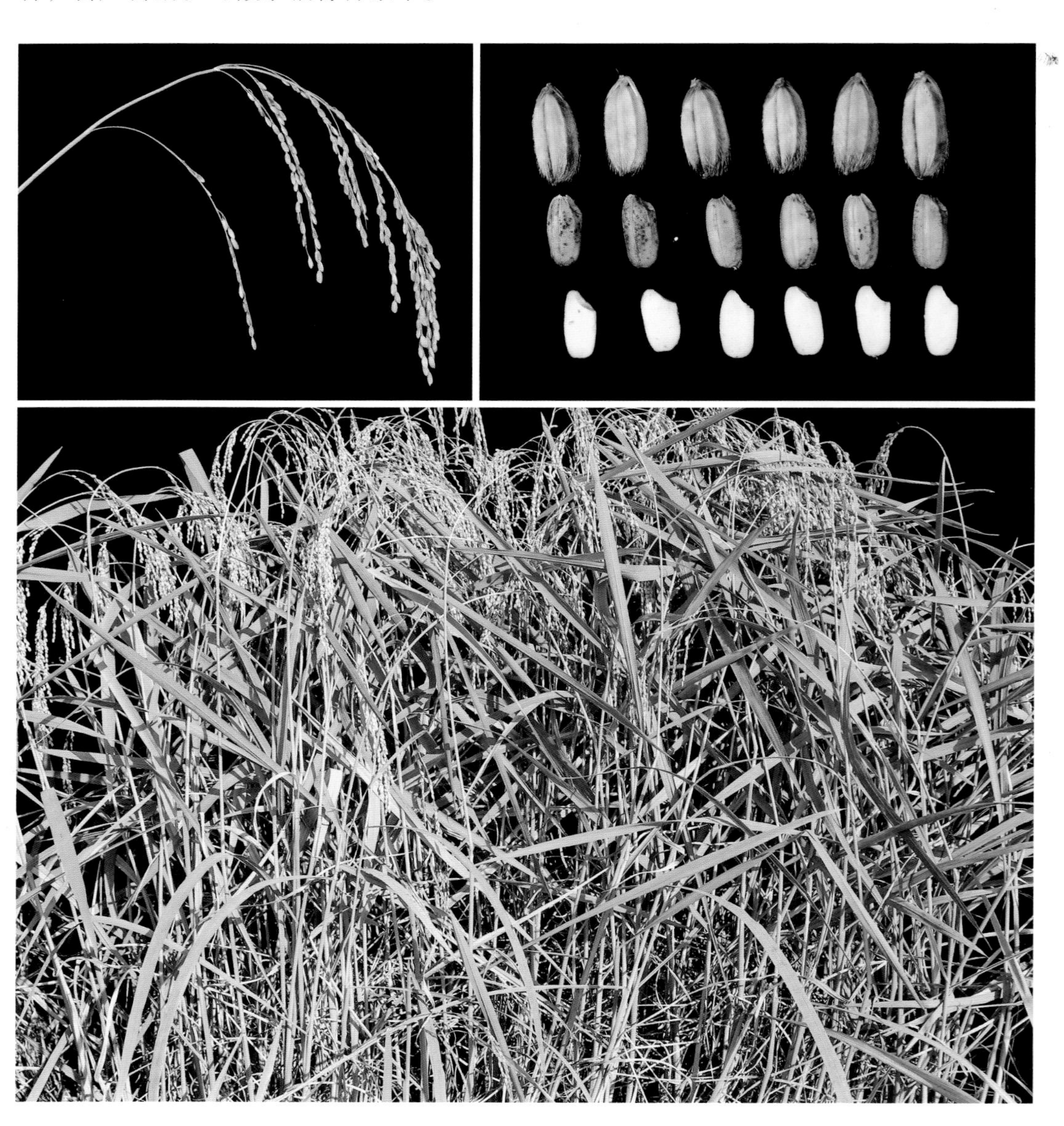

98. 滴水稻

【采集地】广西来宾市金秀瑶族自治县长垌乡滴水村。

【类型及分布】属于粳型糯稻，感光型品种。

【主要特征特性】在南宁种植，播始历期为74天，株高154.8cm，有效穗8个，穗长27.5cm，穗粒数209粒，结实率为92.2%，千粒重26.3g，谷粒长7.6mm、宽3.4mm，谷粒椭圆形，无芒，颖尖黄色，谷壳黄色，白米。

【利用价值】目前直接应用于生产，可做水稻育种亲本。

99. 九龙香粳糯

【采集地】广西柳州市融水苗族自治县汪洞乡产儒村。

【类型及分布】属于粳型糯稻，感温型品种。

【主要特征特性】在南宁种植，播始历期为76天，株高144.2cm，有效穗7个，穗长26.3cm，穗粒数228粒，结实率为78.1%，千粒重24.1g，谷粒长7.8mm、宽3.6mm，谷粒阔卵形，黄色长芒，颖尖黄色，谷壳黄色，白米。

【利用价值】目前直接应用于生产，可做水稻育种亲本。

100. 黑粳稻

【采集地】广西百色市田东县江城镇果柳村。

【类型及分布】属于粳型糯稻，感光型品种，现种植分布少。

【主要特征特性】在南宁种植，播始历期为83天，株高170.5cm，有效穗9个，穗长25.8cm，穗粒数134粒，结实率为85.3%，千粒重21.9g，谷粒长7.9mm、宽3.3mm，谷粒椭圆形，无芒，颖尖褐色，谷壳赤褐色，黑米。当地农户认为该品种米质优。

【利用价值】目前直接应用于生产，一般7月上旬播种，11月中旬收获。农户自留种，自产自销。主要用于糙米酿酒，具有保健作用，可做水稻育种亲本。

101. 墨粳糯

【采集地】广西河池市天峨县八腊瑶族乡纳碍村。

【类型及分布】属于粳型糯稻，感温型品种。

【主要特征特性】在南宁种植，播始历期为59天，株高151.3cm，有效穗6个，穗长28.6cm，穗粒数172粒，结实率为85.7%，千粒重29.0g，谷粒长8.7mm、宽3.8mm，谷粒椭圆形，无芒，颖尖黑色，谷壳紫黑色，黑米。

【利用价值】目前直接应用于生产，可做水稻育种亲本。

102. 青岗粳糯

【采集地】广西河池市天峨县八腊瑶族乡纳碍村。

【类型及分布】属于粳型糯稻，感温型品种。

【主要特征特性】在南宁种植，播始历期为56天，株高140.4cm，有效穗7个，穗长27.2cm，穗粒数135粒，结实率为92.6%，千粒重34.4g，谷粒长8.0mm、宽4.1mm，谷粒阔卵形，无芒，颖尖褐色，谷壳黄色，白米。

【利用价值】目前直接应用于生产，可做水稻育种亲本。

103. 铁壳粳

【采集地】广西河池市天峨县八腊瑶族乡纳碍村。

【类型及分布】属于粳型糯稻，感温型品种。

【主要特征特性】在南宁种植，播始历期为59天，株高123.4cm，有效穗6个，穗长23.4cm，穗粒数133粒，结实率为88.6%，千粒重30.4g，谷粒长7.9mm、宽3.7mm，谷粒中长形，护颖长，无芒，颖尖褐色，谷壳黄色，白米。

【利用价值】目前直接应用于生产，可做水稻育种亲本。

104. 朔晚糯稻

【采集地】广西百色市田东县义圩镇朔晚村。

【类型及分布】属于粳型糯稻，感光型品种，现种植分布少。

【主要特征特性】在南宁种植，播始历期为82天，株高138.2cm，有效穗6个，穗长23.9cm，穗粒数207粒，结实率为78.2%，千粒重26.9g，谷粒长7.6mm、宽3.7mm，谷粒阔卵形，无芒，颖尖黄色，谷壳褐色，白米。当地农户认为该品种米质优。

【利用价值】目前直接应用于生产，当地已种植10年以上，一般7月上旬播种，11月上旬收获。农户自留种。可做水稻育种亲本。

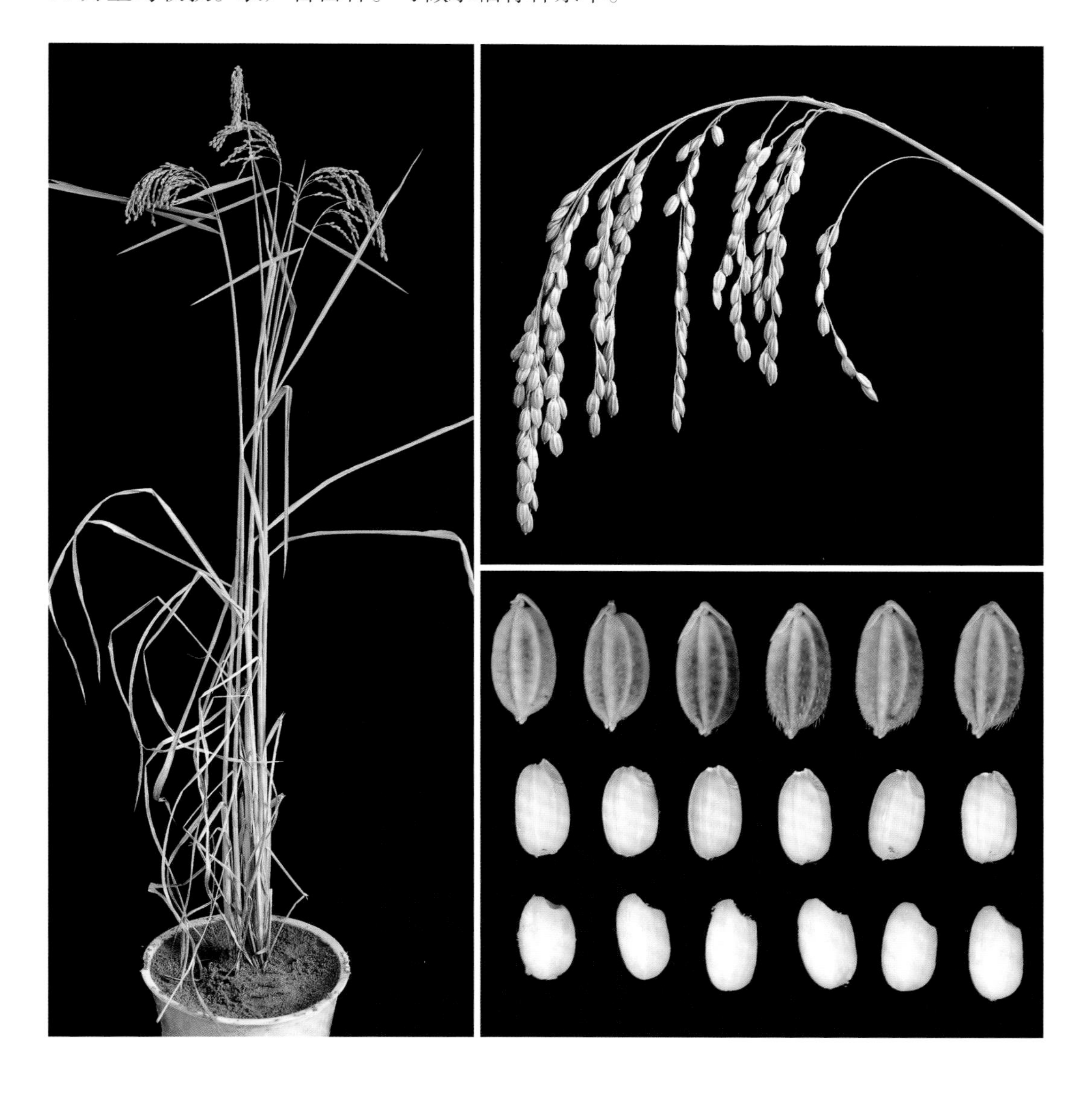

105. 马槽大禾糯

【采集地】广西贺州市富川瑶族自治县葛坡镇马槽村。

【类型及分布】属于粳型糯稻，感温型品种。

【主要特征特性】在南宁种植，播始历期为63天，株高112.2cm，有效穗8个，穗长27.6cm，穗粒数317粒，结实率为93.1%，千粒重18.2g，谷粒长8.4mm、宽2.4mm，谷粒阔圆形，无芒，颖尖黄色，谷壳黄色，白米。

【利用价值】目前直接应用于生产，可做水稻育种亲本。

第二节　粳型粘稻种质资源

1. 矮脚白粘

【**采集地**】广西河池市环江毛南族自治县驯乐苗族乡康宁村。

【**类型及分布**】属于粳型粘稻，感温型品种，现较少种植。

【**主要特征特性**】在南宁种植，播始历期为70天，株高121.9cm，有效穗13个，穗长29.1cm，穗粒数135粒，结实率为93.2%，千粒重29.6g，谷粒长8.2mm、宽3.8mm，谷粒阔卵形，黄色短芒，颖尖黄色，谷壳黄色，白米。当地农户认为该品种田间种植分蘖力强，抗倒性强，耐旱。

【**利用价值**】目前直接应用于生产，农户自留种，大米颗粒饱满，米饭口感好、色泽油润，可做水稻育种亲本。

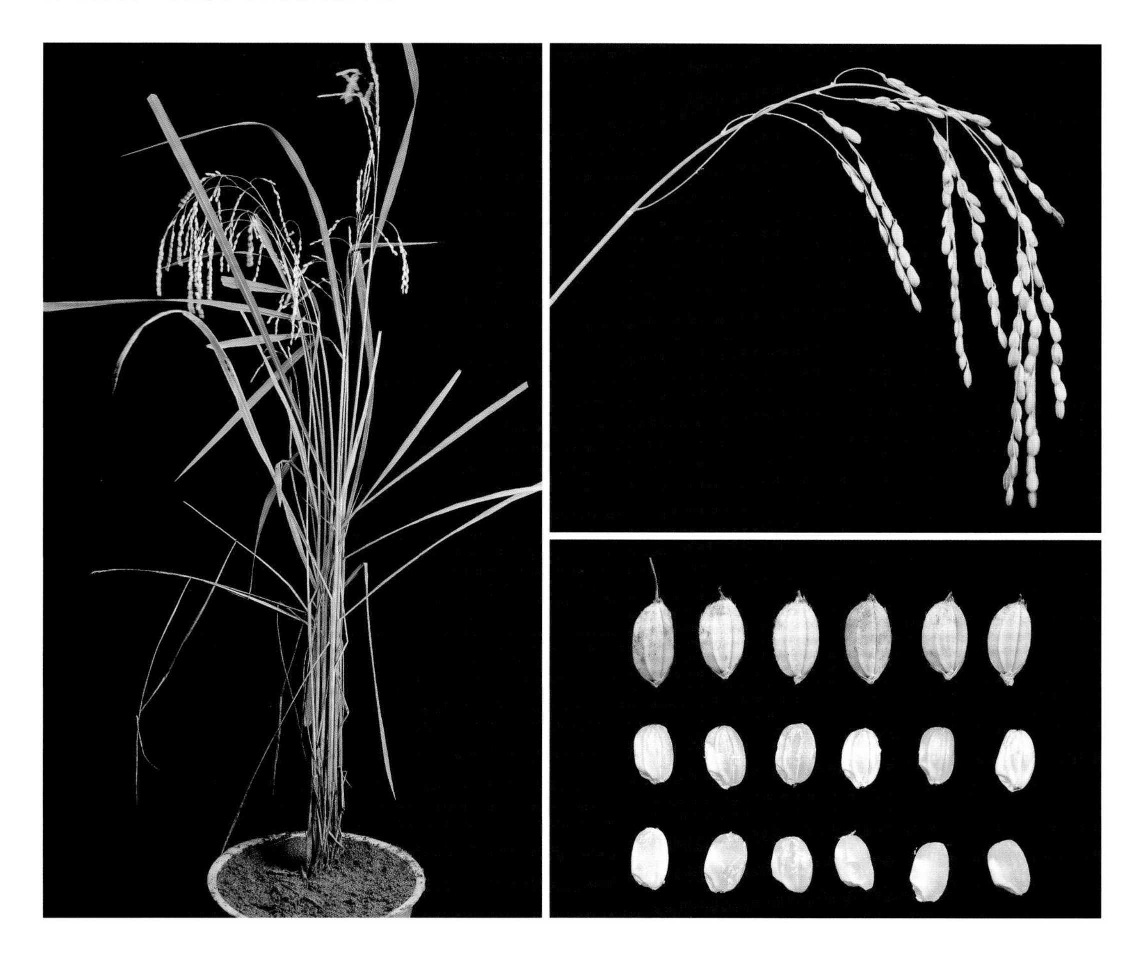

2. 虎须粳

【采集地】广西河池市凤山县长洲镇百乐村。

【类型及分布】属于粳型粘稻，感温型品种，单季种植，现种植分布少。

【主要特征特性】在南宁种植，播始历期为75天，株高169.2cm，有效穗7个，穗长31.9cm，穗粒数212粒，结实率为87.4%，千粒重28.6g，谷粒长7.6mm、宽3.8mm，谷粒阔卵形，黑色长芒，颖尖黑色，谷壳黄色，白米。当地农户认为该品种米质优，抗病虫，抗旱，耐寒，耐热，耐涝，耐贫瘠。

【利用价值】目前直接应用于生产，农户自留种，可做水稻育种亲本。

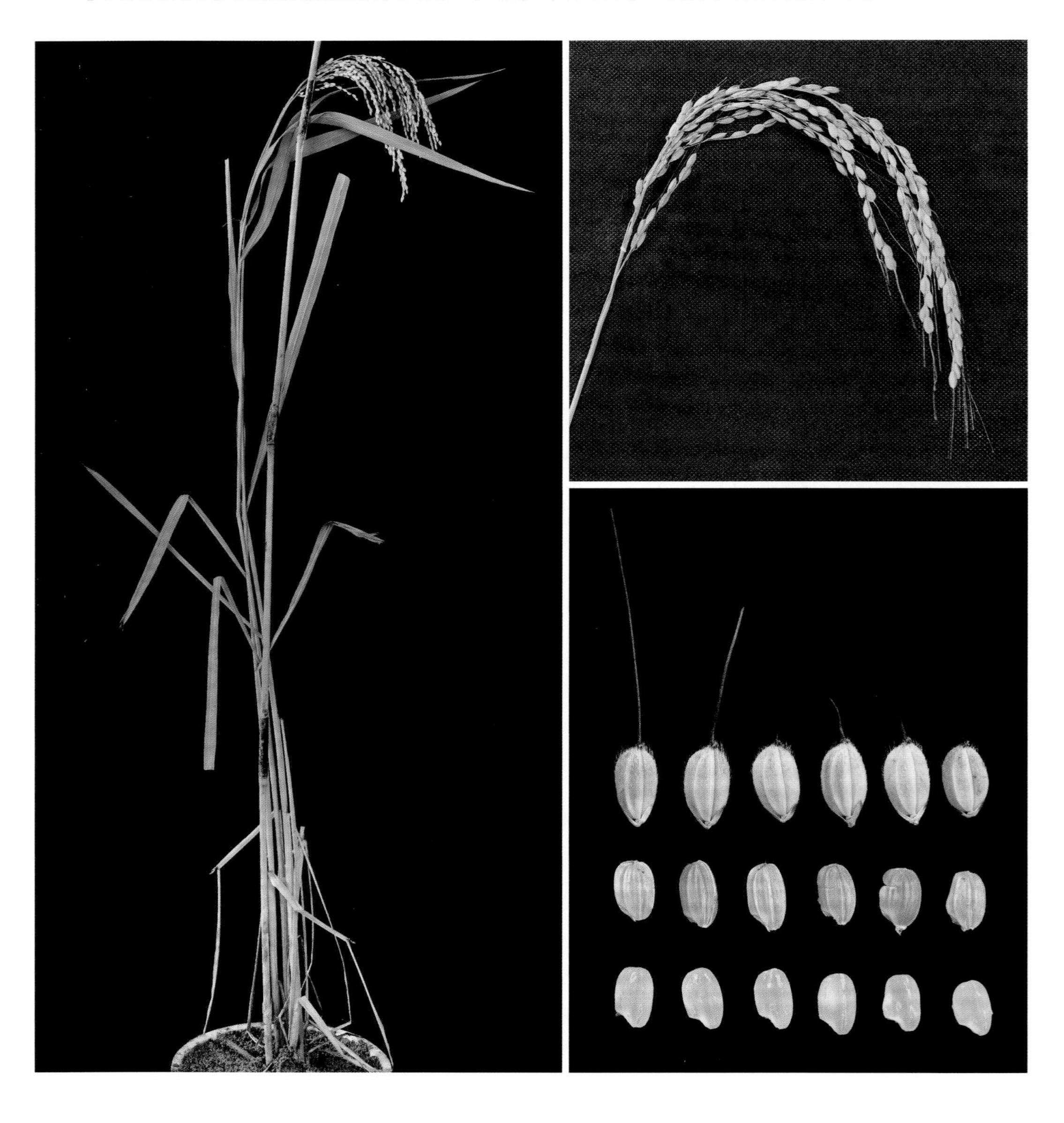

3. 同乐黑壳粳

【采集地】广西河池市凤山县乔音乡同乐村。

【类型及分布】属于粳型粘稻，感光型品种，现种植分布少。

【主要特征特性】在南宁种植，播始历期为76天，株高166.3cm，有效穗6个，穗长33.0cm，穗粒数227粒，结实率为88.2%，千粒重29.6g，谷粒长7.5mm、宽3.9mm，谷粒阔卵形，黑色短芒，颖尖黑色，谷壳紫黑色，白米。当地农户认为该品种米质优，耐寒，耐贫瘠。

【利用价值】目前直接应用于生产，农户自留种，可做水稻育种亲本。

4. 同乐黑须

【采集地】广西河池市凤山县乔音乡同乐村。

【类型及分布】属于粳型粘稻，感光型品种，现种植分布少。

【主要特征特性】在南宁种植，播始历期为75天，株高169.4cm，有效穗6个，穗长30.1cm，穗粒数229粒，结实率为91.0%，千粒重29.2g，谷粒长7.4mm、宽3.8mm，谷粒阔卵形，褐色长芒，颖尖紫色，谷壳黄色，白米。当地农户认为该品种米质优，耐寒，耐贫瘠。

【利用价值】目前直接应用于生产，农户自留种，可做水稻育种亲本。

5. 同乐红须粳

【采集地】广西河池市凤山县乔音乡同乐村。

【类型及分布】属于粳型粘稻，感光型品种，现种植分布少。

【主要特征特性】在南宁种植，播始历期为82天，株高162.1cm，有效穗5个，穗长31.4cm，穗粒数193粒，结实率为82.2%，千粒重36.7g，谷粒长8.6mm、宽4.0mm，谷粒阔卵形，褐色中芒，颖尖褐色，谷壳黄色，白米。当地农户认为该品种米质优，耐寒，耐贫瘠。

【利用价值】目前直接应用于生产，农户自留种，可做水稻育种亲本。

6. 同乐白须粳

【采集地】广西河池市凤山县乔音乡同乐村。

【类型及分布】属于粳型粘稻，感温型品种，现种植分布少。

【主要特征特性】在南宁种植，播始历期为70天，株高165.3cm，有效穗7个，穗长28.6cm，穗粒数191粒，结实率为89.0%，千粒重31.8g，谷粒长8.4mm、宽3.7mm，谷粒椭圆形，黄色长芒，颖尖黄色，谷壳黄色，白米。当地农户认为该品种米质优，耐寒，耐贫瘠。

【利用价值】目前直接应用于生产，农户自留种，可做水稻育种亲本。

7. 黄毛粳

【采集地】广西河池市凤山县乔音乡百乐村。

【类型及分布】属于粳型粘稻，感光型品种，现种植分布少。

【主要特征特性】在南宁种植，播始历期为77天，株高166.1cm，有效穗6个，穗长32.5cm，穗粒数213粒，结实率为86.7%，千粒重29.2g，谷粒长7.5mm、宽3.7mm，谷粒阔卵形，黄色长芒，颖尖黄色，谷壳黄色，白米。当地农户认为该品种米质优，耐贫瘠。

【利用价值】目前直接应用于生产，一般4月中旬播种，8月中下旬收获。农户自留种。可做水稻育种亲本。

8. 白壳粳米

【采集地】广西河池市巴马瑶族自治县燕洞乡龙威村。

【类型及分布】属于粳型粘稻，感光型品种，俗称白粳米，现种植分布少。

【主要特征特性】在南宁种植，播始历期为82天，株高168.7cm，有效穗7个，穗长32.3cm，穗粒数192粒，结实率为87.4%，千粒重32.5g，谷粒长7.9mm、宽3.8mm，谷粒阔卵形，黄色长芒，颖尖黄色，谷壳黄色，红米。当地农户认为该品种米质优，抗虫，抗旱。

【利用价值】目前直接应用于生产，一般3月上旬播种，7月中旬收获。农户自留种。可做水稻育种亲本。

9. 红壳粳米

【采集地】广西河池市巴马瑶族自治县燕洞乡龙威村。

【类型及分布】属于粳型粘稻，感光型品种，俗称红粳米，现种植分布少。

【主要特征特性】在南宁种植，播始历期为 78 天，株高 170.0cm，有效穗 7 个，穗长 31.3cm，穗粒数 215 粒，结实率为 87.8%，千粒重 28.1g，谷粒长 7.4mm，谷粒宽 3.5mm，谷粒阔卵形，褐色长芒，颖尖褐色，谷壳赤褐色，白米。当地农户认为该品种抗病虫，耐贫瘠。

【利用价值】目前直接应用于生产，一般 3 月中旬播种，7 月中旬收获。可做水稻育种亲本。

10. 文雅香粘

【采集地】广西河池市环江毛南族自治县洛阳镇文雅村。

【类型及分布】属于粳型粘稻，感光型品种。

【主要特征特性】在南宁种植，播始历期为76天，株高171.4cm，有效穗8个，穗长29.6cm，穗粒数215粒，结实率为88.0%，千粒重23.8g，谷粒长7.0mm、宽3.3mm，谷粒阔卵形，黄色长芒，颖尖黄色，谷壳黄色，白米。

【利用价值】目前直接应用于生产，可做水稻育种亲本。

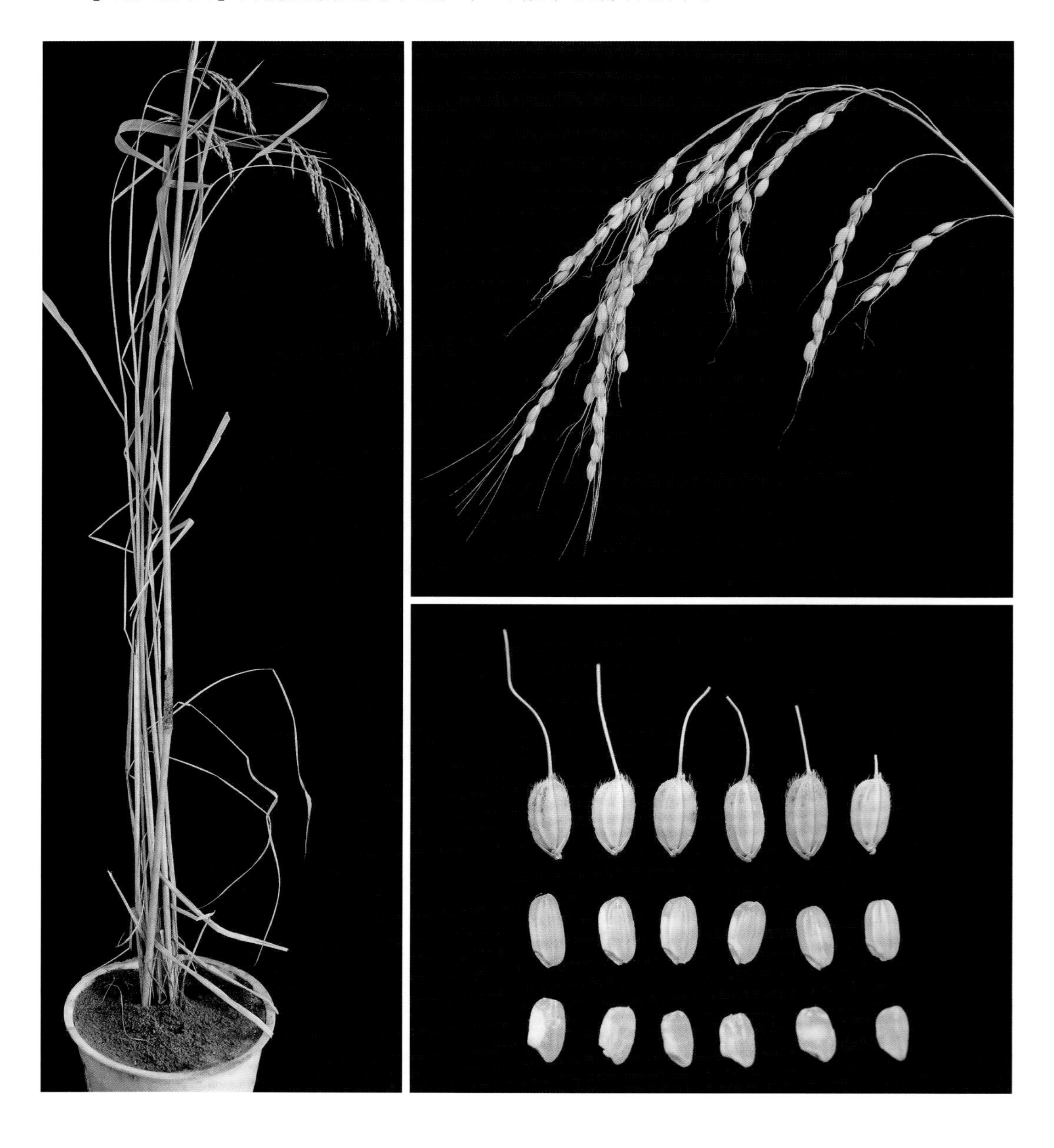

11. 长芒红粳米

【采集地】广西来宾市象州县妙皇乡路村村。

【类型及分布】属于粳型粘稻，感光型品种。

【主要特征特性】在南宁种植，播始历期为72天，株高156.9cm，有效穗7个，穗长28.4cm，穗粒数133粒，结实率为86.2%，千粒重31.0g，谷粒长8.1mm、宽3.7mm，谷粒阔卵形，黄色长芒，颖尖黄色，谷壳黄色，红米。

【利用价值】目前直接应用于生产，可做水稻育种亲本。

12. 红香

【采集地】广西来宾市金秀瑶族自治县大樟乡大樟村。

【类型及分布】属于粳型粘稻，感温型品种，陆稻，现种植分布少，主要分布在山地。

【主要特征特性】在南宁种植，播始历期为68天，株高141.8cm，有效穗8个，穗长30.6cm，穗粒数166粒，结实率为82.4%，千粒重28.3g，谷粒长9.3mm、宽3.4mm，谷粒椭圆形，无芒，颖尖黑色，谷壳紫黑色，红米。当地农户认为该品种米质优，耐旱。

【利用价值】目前直接应用于生产，一般4月上旬播种，9月上旬收获。可做水稻育种亲本。

13. 红香粳

【采集地】广西来宾市金秀瑶族自治县金秀镇金田村。

【类型及分布】属于粳型粘稻，感光型品种，当地单季种植，现种植分布少，主要分布在山地。

【主要特征特性】在南宁种植，播始历期为 81 天，株高 138.9cm，有效穗 8 个，穗长 25.8cm，穗粒数 152 粒，结实率为 79.2%，千粒重 24.6g，谷粒长 7.1mm、宽 3.5mm，谷粒阔卵形，无芒，颖尖黄色，谷壳黄色，红米。当地农户认为该品种米质优，抗旱。

【利用价值】目前直接应用于生产，一般 5 月中旬播种，10 月中旬收获。可做水稻育种亲本。

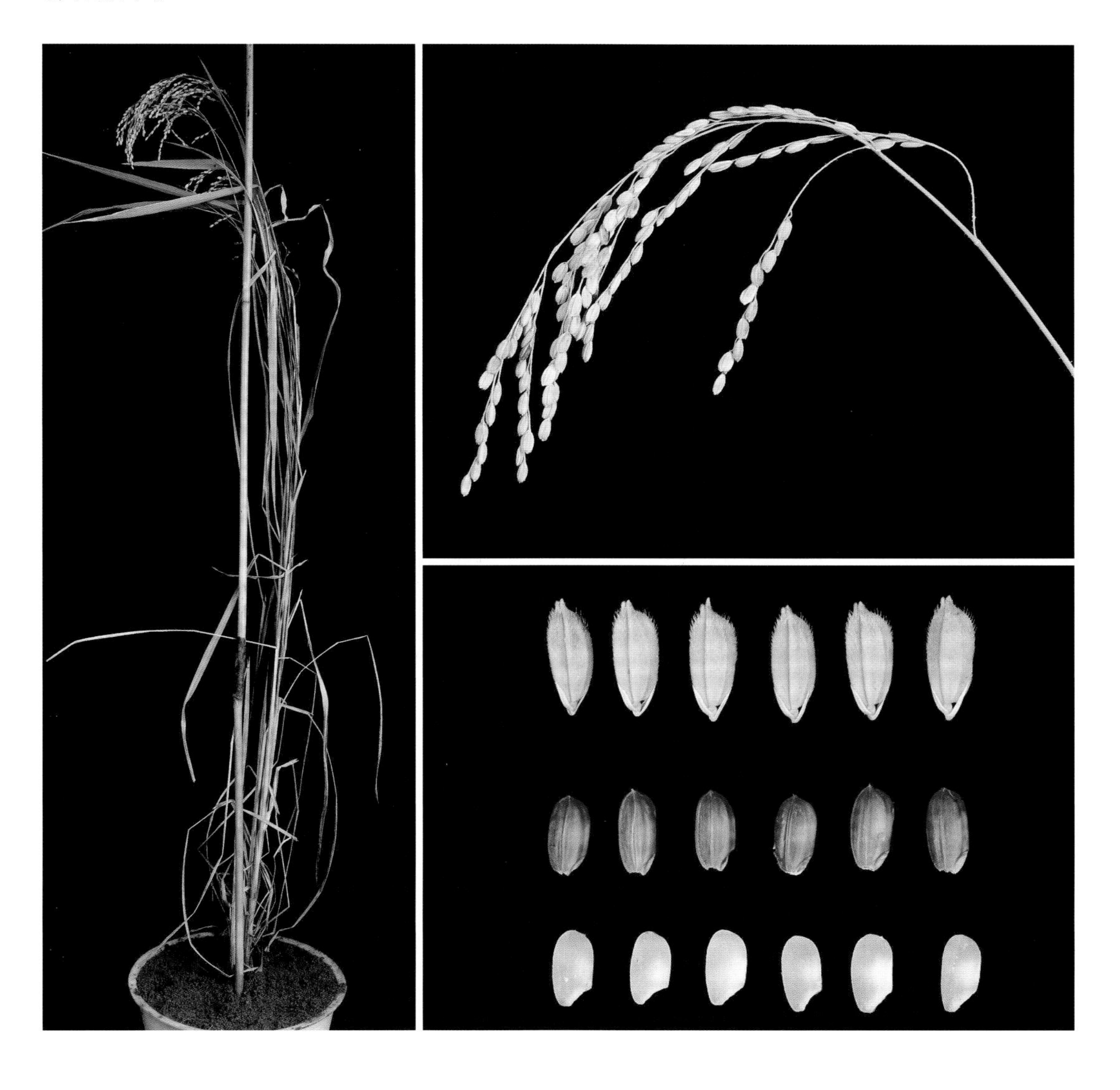

14. 有芒红粳米

【采集地】广西河池市东兰县武篆镇上圩村。

【类型及分布】属于粳型粘稻，感光型品种，当地单季种植，现种植分布少。

【主要特征特性】在南宁种植，播始历期为77天，株高164.8cm，有效穗6个，穗长28.9cm，穗粒数194粒，结实率为92.0%，千粒重32.3g，谷粒长7.6mm、宽3.8mm，谷粒阔卵形，黄色长芒，颖尖黄色，谷壳黄色，红米。当地农户认为该品种高产，米质优。

【利用价值】目前直接应用于生产，一般6月上旬播种，11月上旬收获。可做水稻育种亲本。

15. 无芒红粳米

【采集地】广西河池市东兰县武篆镇上圩村。

【类型及分布】属于粳型粘稻，感光型品种，现种植分布少。

【主要特征特性】在南宁种植，播始历期为 75 天，株高 170.1cm，有效穗 6 个，穗长 27.9cm，穗粒数 177 粒，结实率为 86.6%，千粒重 32.4g，谷粒长 8.0mm、宽 4.0mm，谷粒阔卵形，无芒，颖尖黄色，谷壳黄色，红米。当地农户认为该品种高产，米质优，抗病，耐热。

【利用价值】目前直接应用于生产，一般 6 月中旬播种，11 月上旬收获。可做水稻育种亲本。

16. 候仙哈

【采集地】广西河池市东兰县兰木乡纳核村。

【类型及分布】属于粳型粘稻，感光型品种，当地单季种植，现种植分布少。

【主要特征特性】在南宁种植，播始历期为76天，株高172.0cm，有效穗8个，穗长34.1cm，穗粒数240粒，结实率为84.8%，千粒重27.2g，谷粒长7.6mm、宽3.5mm，谷粒阔卵形，黄色长芒，颖尖黄色，谷壳黄色，白米。当地农户认为该品种米质优，耐热。

【利用价值】目前直接应用于生产，农户自留种，可做水稻育种亲本。

17. 英法粳米

【采集地】广西河池市东兰县长乐镇英法村。

【类型及分布】属于粳型粘稻，感光型品种，现种植分布少，主要分布在山地。

【主要特征特性】在南宁种植，播始历期为77天，株高179.7cm，有效穗6个，穗长32.9cm，穗粒数192粒，结实率为85.5%，千粒重33.3g，谷粒长8.0mm、宽3.9mm，谷粒阔卵形，黄色短芒，颖尖黄色，谷壳黄色，红米。当地农户认为该品种高产，米质优。

【利用价值】目前直接应用于生产，一般6月下旬播种，10月下旬收获。可做水稻育种亲本。

18. 那莫粳米

【采集地】广西河池市凤山县金牙瑶族乡上牙村。

【类型及分布】属于粳型粘稻，感光型品种。

【主要特征特性】在南宁种植，播始历期为75天，株高175.6cm，有效穗5个，穗长29.3cm，穗粒数293粒，结实率为86.7%，千粒重25.8g，谷粒长6.9mm、宽3.6mm，谷粒阔卵形，黄色长芒，颖尖黄色，谷壳黄色，白米。

【利用价值】目前直接应用于生产，可做水稻育种亲本。

19. 高安粳稻

【采集地】广西柳州市融水苗族自治县洞头镇高安村。

【类型及分布】属于粳型粘稻，感光型品种。

【主要特征特性】在南宁种植，播始历期为78天，株高156.9cm，有效穗6个，穗长27.3cm，穗粒数175粒，结实率为86.7%，千粒重22.8g，谷粒长6.9mm、宽3.6mm，谷粒阔卵形，无芒，颖尖黑色，谷壳紫黑色，白米。

【利用价值】目前直接应用于生产，可做水稻育种亲本。

20. 岩圩香粳

【采集地】广西百色市隆林各族自治县猪场乡岩圩村。

【类型及分布】属于粳型粘稻，感温型品种，该品种目前在当地仅发现一户农户种植，其他乡（镇）已无种植。

【主要特征特性】在南宁种植，播始历期为65天，株高166.5cm，有效穗6个，穗长30.4cm，穗粒数220粒，结实率为83.7%，千粒重27.9g，谷粒长7.2mm、宽3.8mm，谷粒阔卵形，无芒，颖尖黄色，谷壳黄色，白米。当地农户认为该品种米质优，广适，耐寒。

【利用价值】目前直接应用于生产，一般4月中旬播种，9月下旬收获。农户自留种，自产自销。可做水稻育种亲本。

21. 白毛粳

【采集地】广西河池市凤山县乔音乡百乐村。

【类型及分布】属于粳型粘稻，感光型品种，现种植分布少。

【主要特征特性】在南宁种植，播始历期为76天，株高173.4cm，有效穗7个，穗长31.8cm，穗粒数186粒，结实率为84.3%，千粒重26.6g，谷粒长7.5mm、宽3.4mm，谷粒椭圆形，黄色长芒，颖尖黄色，谷壳黄色，白米。当地农户认为该品种米质优，耐贫瘠。

【利用价值】目前直接应用于生产，一般4月中旬播种，10月上旬收获。农户自留种。可做水稻育种亲本。

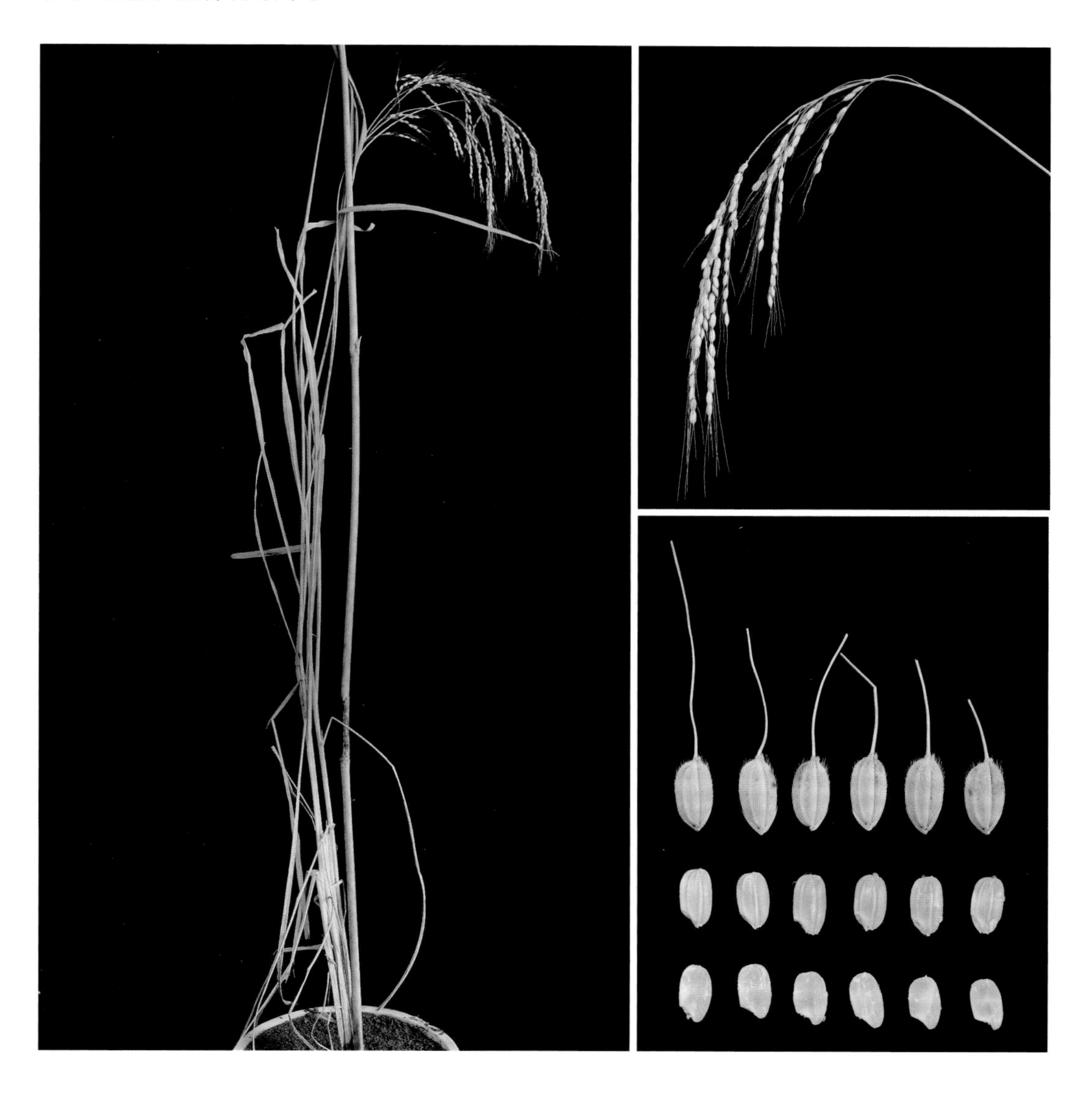

22. 象州红粳米

【采集地】广西来宾市象州县象州镇沐恩村。

【类型及分布】属于粳型粘稻，感光型品种。

【主要特征特性】在南宁种植，播始历期为72天，株高163.3cm，有效穗7个，穗长29.3cm，穗粒数168粒，结实率为85.6%，千粒重31.9g，谷粒长8.0mm、宽3.5mm，谷粒椭圆形，无芒，颖尖黄色，谷壳黄色，红米。

【利用价值】目前直接应用于生产，可做水稻育种亲本。

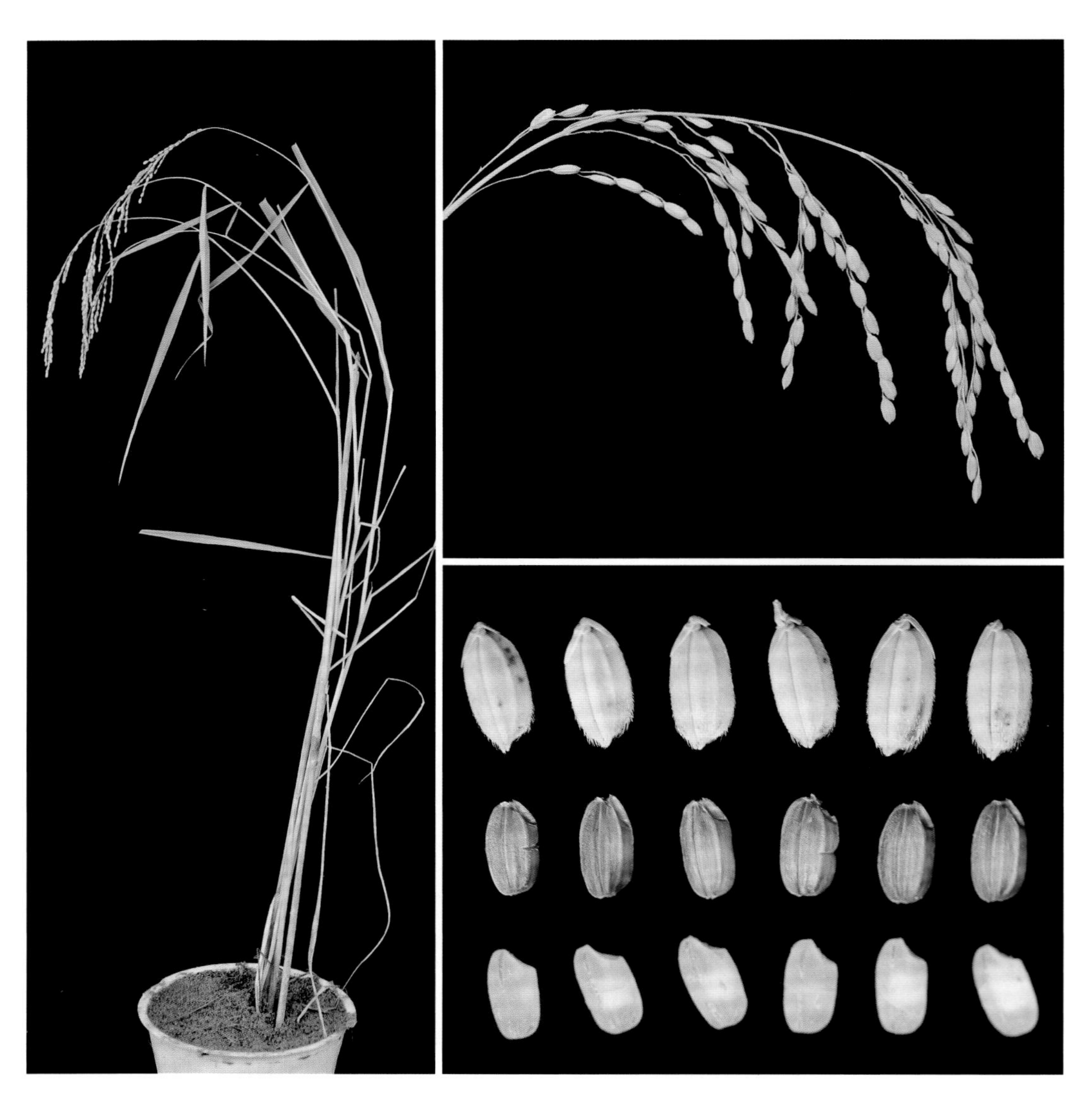

23. 寨岑红粳

【采集地】广西河池市罗城仫佬族自治县宝坛乡寨岑村。

【类型及分布】属于粳型粘稻，感光型品种，现种植分布少。

【主要特征特性】在南宁种植，播始历期为 75 天，株高 167.2cm，有效穗 8 个，穗长 29.1cm，穗粒数 192 粒，结实率为 75.9%，千粒重 30.0g，谷粒长 7.3mm、宽 3.5mm，谷粒阔卵形，无芒，颖尖黄色，谷壳黄色，红米。当地农户认为该品种米质优。

【利用价值】目前直接应用于生产，一般 6 月中旬播种，10 月中旬收获。农户自留种。可做水稻育种亲本。

24. 候仙龙

【采集地】广西河池市东兰县大同乡和龙村。

【类型及分布】属于粳型粘稻，感光型品种，现种植分布少。

【主要特征特性】在南宁种植，播始历期为72天，株高172.8cm，有效穗6个，穗长29.9cm，穗粒数258粒，结实率为85.1%，千粒重33.1g，谷粒长7.6mm、宽3.7mm，谷粒阔卵形，无芒，颖尖黄色，谷壳黄色，红米。当地农户认为该品种高产，米质优。

【利用价值】目前直接应用于生产，一般6月下旬播种，10月下旬收获。可做水稻育种亲本。

第三节　籼型糯稻种质资源

1. 兴江黑米

【采集地】广西南宁市武鸣区陆斡镇兴江村。

【类型及分布】属于籼型糯稻，感温型品种。

【主要特征特性】在南宁种植，播始历期为 80 天，株高 104.7cm，有效穗 8 个，穗长 24.4cm，穗粒数 228 粒，结实率为 82.1%，千粒重 22.3g，谷粒长 8.7mm、宽 3.1mm，谷粒椭圆形，无芒，颖尖褐色，谷壳褐色，黑米。

【利用价值】目前直接应用于生产，当地主要用作酿酒原料，可做水稻育种亲本。

2. 西燕糯谷

【采集地】广西南宁市上林县西燕镇西燕社区。

【类型及分布】属于籼型糯稻，感温型品种。

【主要特征特性】在南宁种植，播始历期为69天，株高116.7cm，有效穗7个，穗长23.5cm，穗粒数191粒，结实率为89.4%，千粒重28.1g，谷粒长9.3mm、宽3.3mm，谷粒椭圆形，无芒，颖尖黄色，谷壳黄色，白米。

【利用价值】目前直接应用于生产，可做水稻育种亲本。

3. 古罗黑糯

【采集地】广西南宁市宾阳县邹圩镇古罗村。

【类型及分布】属于籼型糯稻，感温型品种，现种植分布广。

【主要特征特性】在南宁种植，播始历期为78天，株高113.9cm，有效穗7个，穗长24.6cm，穗粒数250粒，结实率为85.0%，千粒重21g，谷粒长8.5mm、宽3.0mm，谷粒椭圆形，无芒，颖尖黑色，谷壳黑褐色，黑米。当地农户认为该品种米质优，抗病，广适。

【利用价值】目前直接应用于生产，一般7月中旬播种，11月上旬收获。农户自留种，自产自用或出售。主要用作酿酒原料，也用于制作粽子、糍粑等，可做水稻育种亲本。

4. 土白糯

【采集地】广西南宁市宾阳县武陵镇留寺村。

【类型及分布】属于籼型糯稻，感温型品种，现种植分布少。

【主要特征特性】在南宁种植，播始历期为68天，株高104.9cm，有效穗10个，穗长26.9cm，穗粒数215粒，结实率为87.1%，千粒重26.1g，谷粒长9.7mm、宽3.0mm，谷粒中长形，无芒，颖尖黄色，谷壳黄色，白米。当地农户认为该品种米质优，抗病。

【利用价值】目前直接应用于生产，一般3月上旬播种，7月上旬收获。农户自留种，自产自销。可做水稻育种亲本。

5. 紫色糯

【采集地】广西柳州市融水苗族自治县白云乡大湾村。

【类型及分布】属于籼型糯稻，感温型品种。

【主要特征特性】在南宁种植，播始历期为77天，株高150.3cm，有效穗6个，穗长29.3cm，穗粒数254粒，结实率为78.6%，千粒重23.8g，谷粒长8.0mm、宽3.7mm，谷粒阔卵形，褐色短芒，颖尖褐色，谷壳黑色，黑米。

【利用价值】目前直接应用于生产，主要用作酿酒原料，可做水稻育种亲本。

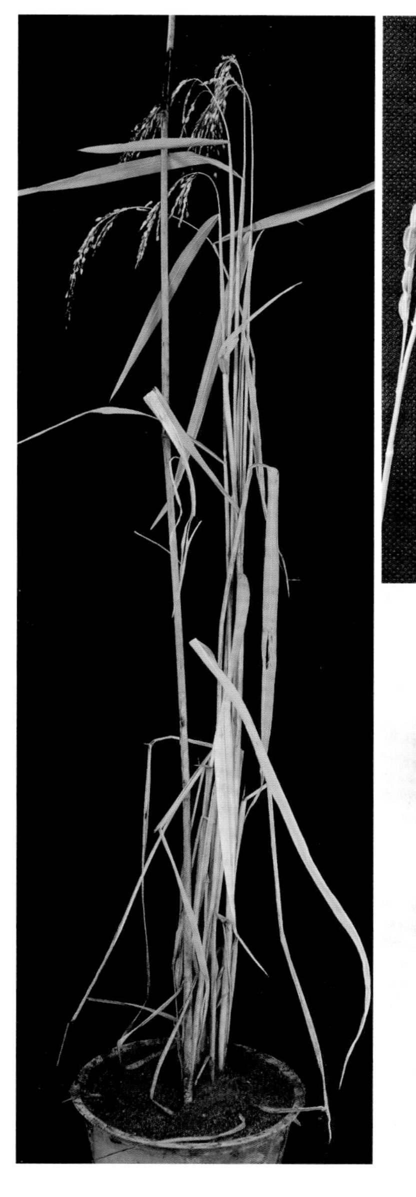

6. 黑壳糯

【采集地】广西柳州市融水苗族自治县白云乡大湾村。

【类型及分布】属于籼型糯稻，感光型品种。

【主要特征特性】在南宁种植，播始历期为80天，株高158.7cm，有效穗7个，穗长29.1cm，穗粒数221粒，结实率为85.3%，千粒重26.9g，谷粒长7.8mm、宽3.7mm，谷粒阔卵形，黑色长芒，颖尖黑色，谷壳黑色，白米。

【利用价值】目前直接应用于生产，可做水稻育种亲本。

7. 白尾香糯

【采集地】广西柳州市融水苗族自治县白云乡大湾村。

【类型及分布】属于籼型糯稻，感温型品种。

【主要特征特性】在南宁种植，播始历期为65天，株高148.7cm，有效穗8个，穗长28.3cm，穗粒数154粒，结实率为87.0%，千粒重26.1g，谷粒长7.8mm、宽3.6mm，谷粒阔卵形，黄色长芒，颖尖黄色，谷壳黄色，白米。

【利用价值】目前直接应用于生产，可做水稻育种亲本。

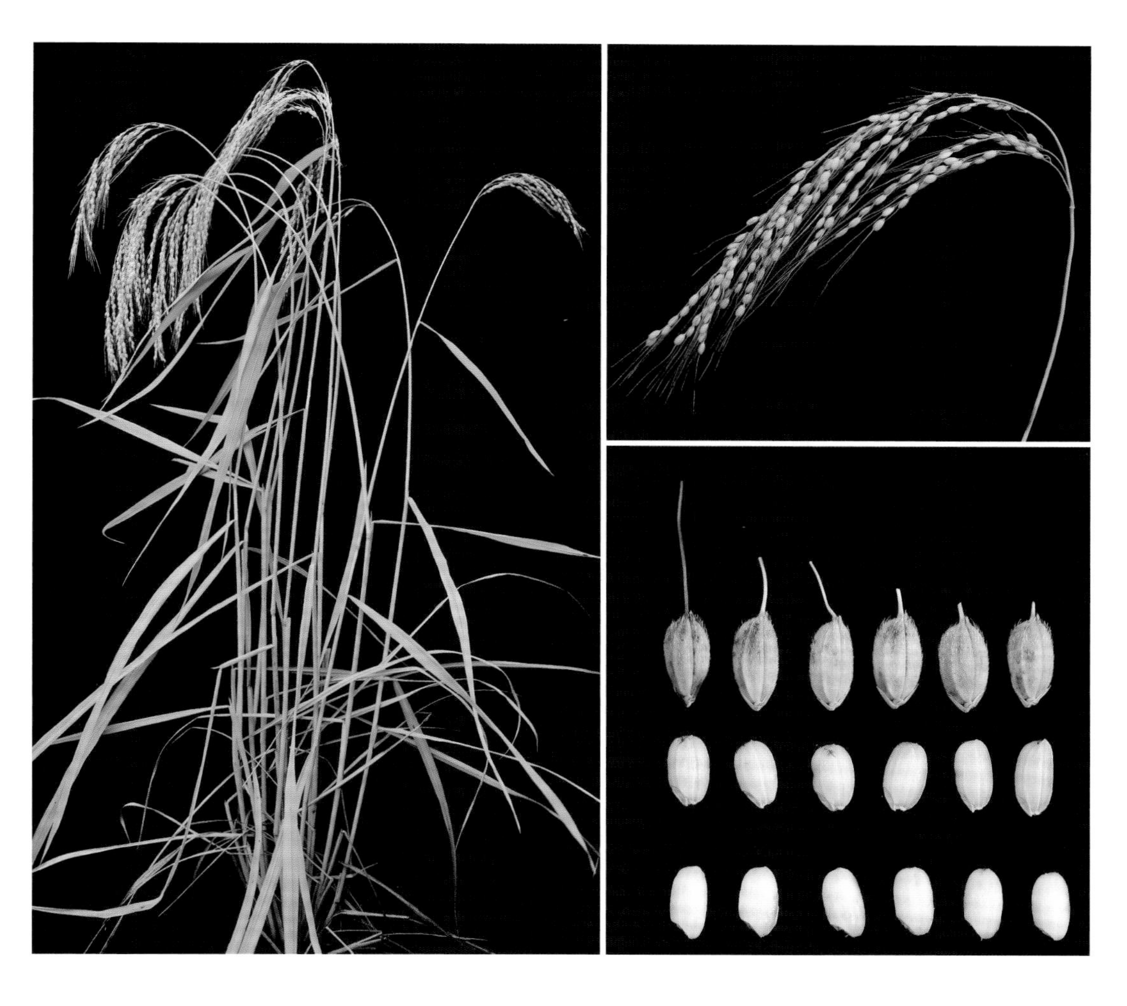

8. 白云勾肚糯

【采集地】广西柳州市融水苗族自治县白云乡大湾村。

【类型及分布】属于籼型糯稻，感光型品种。

【主要特征特性】在南宁种植，播始历期为 79 天，株高 134.8cm，有效穗 7 个，穗长 24.0cm，穗粒数 173 粒，结实率为 78.1%，千粒重 31g，谷粒长 7.9mm、宽 4.0mm，谷粒阔卵形，褐色短芒，颖尖紫色，谷壳黄色，白米。

【利用价值】目前直接应用于生产，可做水稻育种亲本。

9. 矮秆光头糯

【采集地】广西柳州市融水苗族自治县白云乡大湾村。

【类型及分布】属于籼型糯稻，感光型品种。

【主要特征特性】在南宁种植，播始历期为77天，株高153.3cm，有效穗6个，穗长27.4cm，穗粒数238粒，结实率为81.4%，千粒重32.6g，谷粒长8.3mm、宽4.3mm，谷粒阔卵形，黄色短芒，颖尖黄色，谷壳黄色，红米。

【利用价值】目前直接应用于生产，可做水稻育种亲本。

10. 高秆光头糯

【采集地】广西柳州市融水苗族自治县白云乡大湾村。

【类型及分布】属于籼型糯稻，感光型品种。

【主要特征特性】在南宁种植，播始历期为77天，株高155.0cm，有效穗6个，穗长27.0cm，穗粒数276粒，结实率为81.9%，千粒重24.4g，谷粒长7.0mm、宽4.0mm，谷粒短圆形，无芒，颖尖黄色，谷壳黄色，白米。

【利用价值】目前直接应用于生产，可做水稻育种亲本。

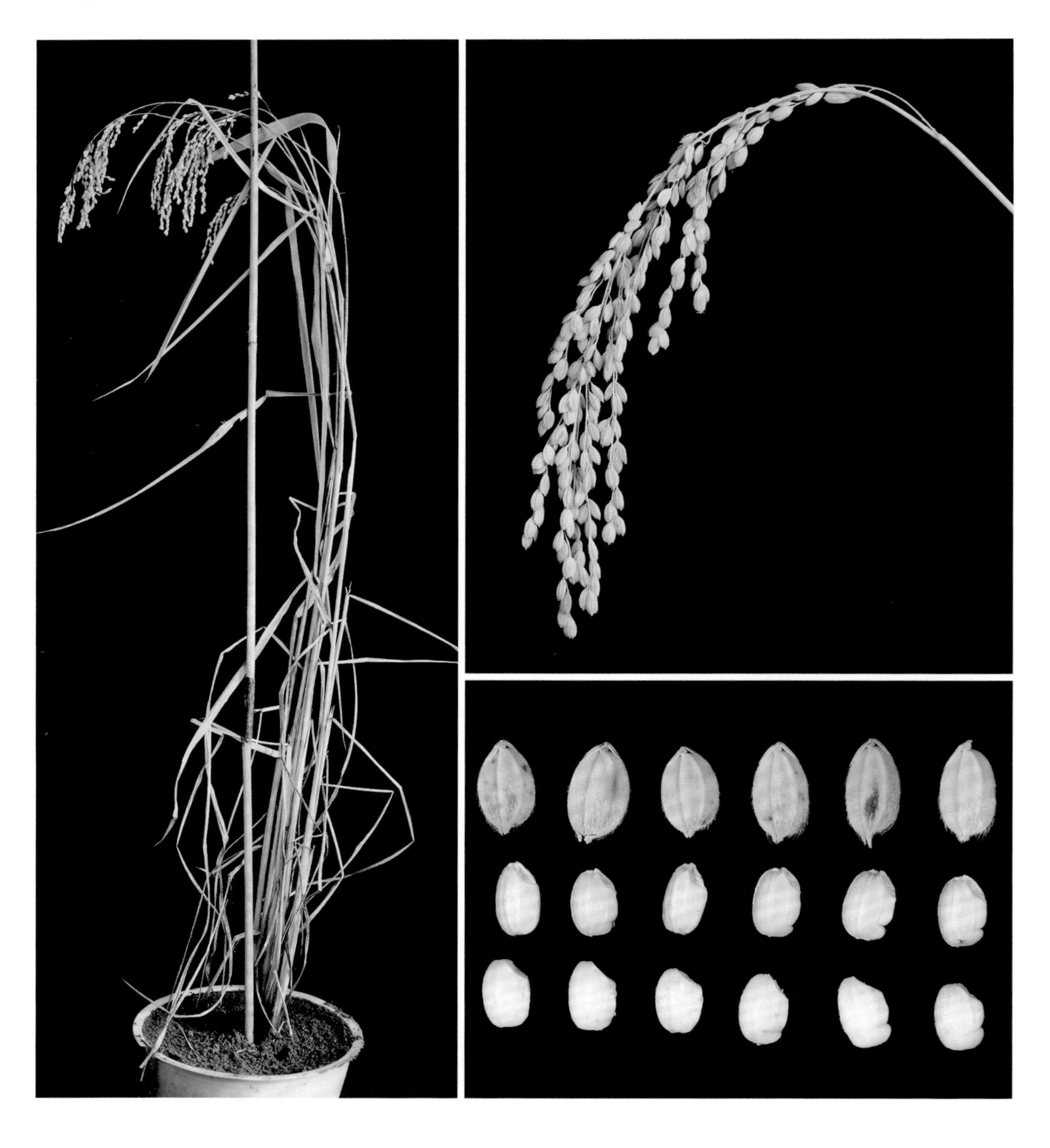

11. 早熟香米糯

【采集地】广西柳州市融水苗族自治县白云乡大湾村。

【类型及分布】属于籼型糯稻，感光型品种。

【主要特征特性】在南宁种植，播始历期为78天，株高156.7cm，有效穗6个，穗长27.8cm，穗粒数244粒，结实率为79.7%，千粒重32.8g，谷粒长8.0mm、宽4.3mm，谷粒阔卵形，无芒，颖尖黄色，谷壳黄色，红米。

【利用价值】目前直接应用于生产，可做水稻育种亲本。

12. 洞安糯 1

【采集地】广西柳州市融水苗族自治县安太乡洞安村。

【类型及分布】属于籼型糯稻，感光型品种。

【主要特征特性】在南宁种植，播始历期为 79 天，株高 167.2cm，有效穗 6 个，穗长 28.9cm，穗粒数 225 粒，结实率为 78.1%，千粒重 25.4g，谷粒长 7.0mm、宽 3.9mm，谷粒短圆形，黄色短芒，颖尖黄色，谷壳黄色，白米。

【利用价值】目前直接应用于生产，可做水稻育种亲本。

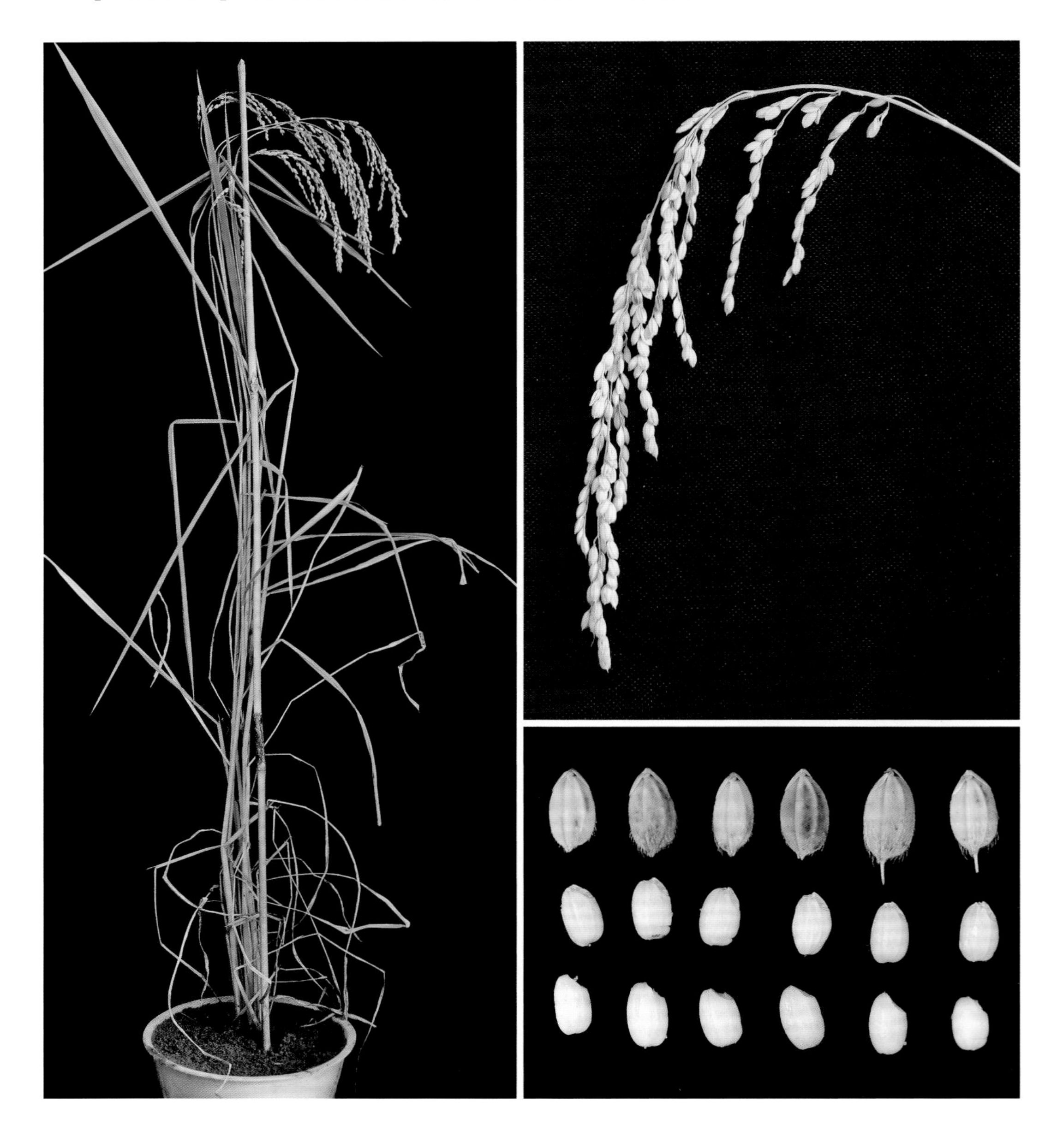

13. 洞安糯 2

【采集地】广西柳州市融水苗族自治县安太乡洞安村。

【类型及分布】属于籼型糯稻，感光型品种。

【主要特征特性】在南宁种植，播始历期为 80 天，株高 170.2cm，有效穗 8 个，穗长 26.7cm，穗粒数 188 粒，结实率为 76.1%，千粒重 23.7g，谷粒长 7.5mm、宽 3.5mm，谷粒阔卵形，黄色长芒，颖尖黄色，谷壳黄色，白米。

【利用价值】目前直接应用于生产，可做水稻育种亲本。

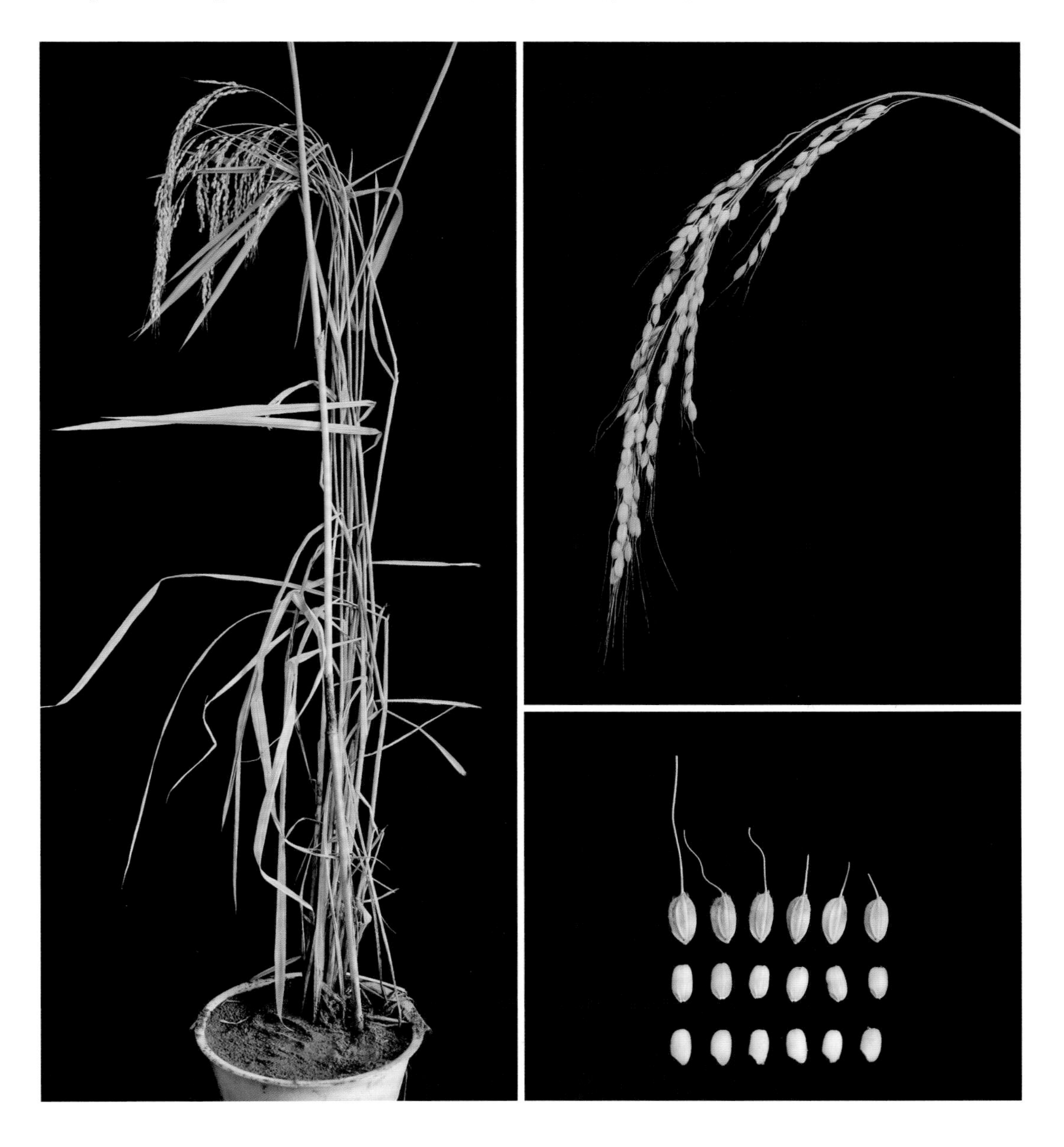

14. 洞安糯 3

【采集地】广西柳州市融水苗族自治县安太乡洞安村。

【类型及分布】属于籼型糯稻，感光型品种。

【主要特征特性】在南宁种植，播始历期为 79 天，株高 148.3cm，有效穗 7 个，穗长 24.4cm，穗粒数 185 粒，结实率为 81.5%，千粒重 30.0g，谷粒长 8.2mm、宽 4.0mm，谷粒阔卵形，褐色中芒，颖尖紫色，谷壳黄色，白米。

【利用价值】目前直接应用于生产，可做水稻育种亲本。

15. 洞安糯 4

【采集地】广西柳州市融水苗族自治县安太乡洞安村。

【类型及分布】属于籼型糯稻，感光型品种。

【主要特征特性】在南宁种植，播始历期为 80 天，株高 153.5cm，有效穗 7 个，穗长 23.7cm，穗粒数 213 粒，结实率为 76.4%，千粒重 30.4g，谷粒长 7.7mm、宽 3.9mm，谷粒阔卵形，无芒，颖尖紫色，谷壳黄色，白米。

【利用价值】目前直接应用于生产，可做水稻育种亲本。

16. 洞安糯 5

【采集地】广西柳州市融水苗族自治县安太乡洞安村。

【类型及分布】属于籼型糯稻，感光型品种。

【主要特征特性】在南宁种植，播始历期为 81 天，株高 149.2cm，有效穗 7 个，穗长 23.3cm，穗粒数 196 粒，结实率为 84.7%，千粒重 28.7g，谷粒长 7.7mm、宽 4.0mm，谷粒阔卵形，无芒，颖尖黄色，谷壳黄色，白米。

【利用价值】目前直接应用于生产，可做水稻育种亲本。

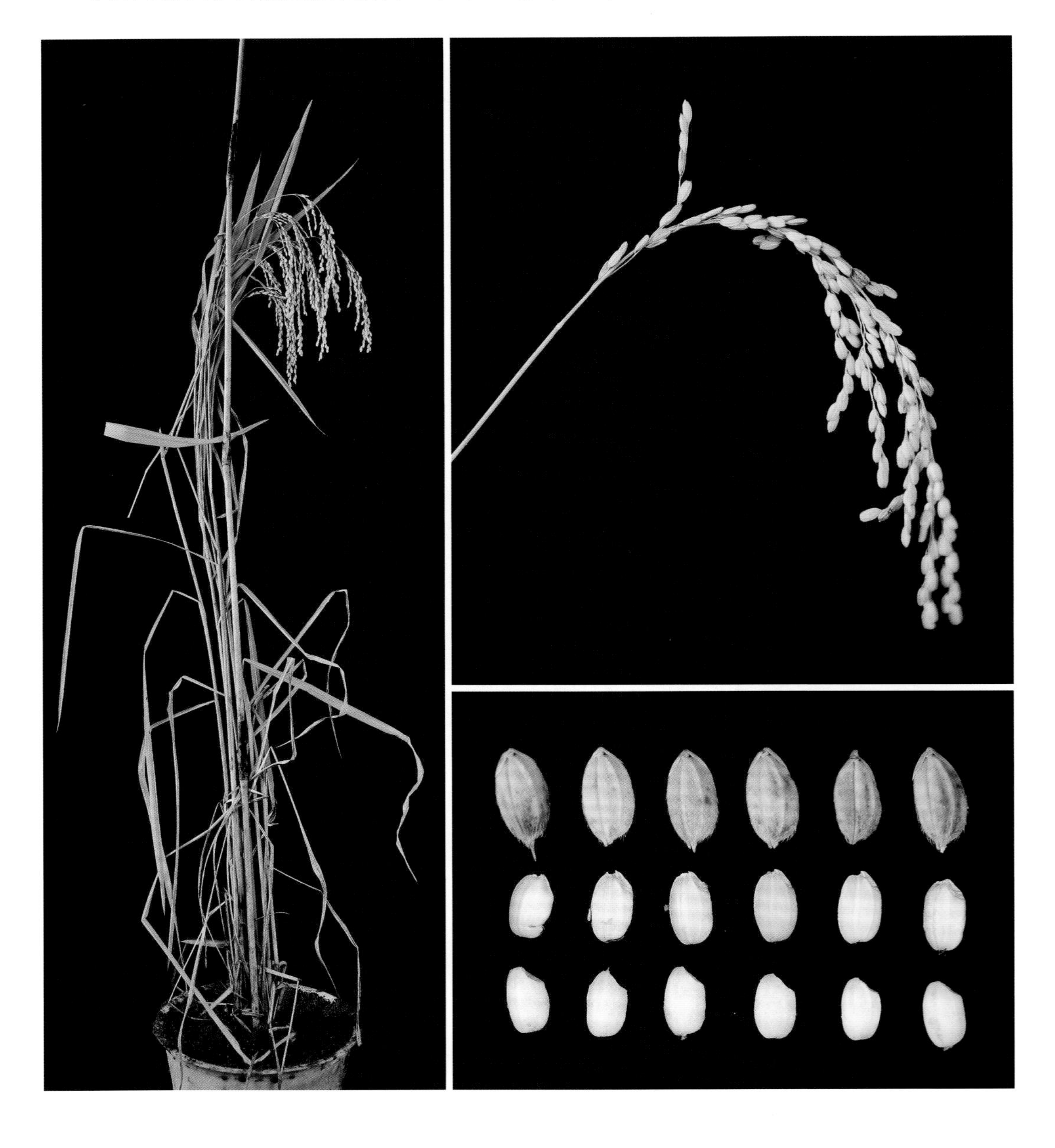

17. 小桑红糯

【采集地】广西柳州市融水苗族自治县安太乡小桑村。

【类型及分布】属于籼型糯稻，感光型品种。

【主要特征特性】在南宁种植，播始历期为77天，株高152.8cm，有效穗6个，穗长24.5cm，穗粒数211粒，结实率为74.2%，千粒重28.2g，谷粒长7.7mm、宽3.7mm，谷粒阔卵形，褐色长芒，颖尖黑色，谷壳黄色，红米。

【利用价值】目前直接应用于生产，可做水稻育种亲本。

18. 洞安早糯

【采集地】广西柳州市融水苗族自治县安太乡洞安村。

【类型及分布】属于籼型糯稻，感温型品种。

【主要特征特性】在南宁种植，播始历期为74天，株高152.4cm，有效穗7个，穗长26.2cm，穗粒数194粒，结实率为86.6%，千粒重27.2g，谷粒长7.7mm、宽3.9mm，谷粒阔卵形，褐色短芒，颖尖褐色，谷壳赤褐色，白米。

【利用价值】目前直接应用于生产，可做水稻育种亲本。

19. 培地糯

【采集地】广西柳州市融水苗族自治县安太乡培地村。

【类型及分布】属于籼型糯稻，感温型品种。

【主要特征特性】在南宁种植，播始历期为74天，株高146.9cm，有效穗7个，穗长27.5cm，穗粒数239粒，结实率为89.1%，千粒重27.1g，谷粒长7.5mm、宽4.0mm，谷粒阔卵形，褐色中芒，颖尖褐色，谷壳赤褐色，白米。

【利用价值】目前直接应用于生产，可做水稻育种亲本。

20. 培秀糯

【采集地】广西柳州市融水苗族自治县安太乡培秀村。

【类型及分布】属于籼型糯稻，感温型品种。

【主要特征特性】在南宁种植，播始历期为76天，株高153.5cm，有效穗7个，穗长27.2cm，穗粒数179粒，结实率为79.1%，千粒重26.4g，谷粒长7.7mm、宽3.5mm，谷粒阔卵形，黄色长芒，颖尖黄色，谷壳黄色，白米。

【利用价值】目前直接应用于生产，可做水稻育种亲本。

21. 洞头黑糯

【采集地】广西柳州市融水苗族自治县洞头镇洞头村。

【类型及分布】属于籼型糯稻，感光型品种。

【主要特征特性】在南宁种植，播始历期为76天，株高165.5cm，有效穗6个，穗长29.2cm，穗粒数180粒，结实率为89.5%，千粒重26.3g，谷粒长7.9mm、宽4.0mm，谷粒阔卵形，无芒，颖尖黑色，谷壳紫黑色，黑米。

【利用价值】目前直接应用于生产，可做水稻育种亲本。

22. 高安香糯

【采集地】广西柳州市融水苗族自治县洞头镇高安村。

【类型及分布】属于籼型糯稻，感温型品种。

【主要特征特性】在南宁种植，播始历期为72天，株高145.8cm，有效穗6个，穗长24.8cm，穗粒数90粒，结实率为67.63%，千粒重24.0g，谷粒长7.4mm、宽3.8mm，谷粒阔卵形，褐色短芒，颖尖黑色，谷壳赤褐色，白米。

【利用价值】目前直接应用于生产，可做水稻育种亲本。

23. 光糯

【采集地】广西柳州市融水苗族自治县洞头镇甲烈村。

【类型及分布】属于籼型糯稻，感光型品种。

【主要特征特性】在南宁种植，播始历期为76天，株高145.2cm，有效穗6个，穗长25.1cm，穗粒数219粒，结实率为88.0%，千粒重27.1g，谷粒长7.3mm、宽3.8mm，谷粒阔卵形，无芒，颖尖褐色，谷壳黄色，白米。

【利用价值】目前直接应用于生产，可做水稻育种亲本。

24. 须糯

【采集地】广西柳州市融水苗族自治县洞头镇甲烈村。

【类型及分布】属于籼型糯稻，感温型品种。

【主要特征特性】在南宁种植，播始历期为75天，株高140.8cm，有效穗6个，穗长27.0cm，穗粒数223粒，结实率为83.3%，千粒重26.8g，谷粒长7.8mm、宽3.8mm，谷粒阔卵形，黄色长芒，颖尖黄色，谷壳黄色，白米。

【利用价值】目前直接应用于生产，可做水稻育种亲本。

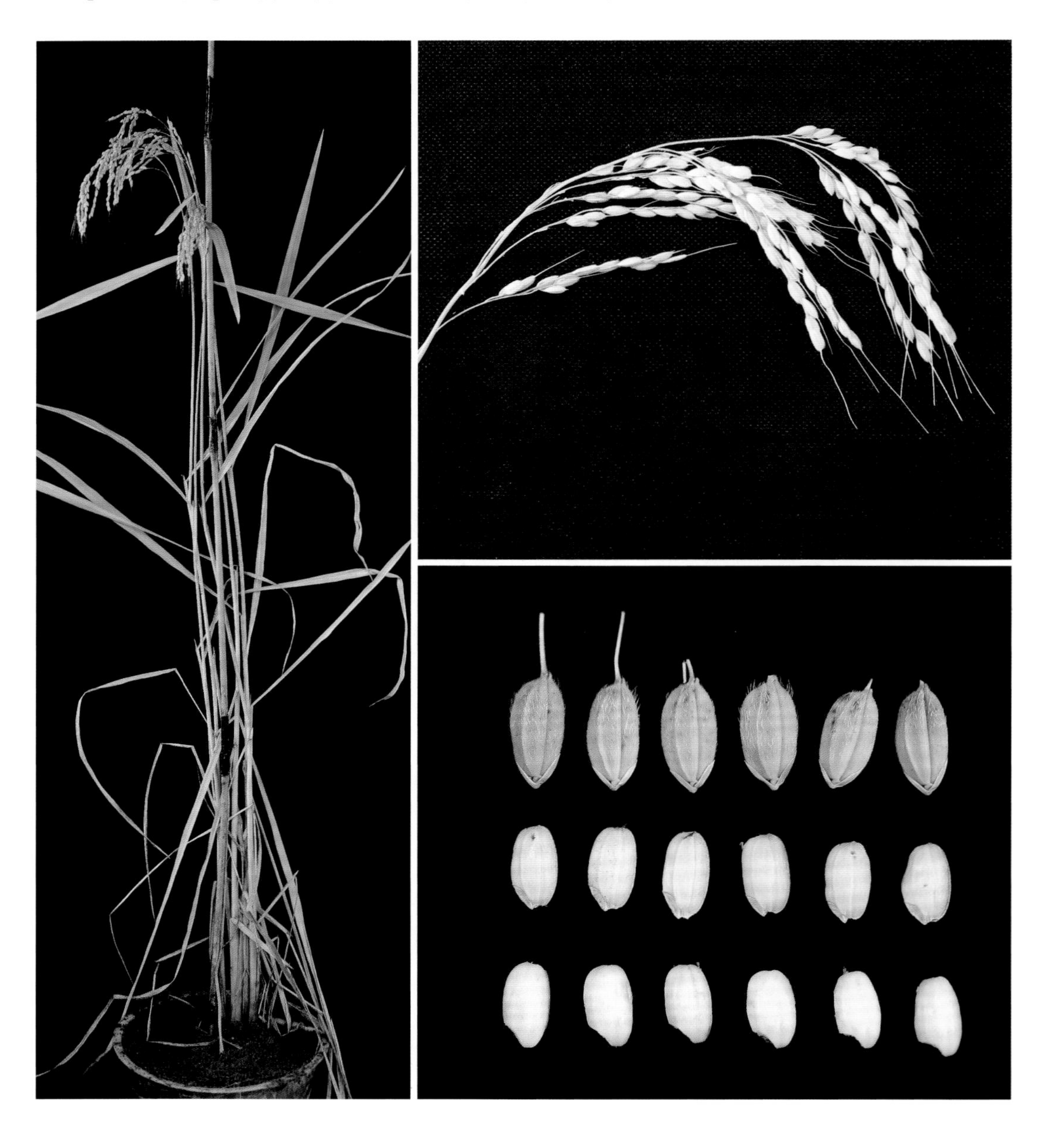

25. 培洞黑糯

【采集地】广西柳州市融水苗族自治县良寨乡培洞村。

【类型及分布】属于籼型糯稻，感光型品种。

【主要特征特性】在南宁种植，播始历期为76天，株高153.7cm，有效穗6个，穗长29.0cm，穗粒数201粒，结实率为82.0%，千粒重24.7g，谷粒长7.5mm、宽3.9mm，谷粒阔卵形，黄色短芒，颖尖紫黑色，谷壳紫黑色，黑米。

【利用价值】目前直接应用于生产，可做水稻育种亲本。

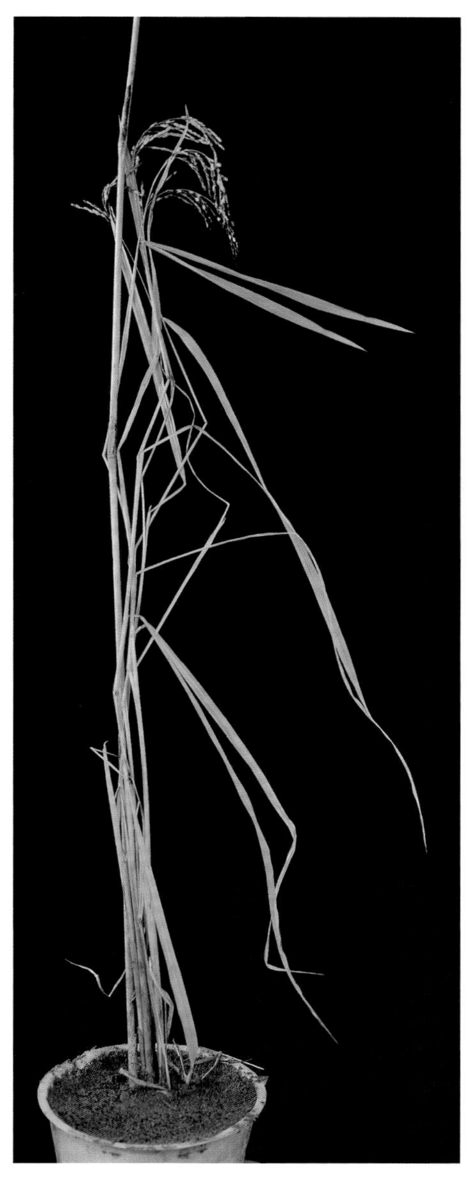

26. 良寨糯

【采集地】广西柳州市融水苗族自治县良寨乡大里村。

【类型及分布】属于籼型糯稻，感光型品种。

【主要特征特性】在南宁种植，播始历期为76天，株高159.1cm，有效穗7个，穗长27.9cm，穗粒数195粒，结实率为82.7%，千粒重23.6g，谷粒长7.8mm、宽3.5mm，谷粒阔卵形，黄色长芒，颖尖褐色，谷壳紫黑色，黑米。

【利用价值】目前直接应用于生产，可做水稻育种亲本。

27. 大坪糯

【采集地】广西柳州市融水苗族自治县同练瑶族乡大坪村。

【类型及分布】属于籼型糯稻，感温型品种。

【主要特征特性】在南宁种植，播始历期为70天，株高123.2cm，有效穗8个，穗长26.2cm，穗粒数183粒，结实率为82.3%，千粒重28.1g，谷粒长8.6mm、宽3.5mm，谷粒椭圆形，无芒，颖尖黄色，谷壳黄色，白米。

【利用价值】目前直接应用于生产，可做水稻育种亲本。

28. 同练红糯

【采集地】广西柳州市融水苗族自治县同练瑶族乡同练村。

【类型及分布】属于籼型糯稻，感温型品种。

【主要特征特性】在南宁种植，播始历期为62天，株高164.4cm，有效穗8个，穗长28.6cm，穗粒数202粒，结实率为81.8%，千粒重26.3g，谷粒长8.0mm、宽4.0mm，谷粒阔卵形，黄色短芒，颖尖黄色，谷壳黄色，红米。

【利用价值】目前直接应用于生产，可做水稻育种亲本。

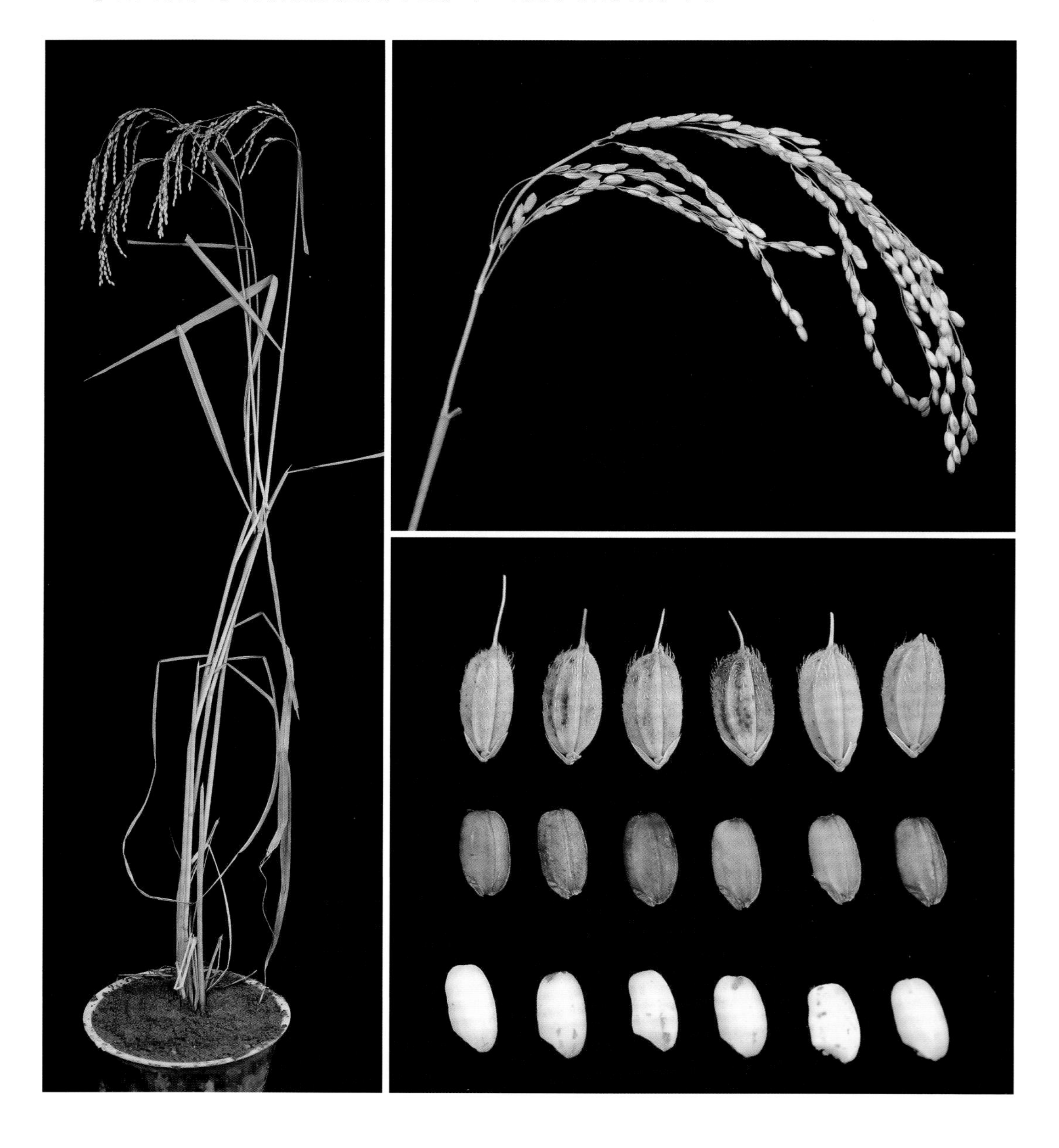

29. 振民糯

【采集地】广西柳州市融水苗族自治县红水乡振民村。

【类型及分布】属于籼型糯稻，感温型品种。

【主要特征特性】在南宁种植，播始历期为71天，株高155.4cm，有效穗8个，穗长27.3cm，穗粒数242粒，结实率为85.1%，千粒重27.7g，谷粒长7.5mm、宽4.0mm，谷粒阔卵形，褐色中芒，颖尖褐色，谷壳赤褐色，白米。

【利用价值】目前直接应用于生产，可做水稻育种亲本。

30. 下屯糯

【采集地】广西柳州市融水苗族自治县红水乡良友下屯村。

【类型及分布】属于籼型糯稻，感光型品种。

【主要特征特性】在南宁种植，播始历期为74天，株高137.5cm，有效穗7个，穗长24.1cm，穗粒数178粒，结实率为89.1%，千粒重29.0g，谷粒长7.9mm、宽3.9mm，谷粒阔卵形，褐色中芒，颖尖黑色，谷壳黄色，白米。

【利用价值】目前直接应用于生产，可做水稻育种亲本。

31. 良双糯 1

【采集地】广西柳州市融水苗族自治县红水乡良双村。

【类型及分布】属于籼型糯稻，感光型品种。

【主要特征特性】在南宁种植，播始历期为 77 天，株高 162.4cm，有效穗 6 个，穗长 28.2cm，穗粒数 189 粒，结实率为 90.0%，千粒重 28.2g，谷粒长 7.8mm、宽 3.7mm，谷粒阔卵形，褐色中芒，颖尖褐色，谷壳赤褐色，白米。

【利用价值】目前直接应用于生产，可做水稻育种亲本。

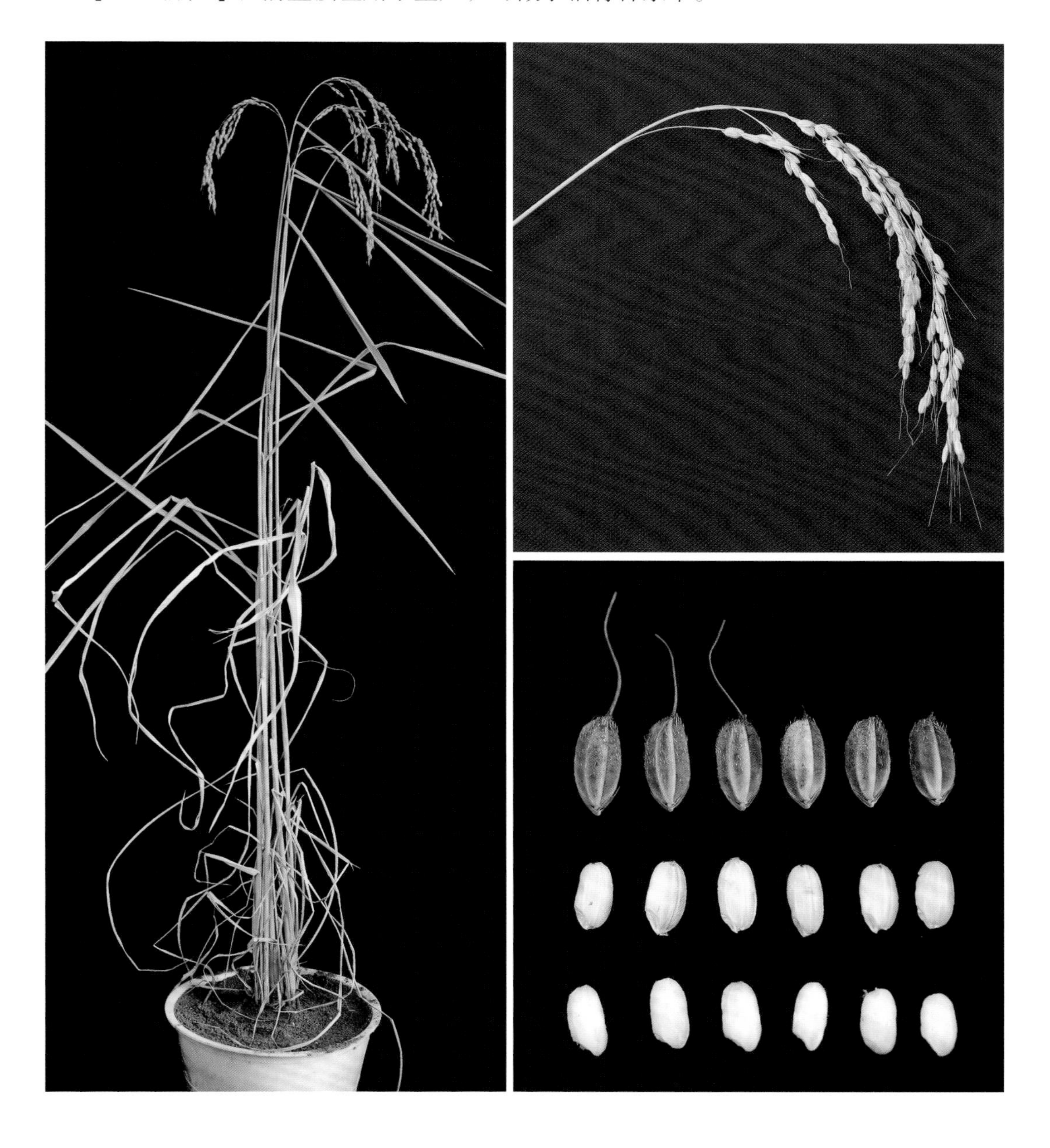

32. 良双糯 2

【采集地】广西柳州市融水苗族自治县红水乡良双村。

【类型及分布】属于籼型糯稻，感光型品种。

【主要特征特性】在南宁种植，播始历期为 75 天，株高 148.8cm，有效穗 8 个，穗长 28.3cm，穗粒数 199 粒，结实率为 95.5%，千粒重 28.3g，谷粒长 8.1mm、宽 4.0mm，谷粒阔卵形，黄色中芒，颖尖黄色，谷壳黄色，白米。

【利用价值】目前直接应用于生产，可做水稻育种亲本。

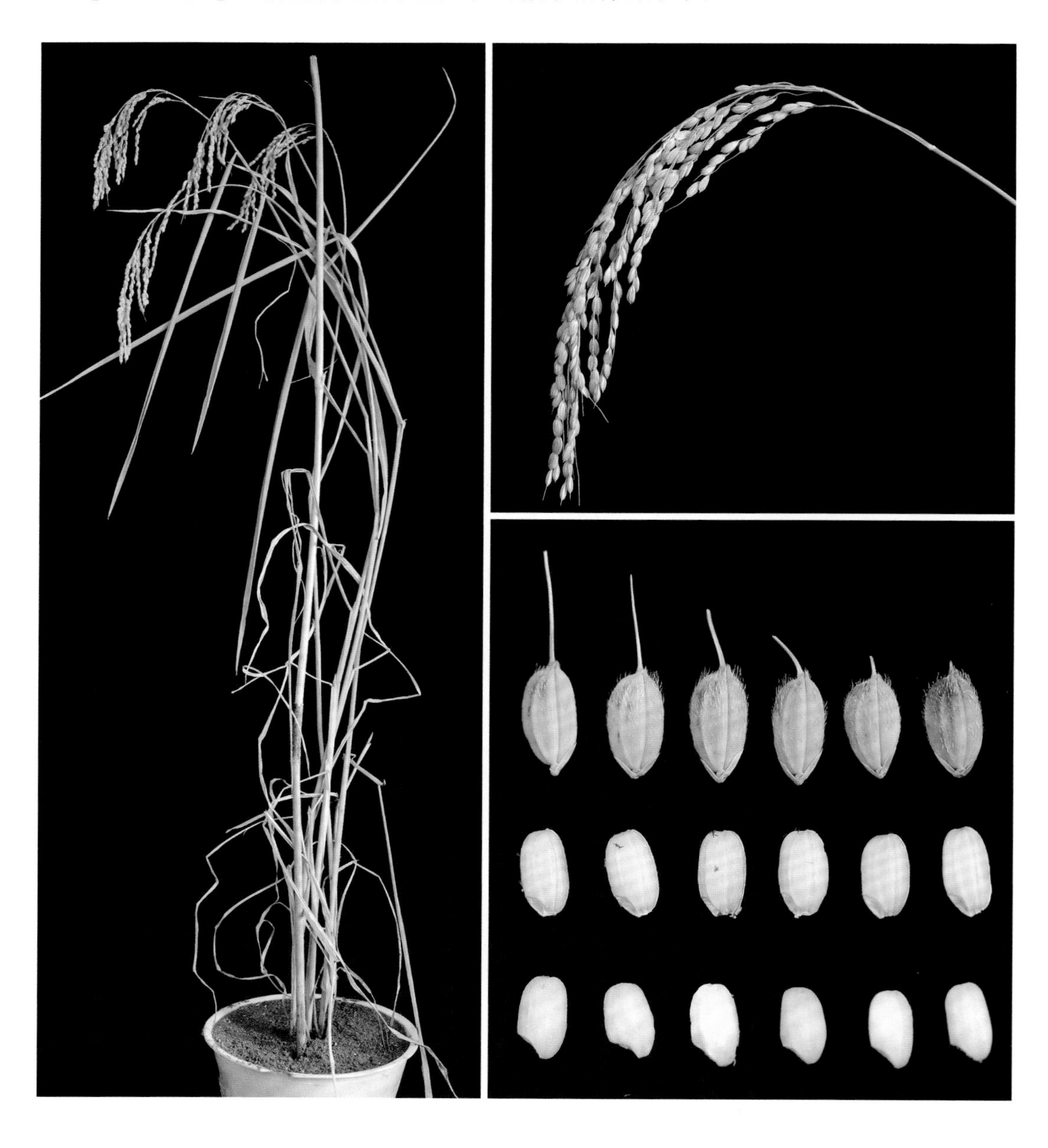

33. 红米糯

【采集地】广西柳州市融水苗族自治县杆洞乡花孖村。

【类型及分布】属于籼型糯稻，感温型品种。

【主要特征特性】在南宁种植，播始历期为73天，株高162.0cm，有效穗8个，穗长28.0cm，穗粒数160粒，结实率为84.2%，千粒重25.5g，谷粒长8.2mm、宽3.4mm，谷粒椭圆形，黄色长芒，颖尖黄色，谷壳黄色，红米。

【利用价值】目前直接应用于生产，可做水稻育种亲本。

34. 渡头糯稻 1

【采集地】广西桂林市阳朔县福利镇渡头村。

【类型及分布】属于籼型糯稻，感温型品种。

【主要特征特性】在南宁种植，播始历期为 64 天，株高 113.4cm，有效穗 8 个，穗长 25.6cm，穗粒数 212 粒，结实率为 93.8%，千粒重 25.6g，谷粒长 8.3mm、宽 3.4mm，谷粒椭圆形，无芒，颖尖黄色，谷壳黄色，白米。

【利用价值】目前直接应用于生产，可做水稻育种亲本。

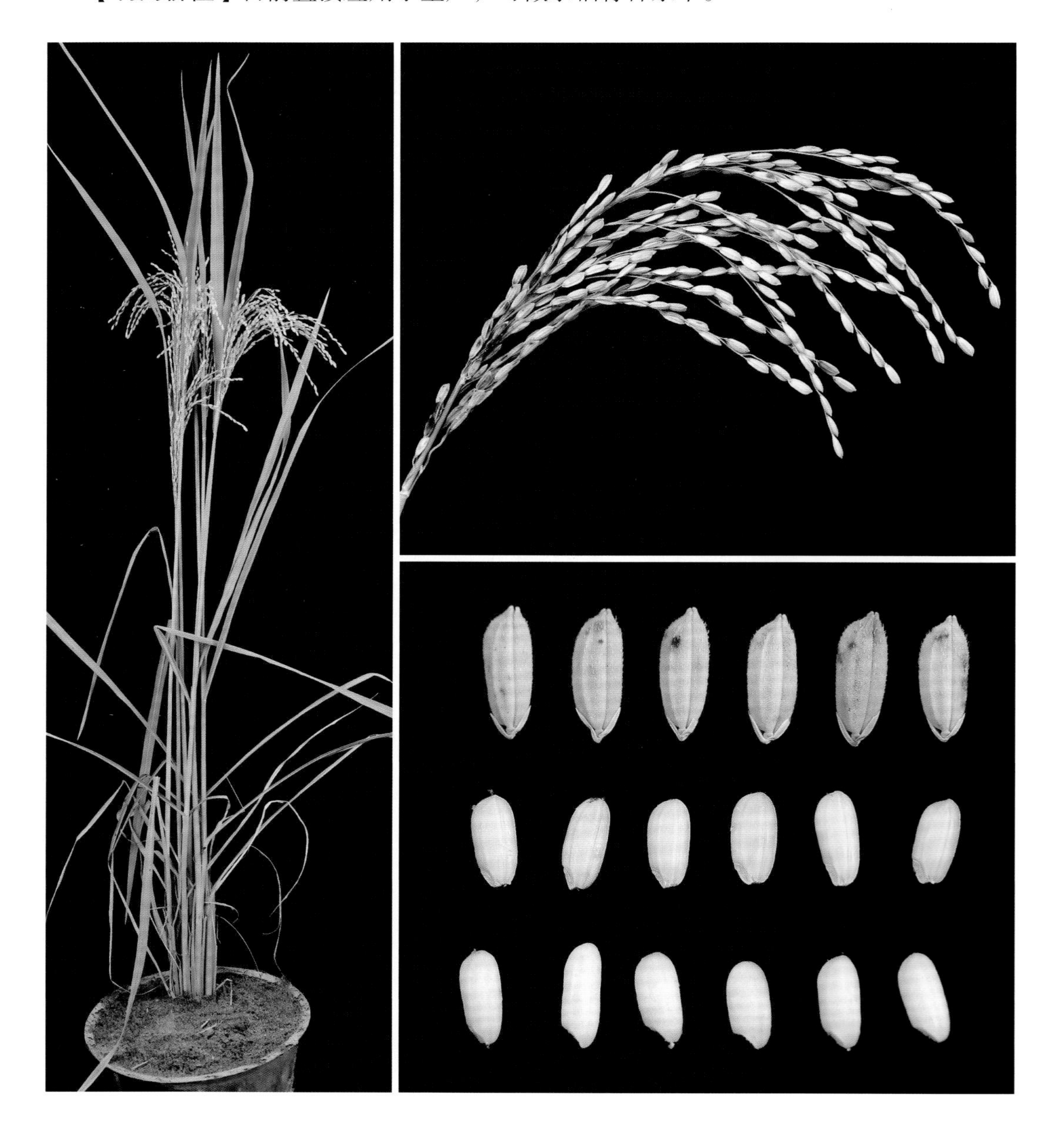

35. 渡头糯稻 2

【采集地】广西桂林市阳朔县福利镇渡头村。

【类型及分布】属于籼型糯稻，感光型品种。

【主要特征特性】在南宁种植，播始历期为 79 天，株高 107.1cm，有效穗 7 个，穗长 28.1cm，穗粒数 232 粒，结实率为 85.7%，千粒重 26.1g，谷粒长 9.6mm、宽 3.1mm，谷粒中长形，无芒，颖尖黄色，谷壳黄色，白米。

【利用价值】目前直接应用于生产，可做水稻育种亲本。

36. 八三七糯

【采集地】广西桂林市临桂区六塘镇刘家庄村。

【类型及分布】属于籼型糯稻，感温型品种，现种植分布少。

【主要特征特性】在南宁种植，播始历期为66天，株高106.7cm，有效穗11个，穗长27.5cm，穗粒数262粒，结实率为85.9%，千粒重24.2g，谷粒长9.7mm、宽2.9mm，谷粒细长形，黄色短芒，颖尖黄色，谷壳黄色，白米。当地农户认为该品种米质优，广适。

【利用价值】目前直接应用于生产，一般7月上旬播种，10月中旬收获。农户自留种，自产自销。可做水稻育种亲本。

37. 乡道香糯

【采集地】广西桂林市临桂区六塘镇道莲村。

【类型及分布】属于籼型糯稻，感温型品种，现种植分布少。

【主要特征特性】在南宁种植，播始历期为65天，株高113.2cm，有效穗9个，穗长28.4cm，穗粒数243粒，结实率为84.7%，千粒重25.7g，谷粒长9.6mm、宽2.8mm，谷粒细长形，黄色中芒，颖尖黄色，谷壳黄色，白米。当地农户认为该品种抗倒伏，米质优、有香味。

【利用价值】目前直接应用于生产，一般7月上旬播种，10月下旬收获。农户自留种，自产自销。可做水稻育种亲本。

38. 糯旱稻

【采集地】广西桂林市临桂区黄沙瑶族乡胡家村。

【类型及分布】属于籼型糯稻，感温型品种，现种植分布少。

【主要特征特性】在南宁种植，播始历期为62天，株高125.6cm，有效穗6个，穗长27.2cm，穗粒数148粒，结实率为92.4%，千粒重34.7g，谷粒长8.8mm、宽4.0mm，谷粒椭圆形，无芒，颖尖褐色，谷壳赤褐色，白米。当地农户认为该品种抗旱，可作饲用。

【利用价值】目前直接应用于生产，一般7月上旬播种，10月中旬收获。农户自留种。可做水稻育种亲本。

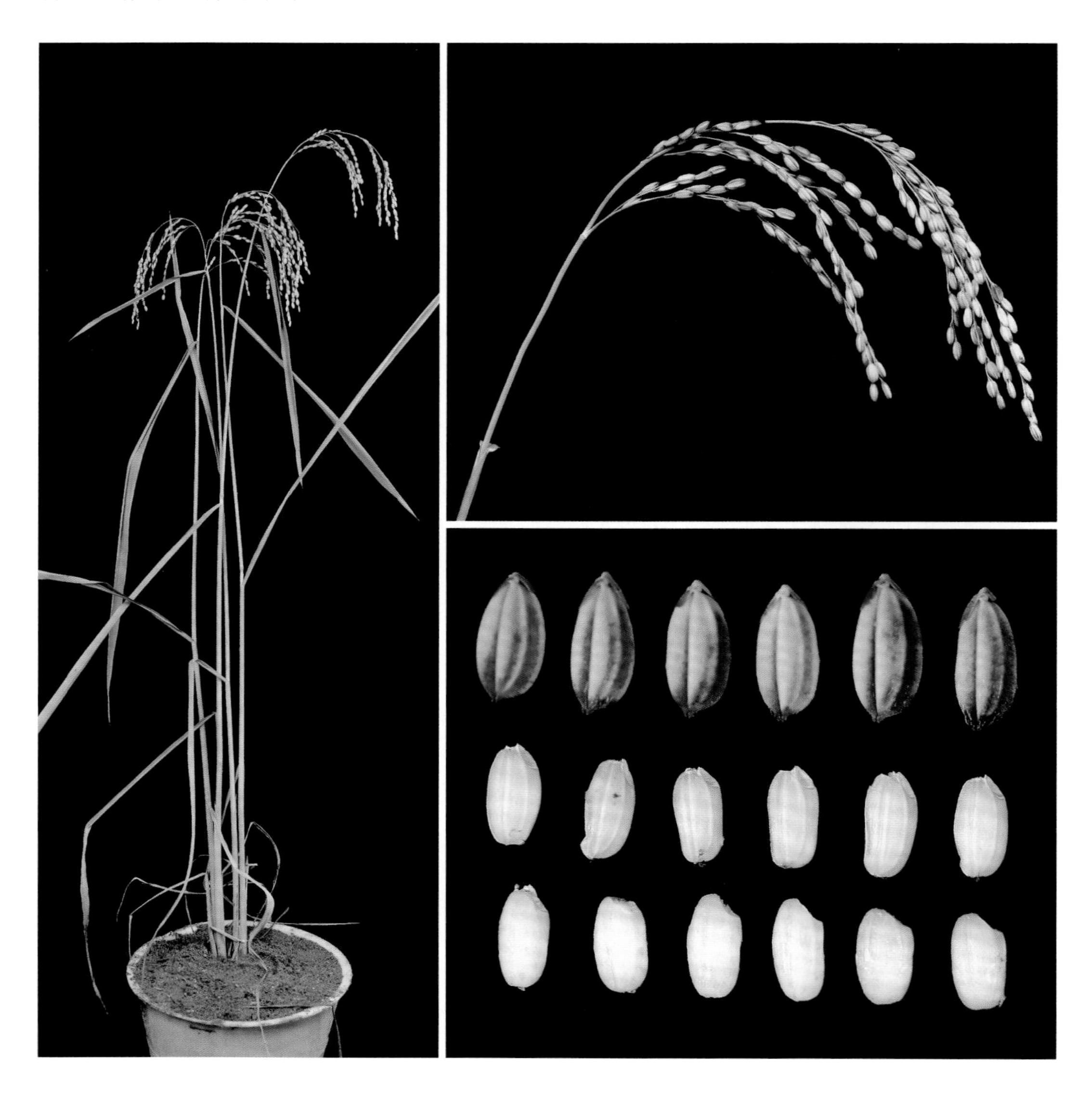

39. 长洲糯

【采集地】广西桂林市兴安县溶川乡长洲村。

【类型及分布】属于籼型糯稻，感温型品种，当地单季种植，种植分布少。

【主要特征特性】在南宁种植，播始历期为54天，株高82.6cm，有效穗9个，穗长16.8cm，穗粒数107粒，结实率为91.7%，千粒重29.3g，谷粒长8.4mm、宽3.8mm，谷粒椭圆形，无芒，颖尖黄色，谷壳黄色，白米。当地农户认为该品种米质优、抗病虫，可在山地种植。

【利用价值】目前直接应用于生产，一般5月上旬播种，9月中旬收获。农户自留种，自产自销。可做水稻育种亲本。

40. 干糯稻

【采集地】广西桂林市兴安县溪川乡长洲村。

【类型及分布】属于籼型糯稻，感温型品种，现种植分布少，可在山地种植。

【主要特征特性】在南宁种植，播始历期为60天，株高114.1cm，有效穗7个，穗长26.3cm，穗粒数151粒，结实率为95.2%，千粒重25.9g，谷粒长8.4mm、宽3.7mm，谷粒椭圆形，无芒，颖尖褐色，谷壳褐色，白米。当地农户认为该品种米质优，抗病虫，抗旱，耐贫瘠。

【利用价值】目前直接应用于生产，一般4月上旬播种，10月中旬收获。农户自留种，自产自销。可做水稻育种亲本。

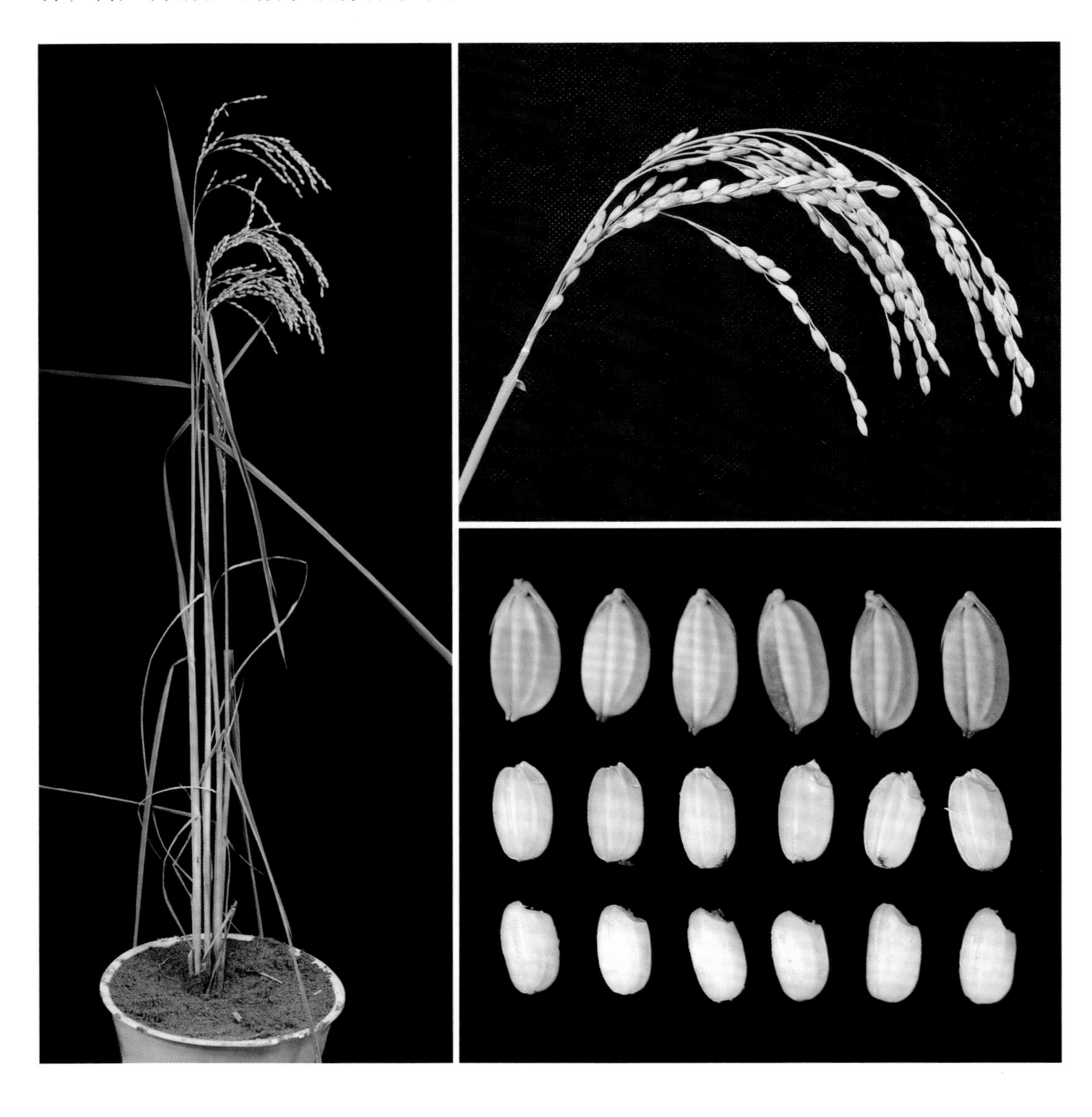

41. 屯塘糯

【采集地】广西桂林市平乐县同安镇屯塘村。

【类型及分布】属于籼型糯稻，感温型品种。

【主要特征特性】在南宁种植，播始历期为82天，株高118.6cm，有效穗8个，穗长25.1cm，穗粒数152粒，结实率为79.7%，千粒重26.0g，谷粒长9.7mm、宽2.9mm，谷粒细长形，无芒，颖尖黄色，谷壳黄色，白米。

【利用价值】目前直接应用于生产，可做水稻育种亲本。

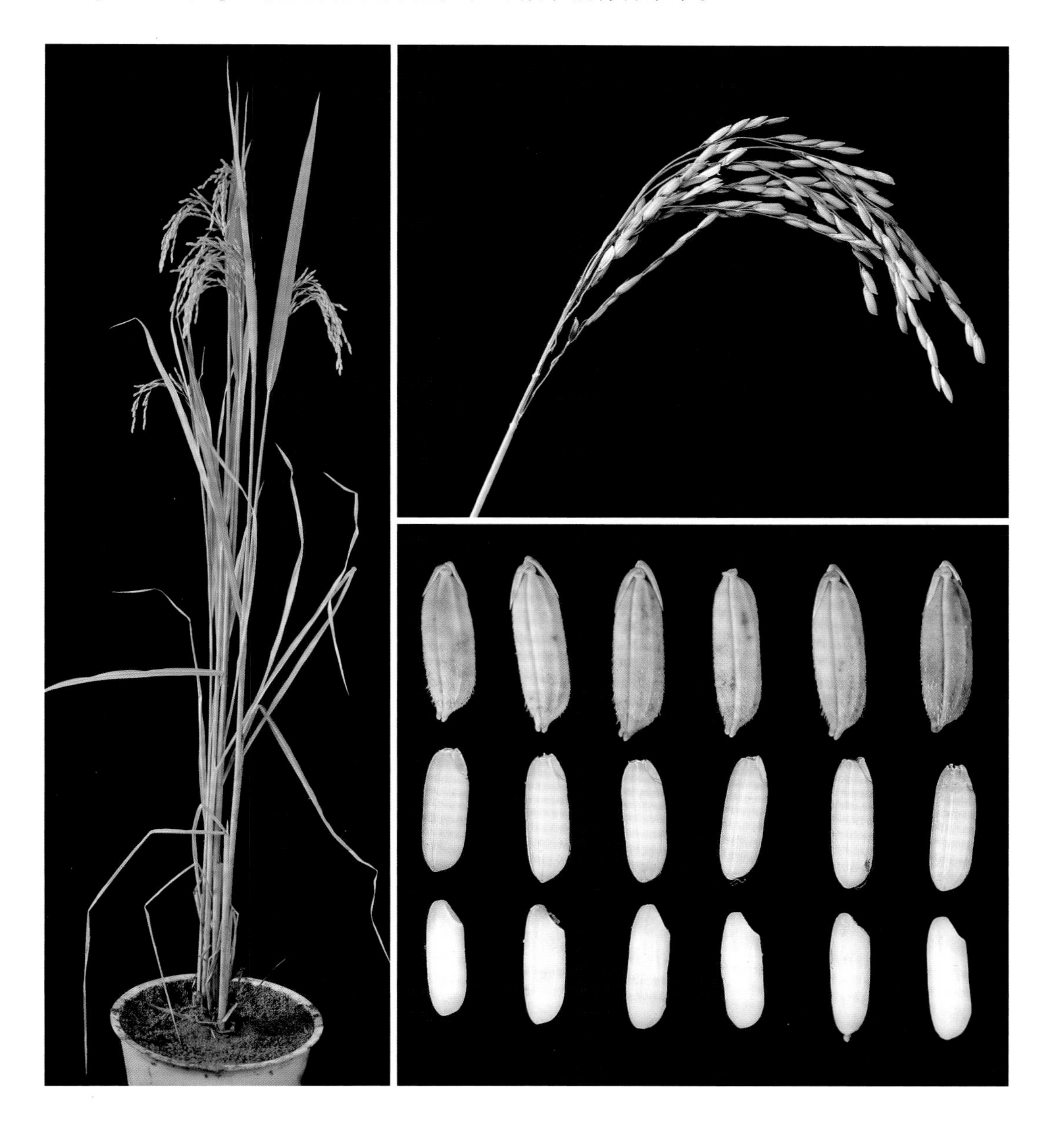

42. 长毛糯

【采集地】广西桂林市平乐县源头镇兰洞村。

【类型及分布】属于籼型糯稻，感光型品种。

【主要特征特性】在南宁种植，播始历期为72天，株高126.0cm，有效穗8个，穗长23.9cm，穗粒数180粒，结实率为88.2%，千粒重26.7g，谷粒长7.9mm、宽3.4mm，谷粒椭圆形，褐色长芒，颖尖紫色，谷壳黄色，白米。

【利用价值】目前直接应用于生产，可做水稻育种亲本。

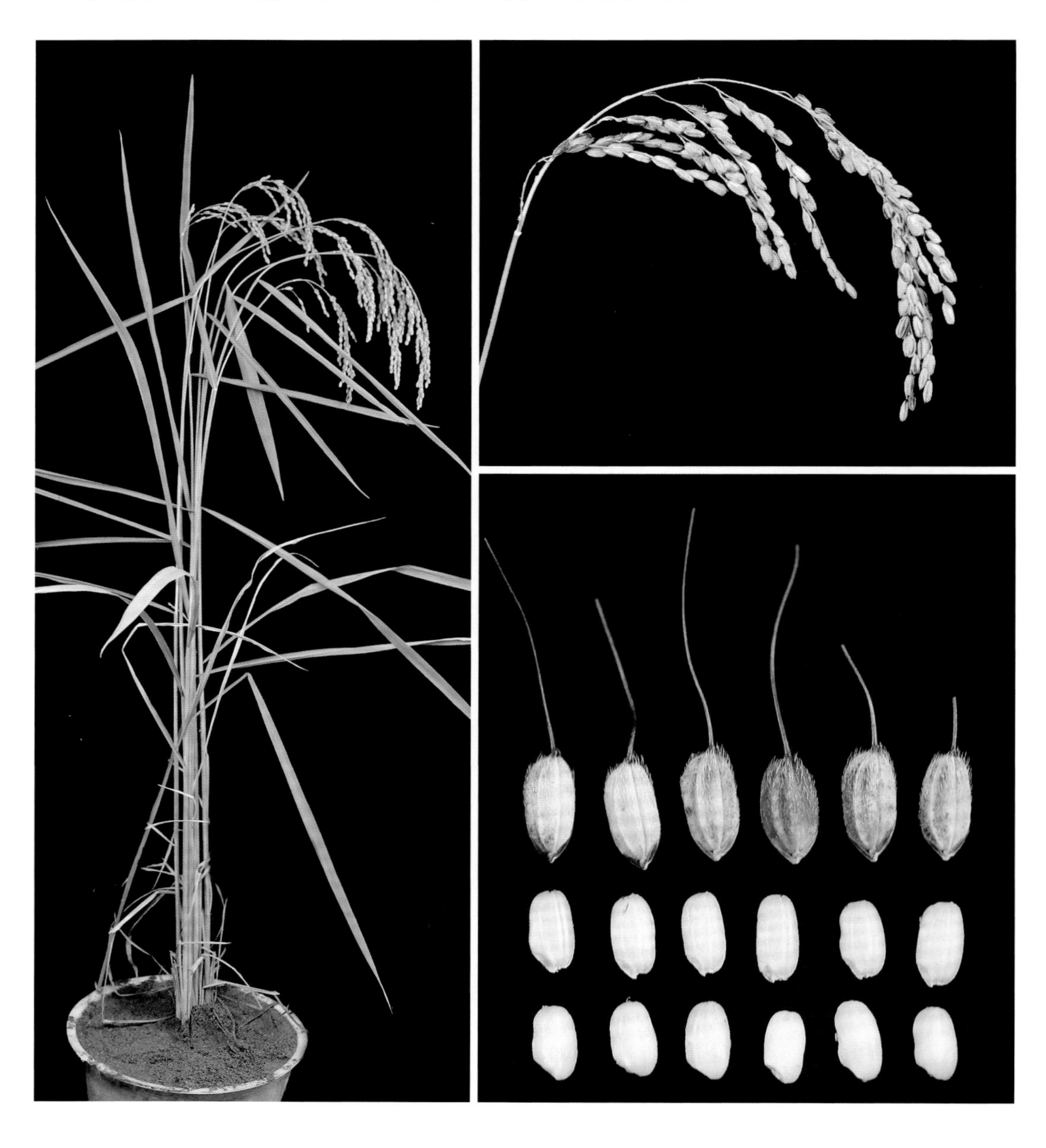

43. 朔晚黑糯

【采集地】广西百色市田东县义圩镇朔晚村。

【类型及分布】属于籼型糯稻，感光型品种，现种植分布少。

【主要特征特性】在南宁种植，播始历期为 90 天，株高 152.8cm，有效穗 11 个，穗长 27.2cm，穗粒数 128 粒，结实率为 91.6%，千粒重 24.7g，谷粒长 8.9mm、宽 3.2mm，谷粒椭圆形，褐色短芒，颖尖黑色，谷壳紫黑色，黑米。当地农户认为该品种米质优。

【利用价值】目前直接应用于生产，一般 7 月上旬播种，11 月上旬收获。农户自留种，自产自销。主要用作酿酒原料，具有保健作用，可做水稻育种亲本。

44. 坡洪黑糯

【采集地】广西百色市田东县那拔镇坡洪村。

【类型及分布】属于籼型糯稻，感温型品种，现种植分布少。

【主要特征特性】在南宁种植，播始历期为77天，株高166.2cm，有效穗7个，穗长25.3cm，穗粒数147粒，结实率为70.0%，千粒重28.0g，谷粒长10.1mm、宽3.3mm，谷粒中长形，无芒，颖尖褐色，谷壳紫黑色，黑米。当地农户认为该品种米质优，容易落粒，不饱满。

【利用价值】目前直接应用于生产，一般6月中旬播种，11月中旬收获。农户自留种，自产自销。主要用于蒸煮糯米饭或用作酿酒原料，具有保健作用，可做水稻育种亲本。

45. 寸谷糯

【采集地】广西百色市田林县八桂瑶族乡岩林村。

【类型及分布】属于籼型糯稻，感温型品种，现种植分布少。

【主要特征特性】在南宁种植，播始历期为75天，株高138.7cm，有效穗8个，穗长27.7cm，穗粒数101粒，结实率为78.4%，千粒重45.2g，谷粒长11.0mm、宽4.0mm，谷粒椭圆形，无芒，颖尖黑色，谷壳黄色，白米。当地农户认为该品种米质优，抗病虫，抗旱，广适，耐寒，耐贫瘠，米饭糯性好。

【利用价值】目前直接应用于生产，一般4月上旬播种，9月上旬收获。农户自留种，自产自销。当地村民主要用其制作各种小吃，可做水稻育种亲本。

46. 弄光山糯谷

【采集地】广西百色市田林县潞城瑶族乡弄光村。

【类型及分布】属于籼型糯稻，感光型品种，陆稻，现种植分布少，可在山地种植。

【主要特征特性】在南宁种植，播始历期为78天，株高151.7cm，有效穗7个，穗长28.9cm，穗粒数122粒，结实率为91.7%，千粒重38.8g，谷粒长10.9mm、宽3.8mm，谷粒椭圆形，无芒，颖尖黄色，谷壳黄色，白米。当地农户认为该品种米质优，抗病虫，抗旱，广适，耐贫瘠。

【利用价值】目前直接应用于生产，一般4月下旬播种，9月上旬收获。农户自留种，自产自销。可做水稻育种亲本。

47. 厚福顶

【采集地】广西百色市田林县平塘乡六池村。

【类型及分布】属于籼型糯稻，感温型品种，陆稻，现种植分布少，可在山地种植。

【主要特征特性】在南宁种植，播始历期为80天，株高148.7cm，有效穗8个，穗长28.3cm，穗粒数127粒，结实率为83.8%，千粒重41.0g，谷粒长10.8mm、宽4.0mm，谷粒椭圆形，无芒，颖尖褐色，谷壳黄色，白米。当地农户认为该品种米质优，抗病虫，抗旱，广适，耐贫瘠。

【利用价值】目前直接应用于生产，一般4月下旬播种，9月下旬收获。农户自留种，自产自销。可做水稻育种亲本。

48. 春秋大糯

【采集地】广西百色市田林县利周瑶族乡和平村。

【类型及分布】属于籼型糯稻，感温型品种，现种植分布少。

【主要特征特性】在南宁种植，播始历期为70天，株高163.0cm，有效穗5个，穗长28.0cm，穗粒数223粒，结实率为84.3%，千粒重30.6g，谷粒长7.4mm、宽4.0mm，谷粒阔卵形，无芒，颖尖黄色，谷壳黄色，白米。当地农户认为该品种米质优，抗病虫，广适。

【利用价值】目前直接应用于生产，一般7月上旬播种，10月下旬收获。农户自留种。可做水稻育种亲本。

49. 足别旱稻

【采集地】广西百色市西林县足别瑶族苗族乡足别村。

【类型及分布】属于籼型糯稻，感温型品种。

【主要特征特性】在南宁种植，播始历期为75天，株高107.4cm，有效穗9个，穗长24.2cm，穗粒数236粒，结实率为87.1%，千粒重21.4g，谷粒长8.6mm、宽3.0mm，谷粒椭圆形，无芒，颖尖黑色，谷壳赤褐色，黑米。

【利用价值】目前直接应用于生产，可做水稻育种亲本。

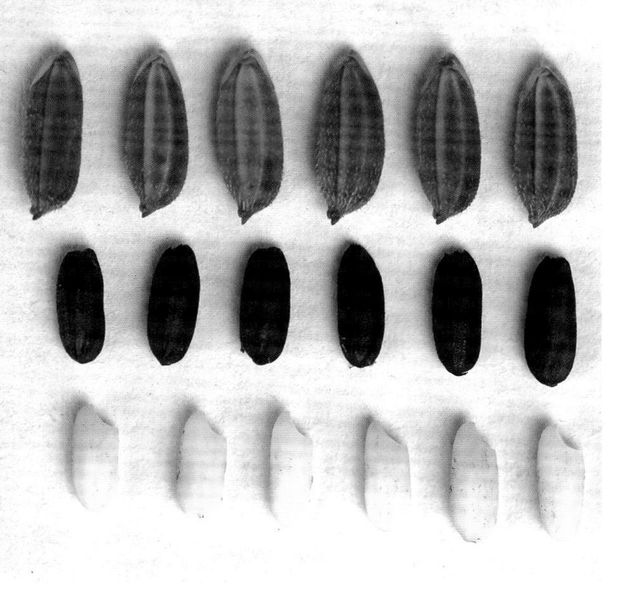

50. 委岭小红糯

【采集地】广西百色市隆林各族自治县隆或镇委岭村。

【类型及分布】属于籼型糯稻，感温型品种，现种植分布少。

【主要特征特性】在南宁种植，播始历期为49天，株高104.6cm，有效穗6个，穗长20.6cm，穗粒数184粒，结实率为70.0%，千粒重27.1g，谷粒长7.4mm、宽3.6mm，谷粒阔卵形，无芒，颖尖褐色，谷壳褐色，白米。当地农户认为该品种米质优，抗病，耐寒，可在山地种植。

【利用价值】目前直接应用于生产，一般4月上旬播种，9月中下旬收获。农户自留种。可做水稻育种亲本。

51. 新街黑糯

【采集地】广西百色市隆林各族自治县德峨乡新街村。

【类型及分布】属于籼型糯稻，感温型品种，现种植分布少。

【主要特征特性】在南宁种植，播始历期为61天，株高95.9cm，有效穗7个，穗长18.6cm，穗粒数141粒，结实率为91.5%，千粒重30.6g，谷粒长8.5mm、宽3.8mm，谷粒椭圆形，褐色短芒，颖尖褐色，谷壳赤褐色，黑米。当地农户认为该品种米质优，耐寒。

【利用价值】目前直接应用于生产，一般4月上旬播种，9月上旬收获。农户自留种。可做水稻育种亲本。

52. 紫红皮旱糯

【采集地】广西百色市隆林各族自治县德峨乡水井村。

【类型及分布】属于籼型糯稻，感温型品种，陆稻，现种植分布少，可在山地种植。

【主要特征特性】在南宁种植，播始历期为71天，株高135.3cm，有效穗8个，穗长27.0cm，穗粒数106粒，结实率为88.8%，千粒重45.0g，谷粒长10.8mm、宽4.1mm，谷粒椭圆形，无芒，颖尖黑色，谷壳赤褐色，白米。当地农户认为该品种米质优，抗旱，耐寒。

【利用价值】目前直接应用于生产，一般4月中旬播种，9月下旬收获。农户自留种，自产自销。可做水稻育种亲本。

57. 八龙墨米

【采集地】广西河池市凤山县长洲镇百乐村。

【类型及分布】属于籼型糯稻，感温型品种，现种植分布少。

【主要特征特性】在南宁种植，播始历期为87天，株高117.2cm，有效穗9个，穗长33.4cm，穗粒数213粒，结实率为77.7%，千粒重23.3g，谷粒长9.8mm、宽3.2mm，谷粒中长形，褐色短芒，颖尖褐色，谷壳褐色，黑米。当地农户认为该品种米质优，耐贫瘠。

【利用价值】目前直接应用于生产，一般5月中旬播种，9月下旬收获。农户自留种，自产自销。可做水稻育种亲本。

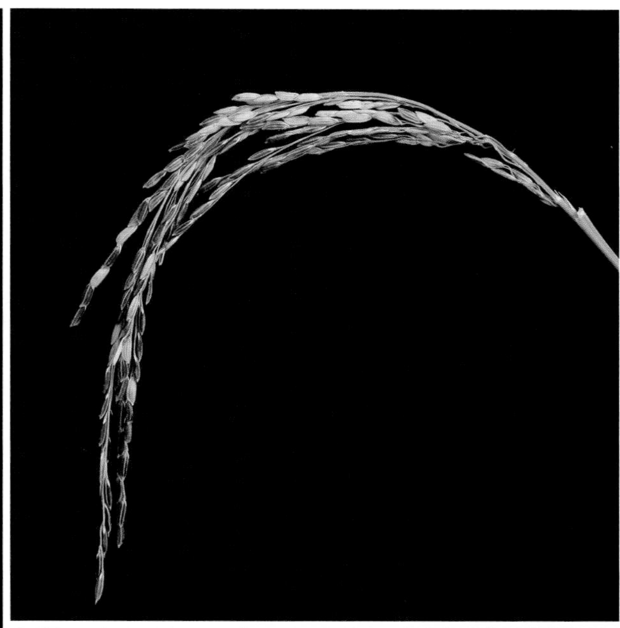

58. 坡拉黑糯

【采集地】广西河池市凤山县乔音乡同乐村。

【类型及分布】属于籼型糯稻，感温型品种，现种植分布少。

【主要特征特性】在南宁种植，播始历期为60天，株高152.5cm，有效穗6个，穗长30.4cm，穗粒数153粒，结实率为90.5%，千粒重30.9g，谷粒长9.1mm、宽3.6mm，谷粒椭圆形，无芒，颖尖褐色，谷壳赤褐色，黑米。当地农户认为该品种米质优，耐贫瘠。

【利用价值】目前直接应用于生产，一般4月中旬播种，9月下旬收获。农户自留种。可做水稻育种亲本。

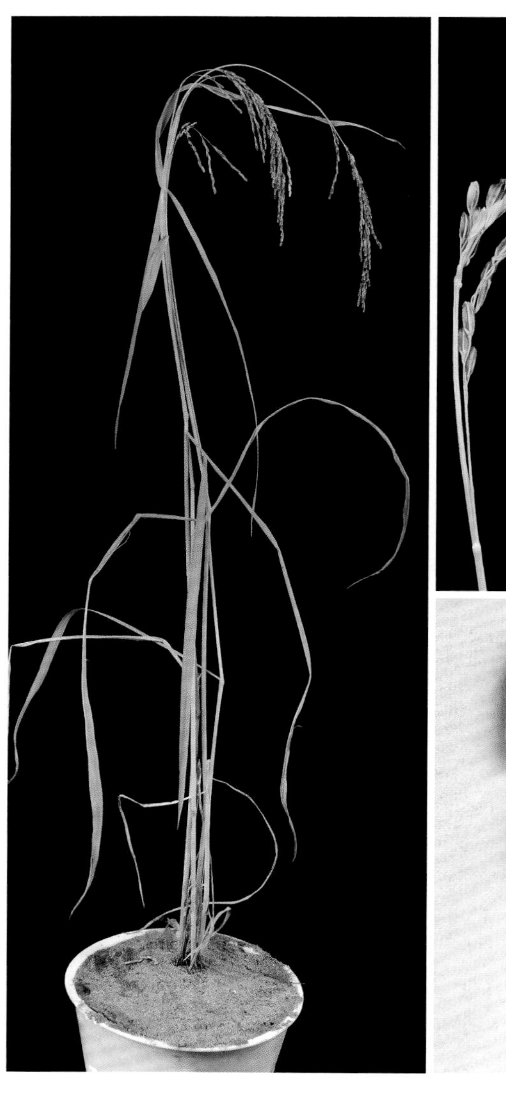

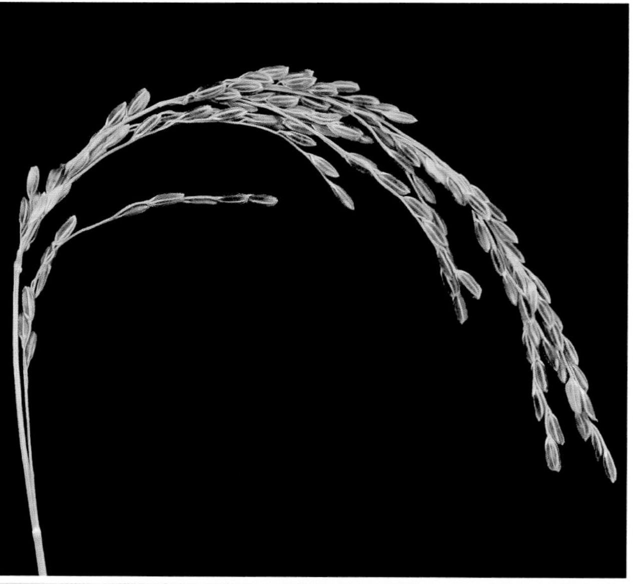

59. 墨米

【采集地】广西河池市巴马瑶族自治县燕洞乡龙威村。

【类型及分布】属于籼型糯稻，感温型品种，现种植分布少。

【主要特征特性】在南宁种植，播始历期为78天，株高111.9cm，有效穗9个，穗长30.8cm，穗粒数248粒，结实率为84.1%，千粒重20.5g，谷粒长9.0mm、宽3.0mm，谷粒中长形，无芒，颖尖黑色，谷壳黑褐色，黑米。当地农户认为该品种米质优，抗虫。

【利用价值】目前直接应用于生产，一般3月中旬播种，7月中旬收获。农户自留种，自产自销。可做水稻育种亲本。

60. 新田黑糯

【采集地】广西贵港市平南县东华乡新田村。

【类型及分布】属于籼型糯稻，感温型品种，现种植分布少。

【主要特征特性】在南宁种植，播始历期为76天，株高89.2cm，有效穗9个，穗长24.7cm，穗粒数127粒，结实率为84.4%，千粒重23.3g，谷粒长9.0mm、宽3.0mm，谷粒中长形，无芒，颖尖紫黑色，谷壳黑色，黑米。当地农户认为该品种米质优。

【利用价值】目前直接应用于生产，一般7月中旬播种，11月下旬收获。农户自留种，自产自销。可做水稻育种亲本。

61. 纳塘糯稻

【采集地】广西河池市南丹县月里镇纳塘村。

【类型及分布】属于籼型糯稻，感温型品种。

【主要特征特性】在南宁种植，播始历期为77天，株高107.5cm，有效穗9个，穗长28.2cm，穗粒数216粒，结实率为73.0%，千粒重24.5g，谷粒长9.7mm、宽2.7mm，谷粒细长形，无芒，颖尖黄色，谷壳黄色，白米。

【利用价值】目前直接应用于生产，可做水稻育种亲本。

62. 巴平旱稻

【采集地】广西河池市南丹县芒场镇巴平村。

【类型及分布】属于籼型糯稻，感温型品种，陆稻。

【主要特征特性】在南宁种植，播始历期为75天，株高137.6cm，有效穗7个，穗长31.1cm，穗粒数135粒，结实率为84.5%，千粒重38.9g，谷粒长10.7mm、宽3.6mm，谷粒椭圆形，无芒，颖尖褐色，谷壳赤褐色，白米。

【利用价值】目前直接应用于生产，可做水稻育种亲本。

63. 塘蓬大糯

【采集地】广西梧州市苍梧县石桥镇塘蓬村。

【类型及分布】属于籼型糯稻，感温型品种。

【主要特征特性】在南宁种植，播始历期为82天，株高109.0cm，有效穗8个，穗长24.5cm，穗粒数176粒，结实率为84.2%，千粒重24.7g，谷粒长9.2mm、宽2.8mm，谷粒中长形，无芒，颖尖黄色，谷壳黄色，白米。

【利用价值】目前直接应用于生产，可做水稻育种亲本。

64. 参田旱稻

【采集地】广西梧州市苍梧县沙头镇参田村。

【类型及分布】属于籼型糯稻，感温型品种，陆稻。

【主要特征特性】在南宁种植，播始历期为63天，株高109.6cm，有效穗7个，穗长27.1cm，穗粒数125粒，结实率为93.4%，千粒重16.0g，谷粒长4.5mm、宽2.0mm，谷粒椭圆形，无芒，颖尖黄色，谷壳黄色，白米。

【利用价值】目前直接应用于生产，可做水稻育种亲本。

65. 红旱麻谷

【采集地】广西河池市环江毛南族自治县龙岩乡朝阁村。

【类型及分布】属于籼型糯稻，感温型品种，陆稻。

【主要特征特性】在南宁种植，播始历期为58天，株高132.9cm，有效穗5个，穗长27.0cm，穗粒数115粒，结实率为90.2%，千粒重32.0g，谷粒长8.9mm、宽3.9mm，谷粒椭圆形，无芒，颖尖黑色，谷壳黄色，红米。

【利用价值】目前直接应用于生产，可做水稻育种亲本。

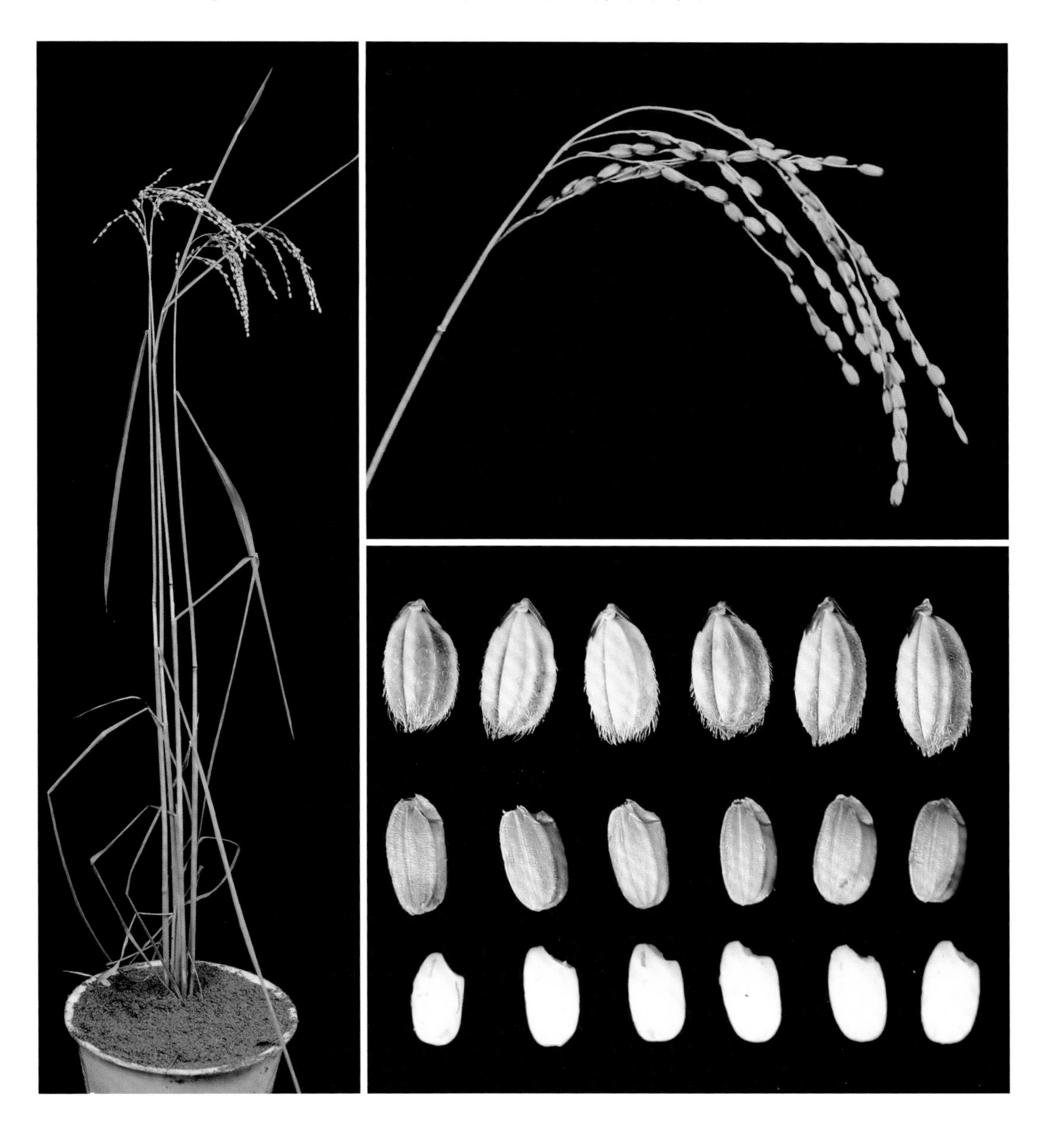

66. 响铃黑旱谷

【采集地】广西河池市环江毛南族自治县龙岩乡朝阁村。

【类型及分布】属于籼型糯稻，感温型品种。

【主要特征特性】在南宁种植，播始历期为58天，株高119.6cm，有效穗6个，穗长26.2cm，穗粒数138粒，结实率为90.0%，千粒重26.6g，谷粒长8.8mm、宽4.0mm，谷粒阔卵形，无芒，颖尖褐色，谷壳黄色，黑米。

【利用价值】目前直接应用于生产，可做水稻育种亲本。

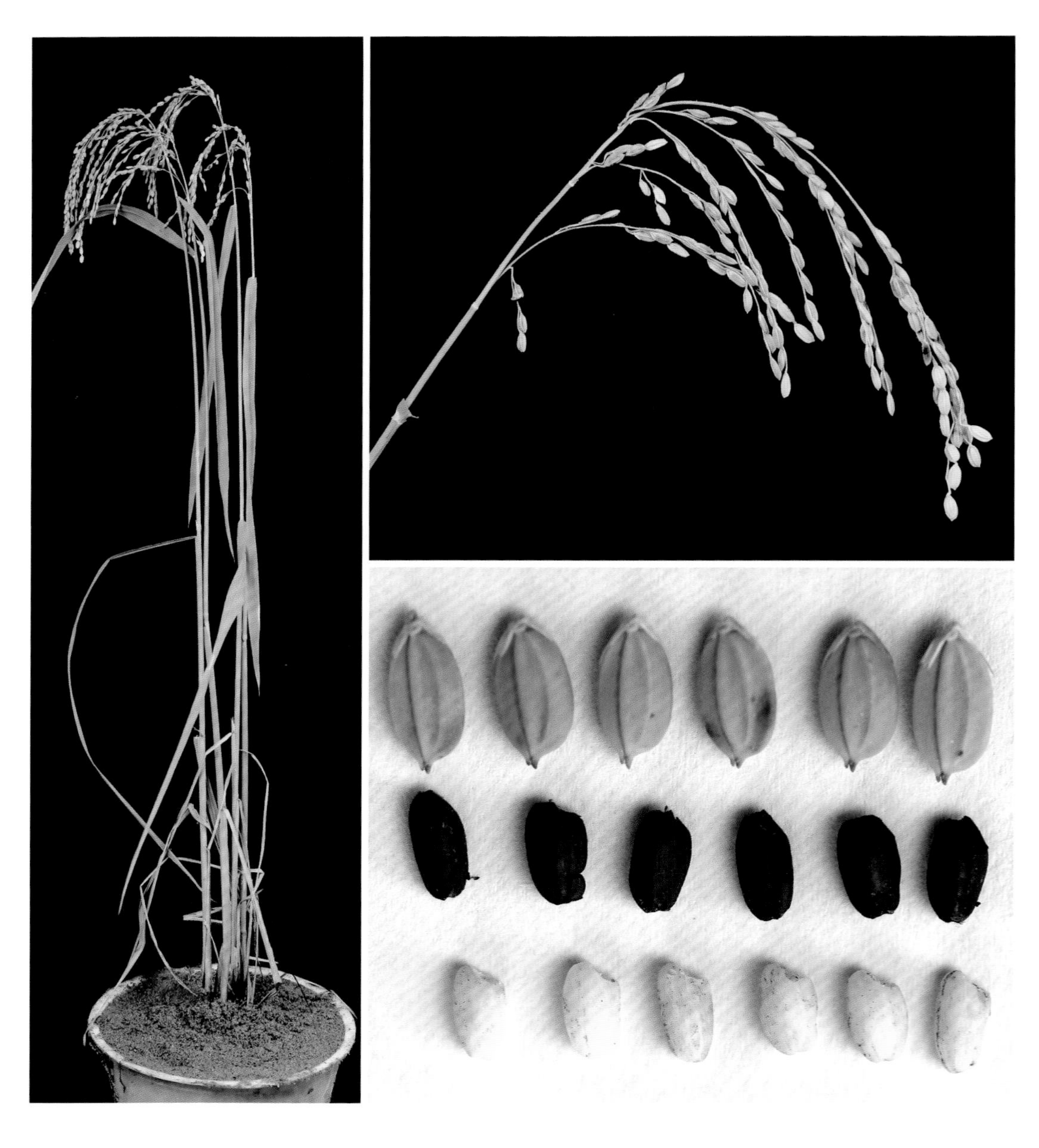

67. 矮脚黑糯

【采集地】广西河池市环江毛南族自治县驯乐苗族乡康宁村。

【类型及分布】属于籼型糯稻，感温型品种。

【主要特征特性】在南宁种植，播始历期为 67 天，株高 98.4cm，有效穗 8 个，穗长 23.2cm，穗粒数 151 粒，结实率为 89.2%，千粒重 27.2g，谷粒长 7.9mm、宽 3.6mm，谷粒阔卵形，无芒，颖尖褐色，谷壳黄色，黑米。

【利用价值】目前直接应用于生产，可做水稻育种亲本。

68. 罗平黑皮米

【采集地】广西来宾市象州县寺村镇罗平村。

【类型及分布】属于籼型糯稻，感温型品种。

【主要特征特性】在南宁种植，播始历期为70天，株高111.7cm，有效穗8个，穗长23.4cm，穗粒数191粒，结实率为84.8%，千粒重23.9g，谷粒长9.8mm、宽2.9mm，谷粒细长形，无芒，颖尖褐色，谷壳褐色，黑米。

【利用价值】目前直接应用于生产，可做水稻育种亲本。

69. 甘林香糯米

【采集地】广西来宾市合山市河里镇甘林村。

【类型及分布】属于籼型糯稻，感光型品种。

【主要特征特性】在南宁种植，播始历期为87天，株高109.7cm，有效穗6个，穗长26.7cm，穗粒数174粒，结实率为82.5%，千粒重36.2g，谷粒长9.6mm、宽4.1mm，谷粒椭圆形，无芒，颖尖紫色，谷壳黄色，白米。

【利用价值】目前直接应用于生产，可做水稻育种亲本。

70. 仁义糯米

【采集地】广西来宾市合山市河里镇仁义村。

【类型及分布】属于籼型糯稻，感温型品种。

【主要特征特性】在南宁种植，播始历期为81天，株高100.7cm，有效穗9个，穗长27.5cm，穗粒数227粒，结实率为71.3%，千粒重25.0g，谷粒长9.5mm、宽3.0mm，谷粒中长形，无芒，颖尖黄色，谷壳黄色，白米。

【利用价值】目前直接应用于生产，可做水稻育种亲本。

71. 蚂拐糯

【采集地】广西来宾市合山市岭南镇石村村。

【类型及分布】属于籼型糯稻，感光型品种。

【主要特征特性】在南宁种植，播始历期为78天，株高97.1cm，有效穗12个，穗长19.8cm，穗粒数131粒，结实率为74.6%，千粒重31.8g，谷粒长8.0mm、宽3.9mm，谷粒阔卵形，无芒，颖尖黄色，谷壳黄色，白米。

【利用价值】目前直接应用于生产，可做水稻育种亲本。

72. 宜山糯

【采集地】广西河池市宜州区安马乡木寨村。

【类型及分布】属于籼型糯稻，感光型品种，现种植分布广。

【主要特征特性】在南宁种植，播始历期为77天，株高124.8cm，有效穗5个，穗长25.0cm，穗粒数189粒，结实率为85.1%，千粒重28.8g，谷粒长7.7mm、宽3.8mm，谷粒阔卵形，无芒，颖尖黄色，谷壳褐色，白米。当地农户认为该品种高产，米质优。

【利用价值】目前直接应用于生产，一般6月下旬播种，11月上旬收获。农户自留种。可做水稻育种亲本。

73. 高脚糯

【采集地】广西河池市宜州区安马乡木寨村。

【类型及分布】属于籼型糯稻，感光型品种，俗称大糯谷，现种植分布少。

【主要特征特性】在南宁种植，播始历期为76天，株高146.4cm，有效穗8个，穗长25.9cm，穗粒数211粒，结实率为84.8%，千粒重33.8g，谷粒长8.0mm、宽4.4mm，谷粒阔卵形，黄色中芒，颖尖黄色，谷壳黄色，红米。当地农户认为该品种米质优。

【利用价值】目前直接应用于生产，一般6月下旬播种，11月上旬收获。农户自留种，自产自销。可做水稻育种亲本。

74. 小粒香糯

【采集地】广西河池市宜州区庆远镇洛岩村。

【类型及分布】属于籼型糯稻，感温型品种，现种植分布广。

【主要特征特性】在南宁种植，播始历期为 73 天，株高 107.5cm，有效穗 12 个，穗长 25.4cm，穗粒数 216 粒，结实率为 83.3%，千粒重 24.8g，谷粒长 9.7mm、宽 2.8mm，谷粒细长形，黄色长芒，颖尖黄色，谷壳黄色，白米。当地农户认为该品种米质优，糯性好，有香味。

【利用价值】目前直接应用于生产，一般 6 月下旬播种，10 月下旬收获。农户自留种。可做水稻育种亲本。

75. 旱糯谷

【采集地】广西河池市东兰县金谷乡接桂村。

【类型及分布】属于籼型糯稻，感温型品种，又称糯旱谷，现种植分布少。

【主要特征特性】在南宁种植，播始历期为69天，株高141.1cm，有效穗7个，穗长28.9cm，穗粒数141粒，结实率为91.3%，千粒重31.5g，谷粒长9.5mm、宽3.9mm，谷粒椭圆形，无芒，颖尖黄色，谷壳黄色，白米。当地农户认为该品种米质优，抗病虫，抗旱，耐贫瘠。

【利用价值】目前直接应用于生产，一般4月上旬播种，9月中旬收获。农户自留种，自产自销。可做水稻育种亲本。

76. 长江墨米

【采集地】广西河池市东兰县长江镇集祥村。

【类型及分布】属于籼型糯稻，感温型品种，现种植分布少。

【主要特征特性】在南宁种植，播始历期为 81 天，株高 148.2cm，有效穗 8 个，穗长 30.6cm，穗粒数 196 粒，结实率为 62.2%，千粒重 28.8g，谷粒长 10.0mm、宽 3.7mm，谷粒椭圆形，黄色短芒，颖尖褐色，谷壳紫黑色，黑米。当地农户认为该品种米质优，耐热，可在山地种植。

【利用价值】目前直接应用于生产，一般 3 月下旬播种，8 月下旬收获。农户自留种，自产自销。可做水稻育种亲本。

77. 大同墨米

【采集地】广西河池市东兰县大同乡和龙村。

【类型及分布】属于籼型糯稻，感光型品种。现种植分布少，可在山地种植。

【主要特征特性】在南宁种植，播始历期为75天，株高166.2cm，有效穗10个，穗长26.3cm，穗粒数197粒，结实率为84.0%，千粒重25.4g，谷粒长9.6mm、宽3.5mm，谷粒椭圆形，无芒，颖尖褐色，谷壳紫黑色，黑米。当地农户认为该品种米质优，茎秆较柔软，剑叶较长。

【利用价值】目前直接应用于生产，一般6月上旬播种，11月上旬收获。农户自留种，自产自销。主要用于酿酒，具有保健作用，可做水稻育种亲本。

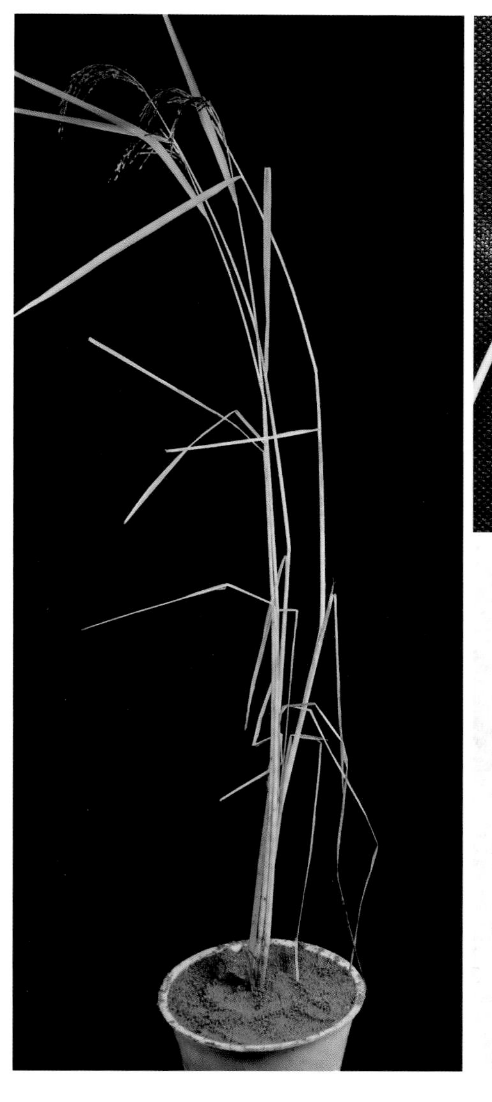

78. 候棕马

【采集地】广西河池市东兰县长乐镇英法村。

【类型及分布】属于籼型糯稻，感光型品种，现种植分布少。

【主要特征特性】在南宁种植，播始历期为72天，株高170.1cm，有效穗6个，穗长33.0cm，穗粒数198粒，结实率为89.2%，千粒重36.7g，谷粒长8.8mm、宽4.0mm，谷粒阔卵形，褐色短芒，颖尖褐色，谷壳赤褐色，白米。当地农户认为该品种高产，米质优，籽粒大。

【利用价值】目前直接应用于生产，一般6月下旬播种，11月上旬收获。农户自留种，自产自销。可做水稻育种亲本。

79. 大同糯米

【采集地】广西河池市东兰县大同乡和龙村。

【类型及分布】属于籼型糯稻，感光型品种，现种植分布少，可在山地种植。

【主要特征特性】在南宁种植，播始历期为73天，株高122.0cm，有效穗5个，穗长23.2cm，穗粒数174粒，结实率为76.0%，千粒重29.4g，谷粒长8.0mm、宽3.7mm，谷粒阔卵形，无芒，颖尖黄色，谷壳褐色，白米。当地农户认为该品种米质优，广适。

【利用价值】目前直接应用于生产，一般6月上旬播种，10月下旬收获。农户自留种，自产自销。可做水稻育种亲本。

80. 英法墨米

【采集地】广西河池市东兰县长乐镇英法村。

【类型及分布】属于籼型糯稻，感温型品种。

【主要特征特性】在南宁种植，播始历期为82天，株高106.3cm，有效穗7个，穗长28.6cm，穗粒数203粒，结实率为79.6%，千粒重29.5g，谷粒长9.4mm、宽3.7mm，谷粒椭圆形，褐色短芒，颖尖褐色，谷壳紫黑色，黑米。

【利用价值】目前直接应用于生产，可做水稻育种亲本。

81. 切学墨米

【采集地】广西河池市东兰县切学乡板烈村。

【类型及分布】属于籼型糯稻，感温型品种，现种植分布少，可在山地种植。

【主要特征特性】在南宁种植，播始历期为58天，株高127.4cm，有效穗5个，穗长24.6cm，穗粒数138粒，结实率为85.1%，千粒重30.4g，谷粒长9.6mm、宽3.5mm，谷粒椭圆形，无芒，颖尖黑色，谷壳黑色，黑米。当地农户认为该品种米质优，抗病，广适，耐贫瘠。

【利用价值】目前直接应用于生产。农户自留种，自产自销。主要用于酿酒，具有保健作用，可做水稻育种亲本。

82. 黄坪墨米

【采集地】广西桂林市恭城瑶族自治县三江乡黄坪村。

【类型及分布】属于籼型糯稻，感温型品种，现种植分布少。

【主要特征特性】在南宁种植，播始历期为65天，株高118.2cm，有效穗11个，穗长28.8cm，穗粒数201粒，结实率为86.3%，千粒重23.9g，谷粒长10.0mm、宽3.1mm，谷粒中长形，无芒，颖尖黑色，谷壳黑色，黑米。当地农户认为该品种米质优。

【利用价值】目前直接应用于生产，一般7月上旬播种，10月下旬收获。农户自留种。可做水稻育种亲本。

83. 倒风塘糯谷

【采集地】广西桂林市灵川县三街镇龙坪村。

【类型及分布】属于籼型糯稻，感光型品种，现仅有十几户农户种植，面积约为0.7hm^2。

【主要特征特性】在南宁种植，播始历期为76天，株高104.5cm，有效穗10个，穗长27.5cm，穗粒数244粒，结实率为86.5%，千粒重23.8g，谷粒长9.3mm、宽3.0mm，谷粒中长形，无芒，颖尖黄色，谷壳黄色，白米，产量约为6000kg/hm^2。当地农户认为该品种口感好，但比不上大糯粘。

【利用价值】目前直接应用于生产，当地已种植约20年。农户自留种，自产自销。主要用于制作粽子、糍粑等，可做水稻育种亲本。

84. 下黄大糯

【采集地】广西桂林市灵川县兰田瑶族乡南坳村。

【类型及分布】属于籼型糯稻，现仅有 2 户农户种植，中造种植。

【主要特征特性】在南宁种植，播始历期为 76 天，株高 129.3cm，有效穗 9 个，穗长 29.3cm，穗粒数 214 粒，结实率为 92.4%，千粒重 30.1g，谷粒长 9.3mm、宽 3.3mm，谷粒椭圆形，无芒，颖尖黄色，谷壳黄色，白米，产量约为 3000kg/hm^2。当地农户认为该品种口感好。

【利用价值】目前直接应用于生产，但是产量低，当地已种植 20 多年。农户自留种，自产自销。可做水稻育种亲本。

85. 大谷糯

【采集地】广西防城港市上思县南屏瑶族乡米强村。

【类型及分布】属于籼型糯稻，感光型品种。

【主要特征特性】在南宁种植，播始历期为87天，株高164.4cm，有效穗6个，穗长27.6cm，穗粒数172粒，结实率为79.7%，千粒重37.3g，谷粒长9.7mm、宽4.3mm，谷粒椭圆形，黄色短芒，颖尖紫色，谷壳黄色，白米，产量约为3000kg/hm^2。当地农户认为该品种口感好。

【利用价值】目前直接应用于生产，当地已种植20多年，一般6月播种，11月农户采用拔穗晒干的方式自留种、自产自销。主要用于节庆制作糍粑、粽子，可做水稻育种亲本。

86. 百管糯谷

【采集地】广西防城港市上思县南屏瑶族乡米强村。

【类型及分布】属于籼型糯稻，感光型品种。

【主要特征特性】在南宁种植，播始历期为89天，株高153.8cm，有效穗7个，穗长28.5cm，穗粒数176粒，结实率为85.8%，千粒重24.8g，谷粒长7.5mm、宽3.8mm，谷粒阔卵形，无芒，颖尖褐色，谷壳黄色，白米。产量约为3000kg/hm^2。当地农户认为该品种口感好，有香味。

【利用价值】目前直接应用于生产，当地已种植20多年，一般7月播种，11月收获。主要用于节庆制作糍粑、粽子，可做水稻育种亲本。

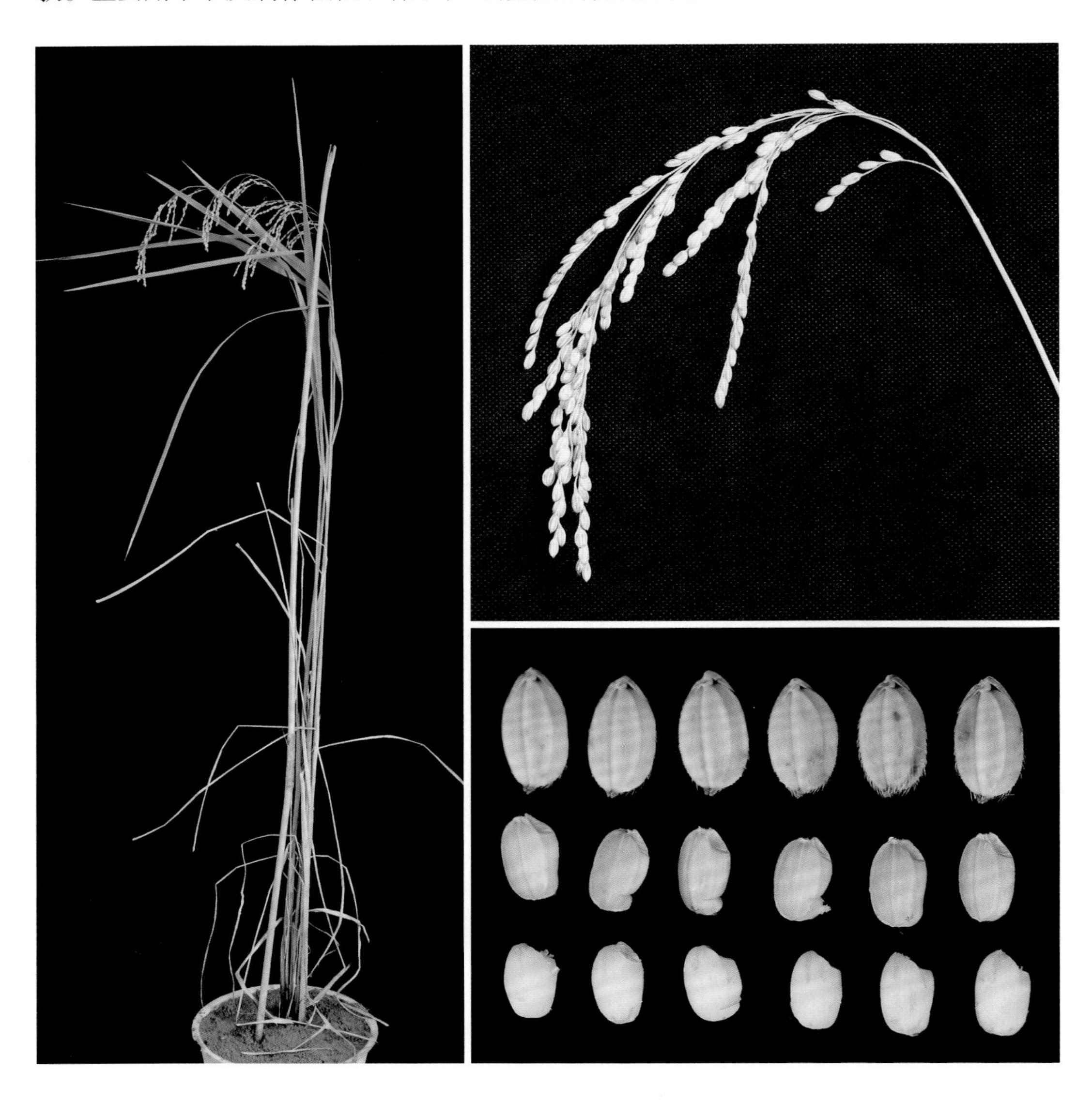

87. 738糯谷

【采集地】广西玉林市博白县江宁镇长江村。

【类型及分布】属于籼型糯稻，感光型品种，当地仅有1户农户种植，附近村落已无人种植。

【主要特征特性】在南宁种植，播始历期为79天，株高122.5cm，有效穗8个，穗长27.5cm，穗粒数202粒，结实率为88.5%，千粒重26.4g，谷粒长9.6mm、宽2.9mm，谷粒细长形，无芒，颖尖黄色，谷壳黄色，白米，产量约为3000kg/hm^2。

【利用价值】目前直接应用于生产，当地已种植30多年，一般夏至播种，11月中下旬收获。因用于制作粽子而保留种植，可做水稻育种亲本。

88. 油隘糯稻

【采集地】广西崇左市凭祥市上石镇油隘村。

【类型及分布】属于籼型糯稻，感温型品种，当地少数农户零星种植，面积约为 $0.67hm^2$。

【主要特征特性】在南宁种植，播始历期为80天，株高120.6cm，有效穗9个，穗长24.8cm，穗粒数182粒，结实率为88.7%，千粒重24.6g，谷粒长7.7mm、宽3.2mm，谷粒椭圆形，无芒，颖尖黄色，谷壳黄色，白米。当地农户认为该品种口感好。

【利用价值】目前直接应用于生产，当地已种植约10年。农户自留种，自产自销。主要用于制作粽子，可做水稻育种亲本。

89. 三联香糯稻

【采集地】广西崇左市凭祥市友谊镇三联村。

【类型及分布】属于籼型糯稻，感光型品种。

【主要特征特性】在南宁种植，播始历期为88天，株高155.3cm，有效穗9个，穗长26.4cm，穗粒数179粒，结实率为80.5%，千粒重23.3g，谷粒长7.1mm、宽3.7mm，谷粒阔卵形，无芒，颖尖褐色，谷壳黄色，白米。当地农户认为该品种产量低。

【利用价值】目前直接应用于生产，当地已种植约10年，一般7月初播种，11月收获。农户自留种，自产自销。因用于制作粽子而保留种植，可做水稻育种亲本。

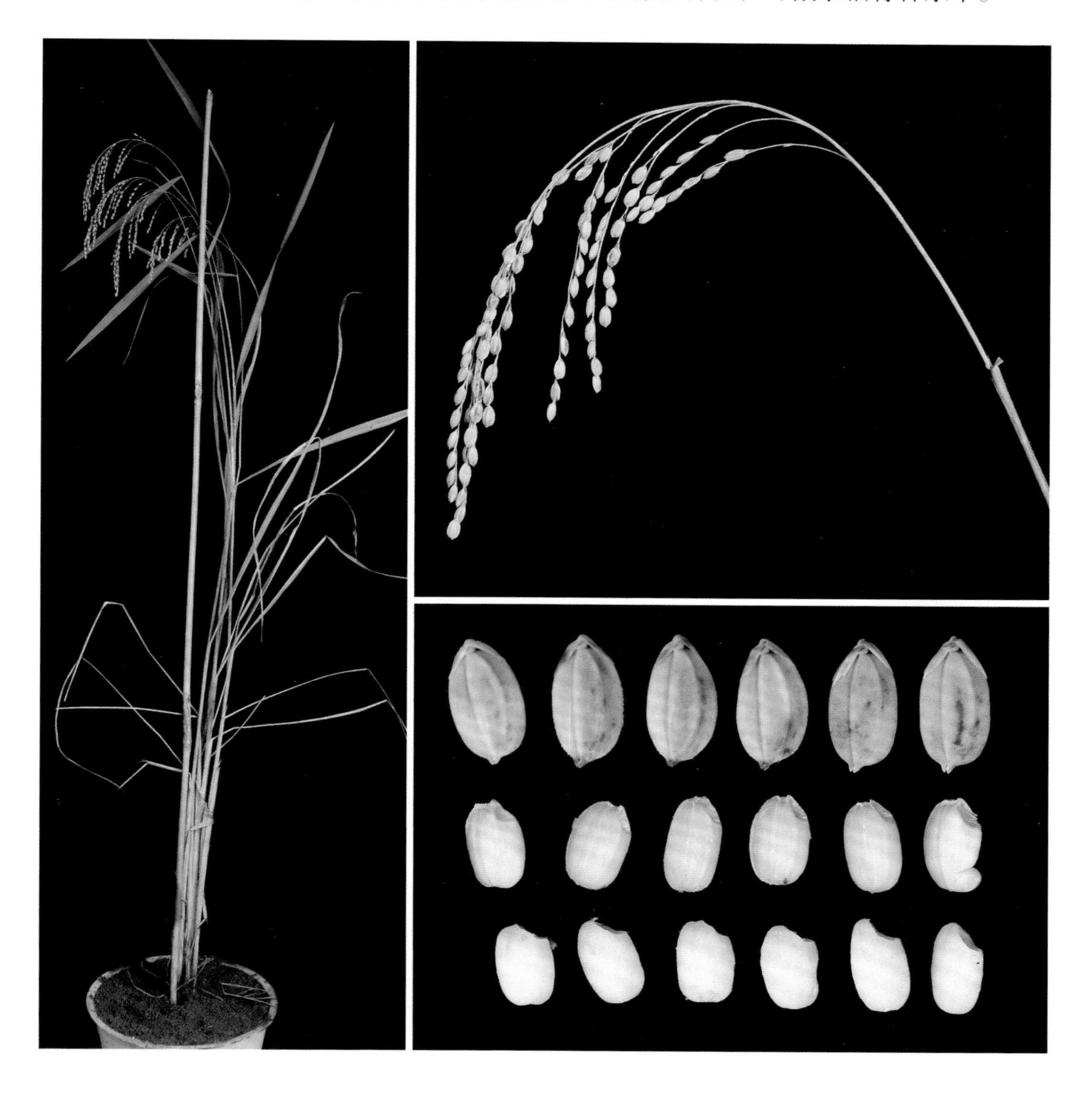

90. 花壳糯

【采集地】广西防城港市上思县公正乡枯蒌村。

【类型及分布】属于籼型糯稻，感温型品种。

【主要特征特性】在南宁种植，播始历期为75天，株高119.7cm，有效穗9个，穗长28.1cm，穗粒数235粒，结实率为88.7%，千粒重22.2g，谷粒长8.3mm、宽3.1mm，谷粒椭圆形，无芒，颖尖褐色，谷壳褐色，白米。当地农户认为该品种米质优，有香味。

【利用价值】目前直接应用于生产，当地已种植约40年，现仍广泛种植。农户自留种，自产自销。主要用于制作粽子、糍粑和点心等，可做水稻育种亲本。

91. 公正糯谷

【采集地】广西防城港市上思县公正乡枯萎村。

【类型及分布】属于籼型糯稻，感温型品种。

【主要特征特性】在南宁种植，播始历期为78天，株高112.2cm，有效穗7个，穗长26.3cm，穗粒数186粒，结实率为90.8%，千粒重23.4g，谷粒长7.8mm、宽3.2mm，谷粒椭圆形，无芒，颖尖黄色，谷壳黄色，白米。当地农户认为该品种米质优。

【利用价值】目前直接应用于生产，农户自留种、自产自用或出售，可做水稻育种亲本。

92. 板定糯稻

【采集地】广西河池市都安瑶族自治县百旺镇板定村。

【类型及分布】属于籼型糯稻，感温型品种，从广西忻城县引进品种，有30多户农户种植，面积约为0.2hm^2。

【主要特征特性】在南宁种植，播始历期为75天，株高116.4cm，有效穗8个，穗长22.5cm，穗粒数212粒，结实率为75.8%，千粒重25.9g，谷粒长8.5mm、宽3.2mm，谷粒椭圆形，无芒，颖尖黄色，谷壳黄色，白米，产量可达7500kg/hm^2。当地农户认为该品种高产，米饭香甜、软糯，耐贫瘠但不抗病虫。

【利用价值】目前直接应用于生产，当地已种植约20年，可做水稻育种亲本。

93. 长芒香糯

【采集地】广西百色市那坡县百南乡上隆村。

【类型及分布】属于籼型糯稻，感光型品种。现仍广泛种植，面积约为 13.3hm^2。

【主要特征特性】在南宁种植，播始历期为 74 天，株高 146.3cm，有效穗 7 个，穗长 30.3cm，穗粒数 162 粒，结实率为 85.5%，千粒重 29.3g，谷粒长 8.2mm、宽 4.1mm，谷粒阔卵形，黄色长芒，颖尖黄色，谷壳黄色，白米，产量约为 3750kg/hm^2。当地农户认为该品种中抗病虫，耐寒性好，食味佳、有香味。

【利用价值】目前直接应用于生产，当地已种植上百年，一般 5 月播种，11 月收获。农户自留种、自产自用或出售，市场价格高。可做水稻育种亲本。

94. 平坛糯谷

【采集地】广西百色市那坡县百合乡平坛村。

【类型及分布】属于籼型糯稻，感温型品种，现种植面积约为0.3hm^2。

【主要特征特性】在南宁种植，播始历期为70天，株高128.9cm，有效穗7个，穗长28.0cm，穗粒数241粒，结实率为80.2%，千粒重31.3g，谷粒长9.5mm、宽3.4mm，谷粒椭圆形，黄色短芒，颖尖黄色，谷壳黄色，白米。当地农户认为该品种抗病虫，耐寒，米质优、有香味。

【利用价值】目前直接应用于生产，当地已种植约50年，一般6月播种，10～11月收获。农户自留种，自产自销。可做水稻育种亲本。

95. 民兴大糯

【采集地】广西百色市那坡县百合乡民兴村。

【类型及分布】属于籼型糯稻，感光型品种，当地仅有两三户农户种植，面积约为 $0.03hm^2$。

【主要特征特性】在南宁种植，播始历期为81天，株高152.7cm，有效穗6个，穗长30.3cm，穗粒数152粒，结实率为67.6%，千粒重31.7g，谷粒长8.4mm、宽4.0mm，谷粒阔卵形，褐色长芒，颖尖褐色，谷壳黄色，白米。产量约为 $2700kg/hm^2$。当地农户认为该品种抗病，耐贫瘠，不耐肥，米质优、香味浓。

【利用价值】目前直接应用于生产，当地已种植约60年。农户自留种，自产自销。主要用于节庆制作糕点，可做水稻育种亲本。

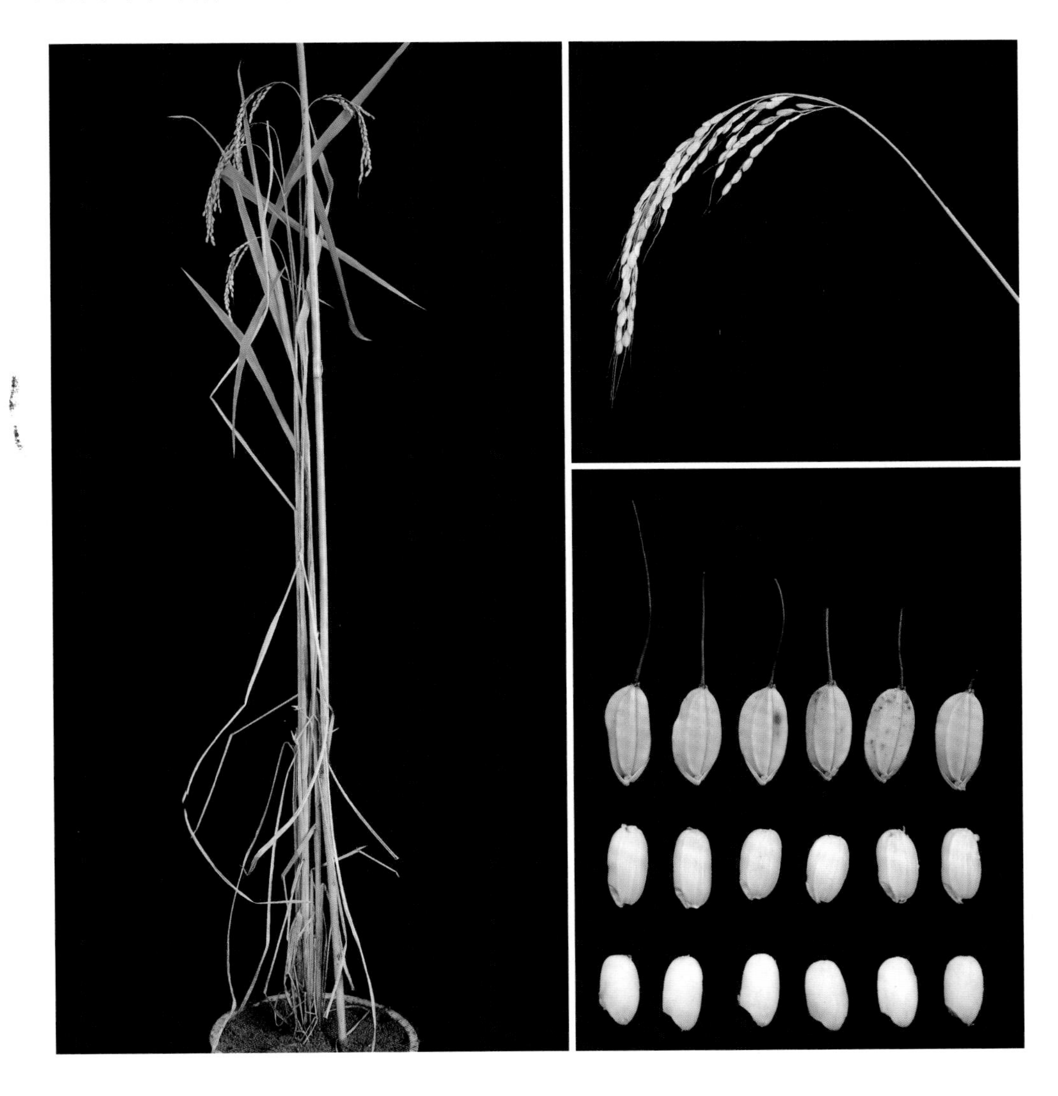

96. 那布籼糯

【采集地】广西防城港市上思县叫安乡那布村。

【类型及分布】属于籼型糯稻，感光型品种。

【主要特征特性】在南宁种植，播始历期为84天，株高164.5cm，有效穗7个，穗长24.8cm，穗粒数181粒，结实率为87.0%，千粒重26.7g，谷粒长7.3mm、宽3.9mm，谷粒阔卵形，无芒，颖尖褐色，谷壳黄色，白米。

【利用价值】目前直接应用于生产，可做水稻育种亲本。

97. 邓村大糯

【采集地】广西南宁市横县石塘镇陆村村。

【类型及分布】属于籼型糯稻，感光型品种。

【主要特征特性】在南宁种植，播始历期为80天，株高168.6cm，有效穗7个，穗长30.9cm，穗粒数191粒，结实率为90.6%，千粒重29.4g，谷粒长8.4mm、宽4.0mm，谷粒阔卵形，无芒，颖尖黄色，谷壳黄色，白米。

【利用价值】目前直接应用于生产，可做水稻育种亲本。

98. 大糯

【采集地】广西柳州市柳江区。

【类型及分布】属于籼型糯稻，感温型品种。

【主要特征特性】在南宁种植，播始历期为67天，株高118.8cm，有效穗8个，穗长29.3cm，穗粒数268粒，结实率为88.4%，千粒重28.2g，谷粒长8.3mm、宽4.0mm，谷粒椭圆形，无芒，颖尖黄色，谷壳赤褐色，白米。

【利用价值】目前直接应用于生产，可做水稻育种亲本。

99. 中糯

【采集地】广西柳州市柳江区。

【类型及分布】属于籼型糯稻，感光型品种。

【主要特征特性】在南宁种植，播始历期为74天，株高117.8cm，有效穗7个，穗长22.8cm，穗粒数152粒，结实率为83.3%，千粒重28.5g，谷粒长7.7mm、宽3.7mm，谷粒阔卵形，无芒，颖尖黄色，谷壳褐色，白米。

【利用价值】目前直接应用于生产，可做水稻育种亲本。

100. 蜡烛糯

【采集地】广西柳州市融安县长安镇大乐村。

【类型及分布】属于籼型糯稻，感温型品种。

【主要特征特性】在南宁种植，播始历期为68天，株高79.6cm，有效穗10个，穗长18.1cm，穗粒数171粒，结实率为91.8%，千粒重27.1g，谷粒长8.6mm、宽2.5mm，谷粒椭圆形，无芒，颖尖黄色，谷壳黄色，白米。

【利用价值】目前直接应用于生产，可做水稻育种亲本。

101. 竹坪糯

【采集地】广西桂林市资源县资源镇同禾村。

【类型及分布】属于籼型糯稻，感温型品种。

【主要特征特性】在南宁种植，播始历期为70天，株高120.2cm，有效穗12个，穗长31.7cm，穗粒数267粒，结实率为88.7%，千粒重21.0g，谷粒长8.9mm、宽2.9mm，谷粒中长形，无芒，颖尖黑色，谷壳褐色，黑米。

【利用价值】目前直接应用于生产，可做水稻育种亲本。

102. 道冲糯谷

【采集地】广西梧州市蒙山县黄村镇道冲村。

【类型及分布】属于籼型糯稻，感温型品种，现种植分布少。

【主要特征特性】在南宁种植，播始历期为65天，株高125.2cm，有效穗10个，穗长25.1cm，穗粒数204粒，结实率为84.6%，千粒重22.8g，谷粒长9.0mm、宽2.8mm，谷粒中长形，无芒，颖尖黄色，谷壳褐色，白米。当地农户认为该品种米质优。

【利用价值】目前直接应用于生产，一般7月中旬播种，11月上旬收获。农户自留种，自产自销。可做水稻育种亲本。

103. 小糯稻

【采集地】广西河池市东兰县大同乡和龙村。

【类型及分布】属于籼型糯稻，感光型品种，现种植分布少，可在山地种植。

【主要特征特性】在南宁种植，播始历期为74天，株高167.6cm，有效穗6个，穗长33.6cm，穗粒数250粒，结实率为89.4%，千粒重36.7g，谷粒长8.3mm、宽3.9mm，谷粒阔卵形，褐色短芒，颖尖褐色，谷壳赤褐色，白米。当地农户认为该品种米质优。

【利用价值】目前直接应用于生产，一般7月上旬播种，11月中旬收获。农户自留种。可做水稻育种亲本。

104. 四月糯

【采集地】广西崇左市宁明县峙浪乡派台村。

【类型及分布】属于籼型糯稻，感温型品种。

【主要特征特性】在南宁种植，播始历期为71天，株高119.8cm，有效穗12个，穗长29.8cm，穗粒数280粒，结实率为93.7%，千粒重21.7g，谷粒长8.0mm、宽3.0mm，谷粒椭圆形，无芒，颖尖褐色，谷壳褐色，白米。

【利用价值】目前直接应用于生产，当地已种植50～60年，一般4月播种，8月收获。农户自留种，自产自销。可做水稻育种亲本。

105. 下洞糯稻

【采集地】广西桂林市灌阳县西山瑶族乡下洞村。

【类型及分布】属于籼型糯稻，感温型品种，现仅十来户农户种植，面积约为 $0.7hm^2$。

【主要特征特性】在南宁种植，播始历期为74天，株高111.6cm，有效穗11个，穗长28.2cm，穗粒数252粒，结实率为89.3%，千粒重24.6g，谷粒长9.4mm、宽2.8mm，谷粒细长形，无芒，颖尖黄色，谷壳黄色，白米。

【利用价值】目前直接应用于生产，当地已种植约20年。农户自留种，自产自销。可做水稻育种亲本。

106. 黑糯米

【采集地】广西桂林市龙胜各族自治县龙脊镇黄江村。

【类型及分布】属于籼型糯稻，感温型品种，现种植分布少。

【主要特征特性】在南宁种植，播始历期为63天，株高93.0cm，有效穗7个，穗长22.1cm，穗粒数134粒，结实率为90.6%，千粒重28.5g，谷粒长8.2mm、宽3.6mm，谷粒椭圆形，无芒，颖尖褐色，谷壳黄色，黑米。当地农户认为，利用该品种所酿制的酒有保健作用。

【利用价值】目前直接应用于生产，一般4月下旬播种，9月下旬收获。农户自留种，自产自销。因用于酿酒而留存种植，可做水稻育种亲本。

107. 矮秆糯

【采集地】广西桂林市龙胜各族自治县江底乡建新村。

【类型及分布】属于籼型糯稻，感温型品种，现有十来户农户种植，面积约为 $0.13hm^2$。

【主要特征特性】在南宁种植，播始历期为 74 天，株高 111.8cm，有效穗 7 个，穗长 30.0cm，穗粒数 233 粒，结实率为 89.8%，千粒重 25.5g，谷粒长 9.6mm、宽 3.0mm，谷粒中长形，无芒，颖尖黄色，谷壳黄色，白米。当地农户认为该品种具有药用功能。

【利用价值】目前直接应用于生产，当地已种植约 20 年，当地认为有保健作用而留存种植，农户自产自销。可做水稻育种亲本。

108. 毛塘黑米

【采集地】广西桂林市恭城瑶族自治县三江乡三联村。

【类型及分布】属于籼型糯稻，感温型品种，种植面积约为 $2.6hm^2$。

【主要特征特性】在南宁种植，播始历期为 65 天，株高 126.6cm，有效穗 7 个，穗长 26.8cm，穗粒数 192 粒，结实率为 83.1%，千粒重 24.7g，谷粒长 9.3mm、宽 3.0mm，谷粒中长形，无芒，颖尖黑色，谷壳紫黑色，黑米，产量约为 $3750kg/hm^2$。当地农户认为该品种米质优，抗病虫，耐寒，抗旱，耐贫瘠。

【利用价值】目前直接应用于生产，当地已种植约 20 年，一般 5 月中下旬播种，10 月上旬收获。农户自留种、自产自用或出售。主要用于酿酒，具有保健作用，可做水稻育种亲本。

109. 蒲源糯米

【采集地】广西桂林市恭城瑶族自治县莲花镇蒲源村。

【类型及分布】属于籼型糯稻，感温型品种。

【主要特征特性】在南宁种植，播始历期为70天，株高105.8cm，有效穗9个，穗长31.0cm，穗粒数226粒，结实率为89.7%，千粒重25.1g，谷粒长8.2mm、宽3.2mm，谷粒椭圆形，无芒，颖尖黄色，谷壳黄色，白米，产量约为4500kg/hm^2。当地农户认为该品种米质优，抗病虫，耐寒，耐贫瘠。

【利用价值】目前直接应用于生产，当地已种植约50年，一般4～5月播种，8～9月收获。可做水稻育种亲本。

110. 板包香糯

【采集地】广西崇左市扶绥县东门镇板包村。

【类型及分布】属于籼型糯稻，感温型品种，当地有近百户农户种植。

【主要特征特性】在南宁种植，播始历期为72天，株高114.2cm，有效穗8个，穗长30.3cm，穗粒数260粒，结实率为88.2%，千粒重22.1g，谷粒长8.0mm、宽3.0mm，谷粒椭圆形，无芒，颖尖黄色，谷壳褐色，白米，产量约为6000kg/hm^2。当地农户认为该品种抗病、不抗虫，米饭有香味。

【利用价值】目前直接应用于生产，当地已种植约10年，一般3月下旬播种，6月下旬收获。农户自留种，自产自用或出售。可做水稻育种亲本。

111. 古昆糯稻

【采集地】广西河池市大化瑶族自治县共和乡古乔村。

【类型及分布】属于籼型糯稻，感温型品种。现仅有5户农户种植，面积约为0.03hm^2。

【主要特征特性】在南宁种植，播始历期为79天，株高97.4cm，有效穗11个，穗长29.6cm，穗粒数255粒，结实率为83.7%，千粒重24.2g，谷粒长9.0mm、宽2.6mm，谷粒细长形，无芒，颖尖黄色，谷壳黄色，白米，产量约为4500kg/hm^2。当地农户认为该品种黏性好，抗病虫。

【利用价值】目前直接应用于生产，当地已种植约30年，一般6月下旬播种，9月下旬收获。农户自留种，自产自销。可做水稻育种亲本。

112. 山糯稻

【采集地】广西百色市凌云县逻楼镇磨村村。

【类型及分布】属于籼型糯稻，感温型品种，陆稻，现仅少数农户种植，主要种植在山上旱地。

【主要特征特性】在南宁种植，播始历期为74天，株高122.8cm，有效穗7个，穗长26.8cm，穗粒数106粒，结实率为93.4%，千粒重44.4g，谷粒长11.0mm、宽4.0mm，谷粒中长形，无芒，颖尖褐色，谷壳赤褐色，白米。当地农户认为该品种米质优。

【利用价值】目前直接应用于生产，当地已种植60～70年。农户自留种，自产自销。主要用于蒸煮糯米饭，可做水稻育种亲本。

113. 平布糯稻 1

【采集地】广西百色市隆林各族自治县岩茶乡冷独村。

【类型及分布】属于籼型糯稻，感温型品种，现仍广泛种植。

【主要特征特性】在南宁种植，播始历期为 69 天，株高 130.6cm，有效穗 8 个，穗长 29.0cm，穗粒数 243 粒，结实率为 90.1%，千粒重 31.5g，谷粒长 9.0mm、宽 3.4mm，谷粒椭圆形，无芒，颖尖黄色，谷壳黄色，白米。当地农户认为该品种米质一般。

【利用价值】目前直接应用于生产，当地已种植 7～8 年。农户自留种，自产自销。可做水稻育种亲本。

114. 平布糯稻 2

【采集地】广西百色市隆林各族自治县岩茶乡冷独村。

【类型及分布】属于籼型糯稻，感温型品种，现仍广泛种植。

【主要特征特性】在南宁种植，播始历期为 80 天，株高 122.4cm，有效穗 12 个，穗长 24.5cm，穗粒数 227 粒，结实率为 86.8%，千粒重 22.7g，谷粒长 9.4mm、宽 3.4mm，谷粒细长形，无芒，颖尖黄色，谷壳黄色，白米。

【利用价值】目前直接应用于生产，当地已种植 7～8 年。农户自留种，自产自销。可做水稻育种亲本。

115. 卡白大糯

【采集地】广西百色市隆林各族自治县岩茶乡卡白村。

【类型及分布】属于籼型糯稻，感温型品种，现种植面积约为 $2hm^2$。

【主要特征特性】在南宁种植，播始历期为78天，株高171.8cm，有效穗5个，穗长34.3cm，穗粒数319粒，结实率为88.29%，千粒重30.5g，谷粒长8.4mm、宽3.8mm，谷粒椭圆形，无芒，颖尖紫色，谷壳黄褐色，白米。

【利用价值】目前直接应用于生产，当地已种植约60年，一般清明后播种，8月收获。农户自留种，自产自销。主要在过年过节时制作粽子、糯米粑、汤圆等，可做水稻育种亲本。

116. 乌鸦糯

【采集地】广西百色市西林县八达镇花贡村。

【类型及分布】属于籼型糯稻，感温型品种，主要种植在旱地。

【主要特征特性】在南宁种植，播始历期为75天，株高102.0cm，有效穗8个，穗长24.1cm，穗粒数244粒，结实率为86.9%，千粒重20.7g，谷粒长8.0mm、宽3.2mm，谷粒椭圆形，无芒，颖尖褐色，谷壳褐色，黑米。当地农户认为该品种米质一般。

【利用价值】目前直接应用于生产，当地已种植约60年。农户自留种，自产自销。主要用于蒸煮糯米饭或制作糍粑，可做水稻育种亲本。

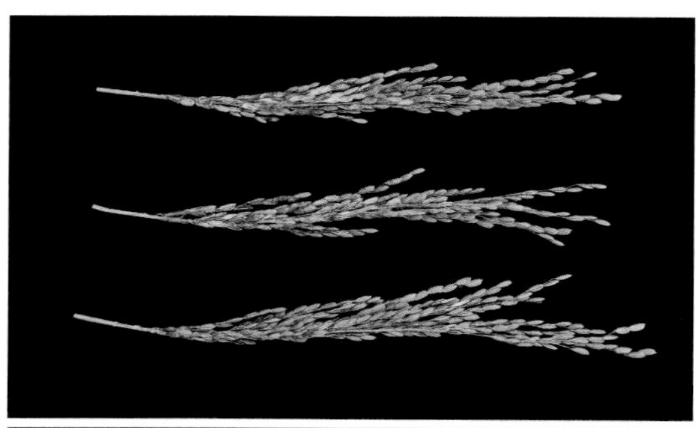

117. 板桥糯稻

【采集地】广西百色市西林县足别瑶族苗族乡板桥村。

【类型及分布】属于籼型糯稻，感温型品种，主要种植于半山坡区。

【主要特征特性】在南宁种植，播始历期为69天，株高158.4cm，有效穗6个，穗长29.6cm，穗粒数226粒，结实率为86.5%，千粒重33.6g，谷粒长7.6mm、宽4.0mm，谷粒短圆形，无芒，颖尖褐色，谷壳赤褐色，白米。当地农户认为该品种米质优。

【利用价值】目前直接应用于生产，当地已种植约60年。农户自留种，自产自销。主要用于制作粽子和糍粑，可做水稻育种亲本。

118. 旱糯稻

【采集地】广西百色市西林县八达镇坡皿村。

【类型及分布】属于籼型糯稻，感温型品种，现仍有约30户农户种植，面积约为$0.33hm^2$。

【主要特征特性】在南宁种植，播始历期为71天，株高147.8cm，有效穗7个，穗长29.7cm，穗粒数164粒，结实率为87.0%，千粒重39.5g，谷粒长10.6mm、宽4.0mm，谷粒椭圆形，无芒，颖尖黄色，谷壳黄色，白米。

【利用价值】目前直接应用于生产，当地已种植近百年。农户自留种，自产自销。主要用作酿酒原料，可做水稻育种亲本。

119. 百吉大糯

【采集地】广西百色市凌云县伶站瑶族乡平兰村。

【类型及分布】属于籼型糯稻，感光型品种，现种植面积约为 1.33hm^2。

【主要特征特性】在南宁种植，播始历期为 81 天，株高 160.4cm，有效穗 6 个，穗长 32.9cm，穗粒数 232 粒，结实率为 85.5%，千粒重 31.3g，谷粒长 7.6mm、宽 4.0mm，谷粒阔卵形，无芒，颖尖黄色，谷壳黄色，白米，产量约为 4500kg/hm^2。

【利用价值】目前直接应用于生产，当地已种植近百年，一般 6 月下旬播种，10 月收获。农户自留种，自产自销。可做水稻育种亲本。

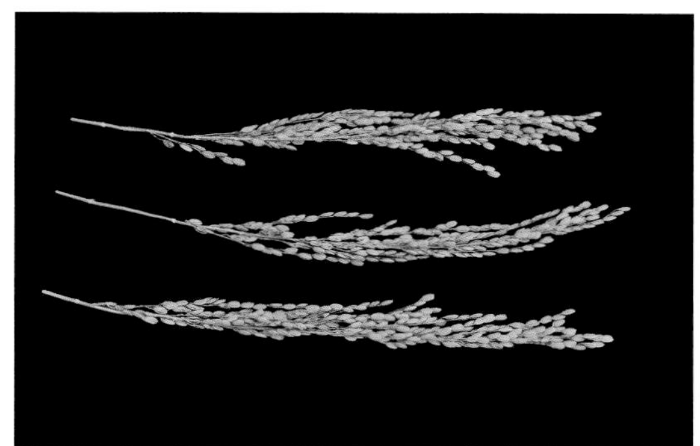

120. 白糯稻

【采集地】广西百色市凌云县逻楼镇介福村。

【类型及分布】属于籼型糯稻，感温型品种。现约有10户农户种植，面积约为 $2hm^2$。

【主要特征特性】在南宁种植，播始历期为50天，株高122.8cm，有效穗7个，穗长22.6cm，穗粒数117粒，结实率为82.0%，千粒重30.3g，谷粒长8.0mm、宽4.0mm，谷粒椭圆形，无芒，颖尖黄色，谷壳黄色，白米。当地农户认为该品种米质优，有香味。

【利用价值】目前直接应用于生产，当地已种植30年以上，一般5月播种，9月收获。农户自留种，自产自销。主要用于制作粽子和糍粑，可做水稻育种亲本。

121. 百贯糯谷

【采集地】广西百色市凌云县伶站瑶族乡袍亭村。

【类型及分布】属于籼型糯稻，感光型品种，现仅有约 10 户农户种植，面积约为 0.13hm^2。

【主要特征特性】在南宁种植，播始历期为 78 天，株高 167.4cm，有效穗 5 个，穗长 31.4cm，穗粒数 221 粒，结实率为 78.6%，千粒重 29.2g，谷粒长 7.6mm、宽 4.0mm，谷粒阔卵形，无芒，颖尖黄色，谷壳黄色，白米，产量约为 1500kg/hm^2。当地农户认为该品种米质优，有香味。

【利用价值】目前直接应用于生产，当地已种植 30 年以上，一般 6 月播种，11 月收获。农户自留种，自产自销。可做水稻育种亲本。

122. 山糯谷

【采集地】广西百色市凌云县伶站瑶族乡袍亭村。

【类型及分布】属于籼型糯稻，感光型品种，旱稻，现有约 10 户农户种植，面积约为 0.13hm^2。

【主要特征特性】在南宁种植，播始历期为 78 天，株高 156.0cm，有效穗 6 个，穗长 33.8cm，穗粒数 194 粒，结实率为 65.5%，千粒重 27.9g，谷粒长 8.0mm、宽 4.0mm，谷粒阔卵形，无芒，颖尖褐色，谷壳褐色，白米，产量约为 3000kg/hm^2。当地农户认为该品种米质优。

【利用价值】目前直接应用于生产，当地已种植 30 年以上。农户自留种，自产自销。主要用于制作粽粑，可做水稻育种亲本。

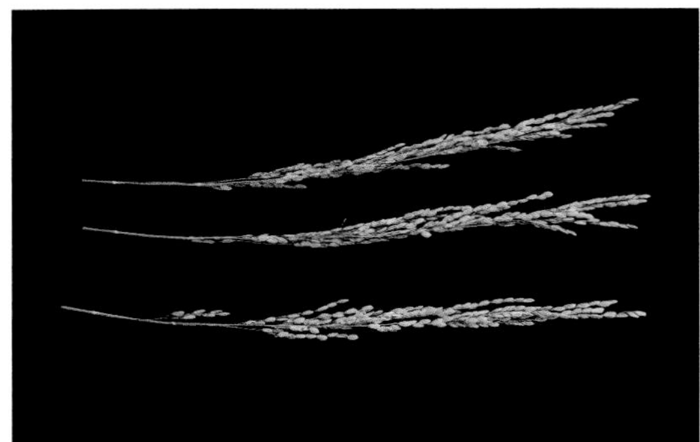

123. 那统旱糯稻

【采集地】广西百色市隆林各族自治县者保乡江同村。

【类型及分布】属于籼型糯稻，感温型品种，陆稻，现有较多农户种植。

【主要特征特性】在南宁种植，播始历期为 73 天，株高 128.4cm，有效穗 9 个，穗长 28.7cm，穗粒数 109 粒，结实率为 89.2%，千粒重 44.6g，谷粒长 9.5mm、宽 3.6mm，谷粒中长形，无芒，颖尖黑褐色，谷壳褐色，白米。当地农户认为该品种米质一般。

【利用价值】目前直接应用于生产，当地已种植近 10 年。农户自留种，自产自销。主要用于酿酒、制作糍粑，可做水稻育种亲本。

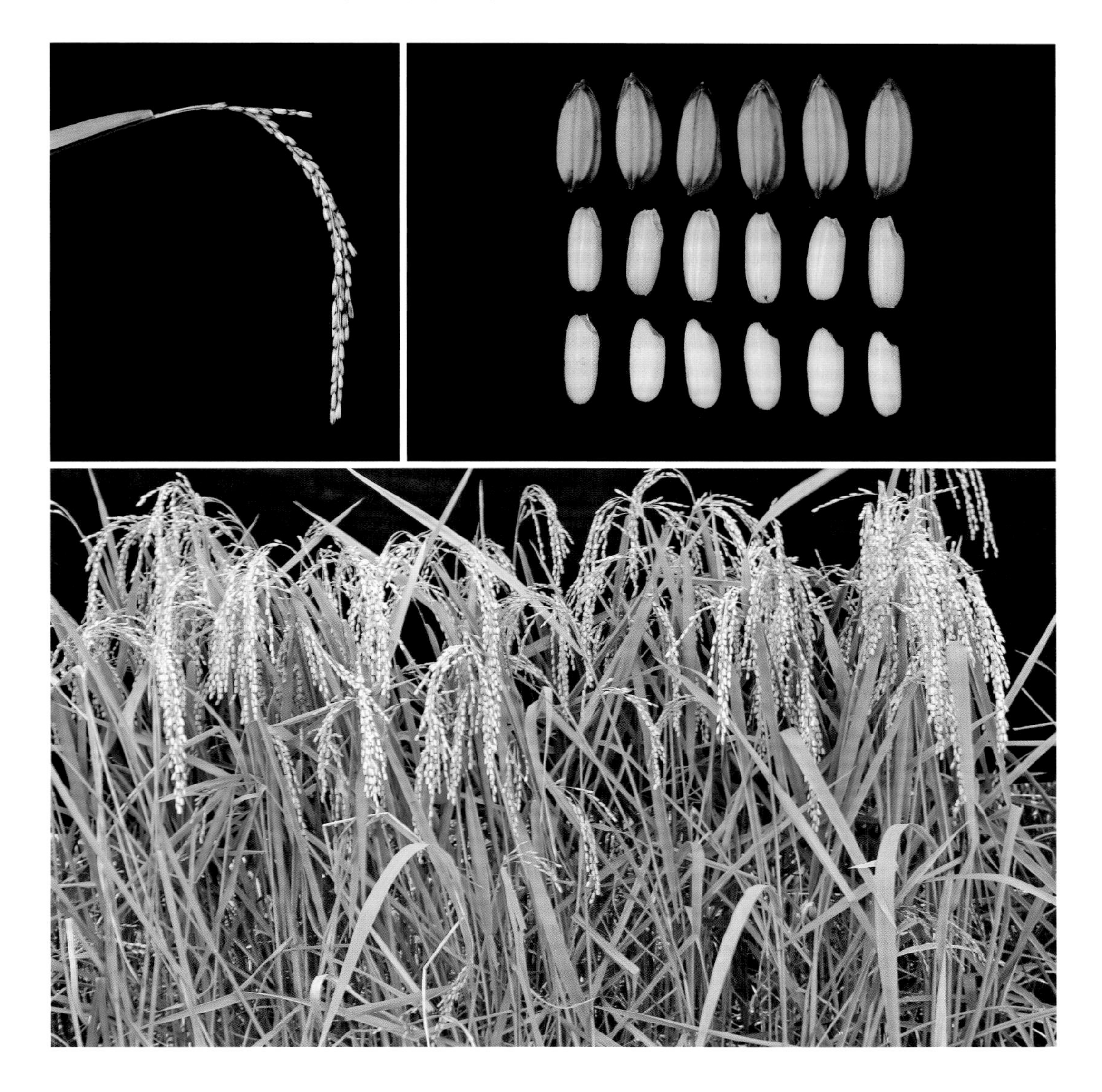

124. 那统糯稻

【采集地】广西百色市隆林各族自治县者保乡江同村。

【类型及分布】属于籼型糯稻，感温型品种，现有较多农户种植。

【主要特征特性】在南宁种植，播始历期为 85 天，株高 113.6cm，有效穗 6 个，穗长 24.8cm，穗粒数粒，结实率为 83.2%，千粒重 32.1g，谷粒长 9.4mm、宽 3.4mm，谷粒中长形，无芒，颖尖黄色，谷壳黄色，白米。当地农户认为该品种米质一般。

【利用价值】目前直接应用于生产，当地已种植近 10 年。农户自留种，自产自销。可做水稻育种亲本。

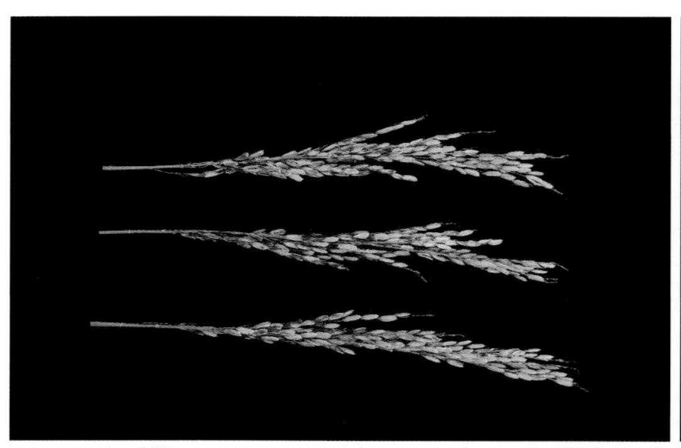

125. 马路旱糯稻

【采集地】广西百色市西林县古障镇妈蒿村。

【类型及分布】属于籼型糯稻，感温型品种，陆稻，主要种植于山地。

【主要特征特性】在南宁种植，播始历期为74天，株高140.2cm，有效穗7个，穗长30.6cm，穗粒数165粒，结实率为91.9%，千粒重38.2g，谷粒长10.4mm、宽3.8mm，谷粒椭圆形，无芒，颖尖黄色，谷壳黄色，白米。当地农户认为该品种米质差。

【利用价值】目前直接应用于生产，农户自留种、自产自销，可做水稻育种亲本。

126. 那灯黑糯稻

【采集地】 广西百色市西林县足别瑶族苗族乡足别村。

【类型及分布】 属于籼型糯稻，感温型品种，现仅有两三户农户种植。

【主要特征特性】 在南宁种植，播始历期为78天，株高109.8cm，有效穗6个，穗长23.8cm，穗粒数250粒，结实率为82.3%，千粒重20.2g，谷粒长8.8mm、宽3.0mm，谷粒椭圆形，无芒，颖尖黑色，谷壳黑褐色，黑米。

【利用价值】 目前直接应用于生产，当地已种植近百年。农户自留种，自产自销。可做水稻育种亲本。

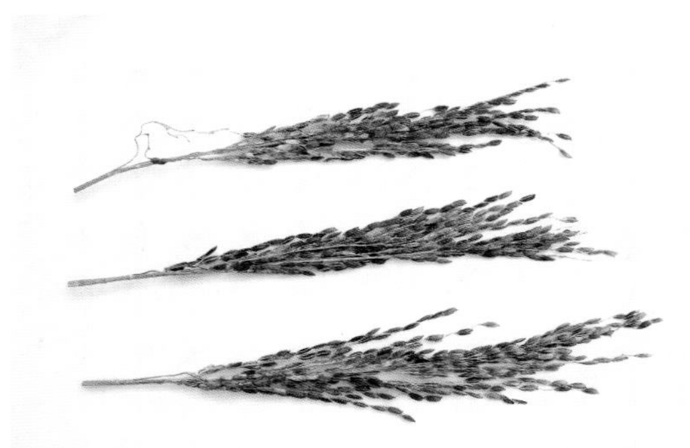

127. 上寨糯稻

【采集地】广西百色市西林县八达镇土黄村。

【类型及分布】属于籼型糯稻，感温型品种，主要种植于半山坡地。

【主要特征特性】在南宁种植，播始历期为69天，株高164.2cm，有效穗9个，穗长34.7cm，穗粒数226粒，结实率为88.5%，千粒重35.4g，谷粒长8.8mm、宽4.0mm，谷粒阔卵形，无芒，颖尖褐色，谷壳赤褐色，白米。当地农户认为该品种米质优。

【利用价值】目前直接应用于生产，当地已种植约60年。农户自留种，自产自销。可做水稻育种亲本。

128. 老屋坪糯稻

【采集地】广西桂林市资源县梅溪乡铜座村。

【类型及分布】属于籼型糯稻，感温型品种，现种植面积约为 1hm^2，主要种植于村边水田。

【主要特征特性】在南宁种植，播始历期为 71 天，株高 129.6cm，有效穗 6 个，穗长 28.3cm，穗粒数 219 粒，结实率为 87.6%，千粒重 22.5g，谷粒长 8.0mm、宽 3.0mm，谷粒椭圆形，无芒，颖尖褐色，谷壳褐色，白米，产量约为 4500kg/hm^2。当地农户认为该品种耐贫瘠。

【利用价值】目前直接应用于生产，当地已种植 20 多年，一般 4 月下旬播种，9 月下旬收获。农户自留种。主要用于制作糯米粑，可做水稻育种亲本。

129. 黄皮糯

【采集地】广西桂林市资源县资源镇石溪头村。

【类型及分布】属于籼型糯稻，感温型品种，现仅有几户农户种植。

【主要特征特性】在南宁种植，播始历期为65天，株高133.6cm，有效穗7个，穗长25.9cm，穗粒数132粒，结实率为90.0%，千粒重27.6g，谷粒长7.8mm、宽3.6mm，谷粒阔卵形，无芒，颖尖紫色，谷壳褐色，白米，产量约为4500kg/hm^2。当地农户认为该品种抗病虫，米质优，糯性强。

【利用价值】目前直接应用于生产，当地已种植约70年，一般清明播种，9月中旬收获。农户自留种，自产自销。茎秆用于制作草鞋，种子可用作水稻育种亲本。

130. 石溪头黑糯

【采集地】广西桂林市资源县资源镇石溪头村。

【类型及分布】属于籼型糯稻，感温型品种。

【主要特征特性】在南宁种植，播始历期为76天，株高126.2cm，有效穗10个，穗长31.3cm，穗粒数283粒，结实率为95.4%，千粒重21.2g，谷粒长8.8mm、宽2.8mm，谷粒中长形，无芒，颖尖黑色，谷壳黑褐色，黑米。

【利用价值】目前直接应用于生产，可做水稻育种亲本。

131. 三塘大糯

【采集地】广西柳州市柳城县大埔镇三塘村。

【类型及分布】属于籼型糯稻，感温型品种。

【主要特征特性】在南宁种植，播始历期为69天，株高138.0cm，有效穗7个，穗长28.5cm，穗粒数271粒，结实率为80.5%，千粒重26.9g，谷粒长7.2mm、宽3.8mm，谷粒阔卵形，褐色短芒，颖尖黑色，谷壳褐色，白米。

【利用价值】目前直接应用于生产，可做水稻育种亲本。

132. 上雷小糯

【采集地】广西柳州市柳城县沙埔镇上雷村。

【类型及分布】属于籼型糯稻，感光型品种。

【主要特征特性】在南宁种植，播始历期为73天，株高103.4cm，有效穗8个，穗长21.8cm，穗粒数160粒，结实率为88.1%，千粒重30.6g，谷粒长7.6mm、宽3.8mm，谷粒阔卵形，无芒，颖尖褐色，谷壳褐色，白米。

【利用价值】目前直接应用于生产，可做水稻育种亲本。

133. 马山糯谷

【采集地】广西南宁市马山县。

【类型及分布】属于籼型糯稻，感温型品种。

【主要特征特性】在南宁种植，播始历期为71天，株高134.6cm，有效穗5个，穗长27.5cm，穗粒数286粒，结实率为89.6%，千粒重32.6g，谷粒长9.2mm、宽3.3mm，谷粒椭圆形，无芒，颖尖黄色，谷壳黄色，白米。

【利用价值】目前直接应用于生产，农户自留种，可做水稻育种亲本。

134. 本地糯谷

【采集地】广西南宁市马山县。

【类型及分布】属于籼型糯稻，感温型品种。

【主要特征特性】在南宁种植，播始历期为82天，株高126.8cm，有效穗6个，穗长26.3cm，穗粒数273粒，结实率为90.6%，千粒重26.0g，谷粒长9.0mm、宽2.8mm，谷粒中长形，无芒，颖尖黄色，谷壳黄色，白米。

【利用价值】目前直接应用于生产，可做水稻育种亲本。

135. 红壳小糯

【采集地】广西河池市凤山县金牙瑶族乡上牙村。

【类型及分布】属于籼型糯稻，感温型品种。

【主要特征特性】在南宁种植，播始历期为69天，株高126.4cm，有效穗6个，穗长23.5cm，穗粒数257粒，结实率为90.5%，千粒重28.3g，谷粒长9.1mm、宽3.2mm，谷粒椭圆形，无芒，颖尖黄色，谷壳赤褐色，白米。

【利用价值】目前直接应用于生产，可做水稻育种亲本。

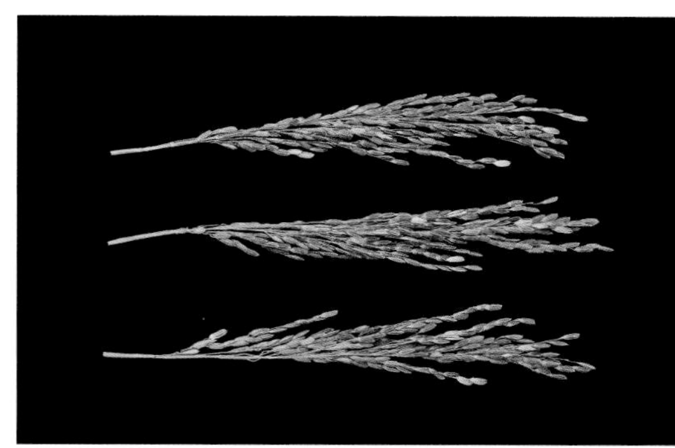

136. 白壳小糯

【采集地】广西河池市凤山县金牙瑶族乡上牙村。

【类型及分布】属于籼型糯稻，感温型品种。

【主要特征特性】在南宁种植，播始历期为72天，株高114.0cm，有效穗6个，穗长27.2cm，穗粒数198粒，结实率为87.9%，千粒重26.7g，谷粒长9.5mm、宽2.8mm，谷粒细长形，无芒，颖尖黄色，谷壳黄色，白米。

【利用价值】目前直接应用于生产，可做水稻育种亲本。

137. 凤山黑糯

【采集地】广西河池市凤山县金牙瑶族乡上牙村。

【类型及分布】属于籼型糯稻，感温型品种。

【主要特征特性】在南宁种植，播始历期为80天，株高106.2cm，有效穗6个，穗长29.5cm，穗粒数149粒，结实率为75.2%，千粒重28.3g，谷粒长9.7mm、宽3.5mm，谷粒椭圆形，无芒，颖尖黑色，谷壳褐色，黑米。

【利用价值】目前直接应用于生产，可做水稻育种亲本。

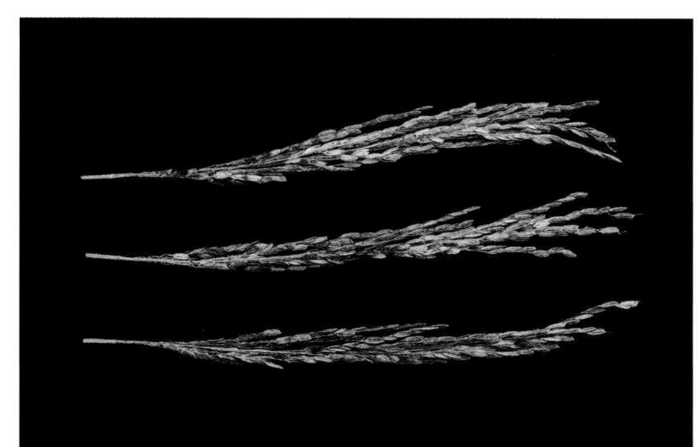

138. 红根白糯

【采集地】广西崇左市龙州县金龙镇贵平村。

【类型及分布】属于籼型糯稻，感光型品种。

【主要特征特性】在南宁种植，播始历期为67天，株高118.6cm，有效穗6个，穗长26.1cm，穗粒数158粒，结实率为87.2%，千粒重27.1g，谷粒长8.2mm、宽3.4mm，谷粒椭圆形，无芒，颖尖黄色，谷壳黄色，白米。

【利用价值】目前直接应用于生产，可做水稻育种亲本。

139. 板贵黑糯

【采集地】广西崇左市龙州县金龙镇贵平村。

【类型及分布】属于籼型糯稻，感温型品种。

【主要特征特性】在南宁种植，播始历期为78天，株高118.8cm，有效穗5个，穗长29.5cm，穗粒数177粒，结实率为86.1%，千粒重22.3g，谷粒长9.0mm、宽2.9mm，谷粒中长形，无芒，颖尖黑色，谷壳褐色，黑米。

【利用价值】目前直接应用于生产，可做水稻育种亲本。

140. 冷水糯

【采集地】广西柳州市融水苗族自治县白云乡大湾村。

【类型及分布】属于籼型糯稻，感温型品种。

【主要特征特性】在南宁种植，播始历期为76天，株高180.2cm，有效穗5个，穗长29.1cm，穗粒数145粒，结实率为75.2%，千粒重24.8g，谷粒长8.2mm、宽3.7mm，谷粒椭圆形，无芒，颖尖黑色，谷壳黑色，黑米。

【利用价值】目前直接应用于生产，可做水稻育种亲本。

141. 龙州黑糯

【采集地】广西崇左市龙州县。

【类型及分布】属于籼型糯稻，感温型品种。

【主要特征特性】在南宁种植，播始历期为80天，株高111.2cm，有效穗6个，穗长27.7cm，穗粒数165粒，结实率为76.4%，千粒重22.9g，谷粒长9.2mm、宽2.9mm，谷粒中长形，无芒，颖尖紫黑色，谷壳黑褐色，黑米。

【利用价值】目前直接应用于生产，可做水稻育种亲本。

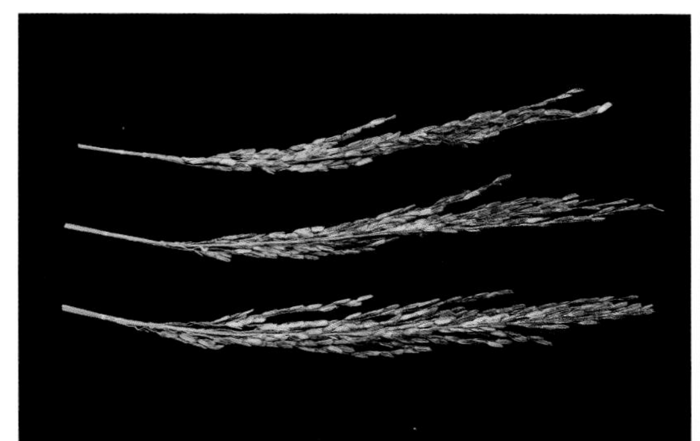

142. 红旱谷

【采集地】广西河池市凤山县长洲镇百乐村。

【类型及分布】属于籼型糯稻，感温型品种，陆稻，当地种植少。

【主要特征特性】在南宁种植，播始历期为79天，株高147.2cm，有效穗7个，穗长27.7cm，穗粒数127粒，结实率为88.0%，千粒重39.1g，谷粒长10.6mm、宽3.9mm，谷粒椭圆形，无芒，颖尖褐色，谷壳赤褐色，白米。当地农户认为该品种抗病虫，抗旱，耐寒，耐贫瘠。

【利用价值】目前直接应用于生产，一般4月上旬播种，10月上旬收获。可做水稻育种亲本。

143. 光壳旱谷

【采集地】广西百色市那坡县百合乡平坛村。

【类型及分布】属于籼型糯稻，陆稻，感温型品种，现仅有几户农户种植，面积约为 0.33hm^2。

【主要特征特性】在南宁种植，播始历期为 73 天，株高 142.9cm，有效穗 8 个，穗长 27.7cm，穗粒数 104 粒，结实率为 79.4%，千粒重 43.7g，谷粒长 10.6mm、宽 4.0mm，谷粒椭圆形，无芒，颖尖褐色，谷壳赤褐色，白米，产量约为 1500kg/hm^2。当地农户认为该品种抗旱，耐贫瘠。

【利用价值】目前直接应用于生产，当地已种植约 50 年，一般 4～5 月播种，10～11 月收获。农户自留种，自产自销。可做水稻育种亲本。

144. 高基籼稻

【采集地】广西柳州市融水苗族自治县良寨乡高基村。

【类型及分布】属于籼型糯稻，感温型品种。

【主要特征特性】在南宁种植，播始历期为66天，株高106.3cm，有效穗8个，穗长24.2cm，穗粒数100粒，结实率为87.3%，千粒重24.8g，谷粒长9.6mm、宽3.2mm，谷粒中长形，无芒，颖尖褐色，谷壳褐色，黑米。

【利用价值】目前直接应用于生产，可做水稻育种亲本。

145. 巴岗山贡米

【采集地】广西河池市凤山县长洲镇长洲村。

【类型及分布】属于籼型糯稻，感温型品种，当地种植少。

【主要特征特性】在南宁种植，播始历期为89天，株高113.4cm，有效穗10个，穗长31.1cm，穗粒数91粒，结实率为81.6%，千粒重24.8g，谷粒长9.4mm、宽3.6mm，谷粒椭圆形，无芒，颖尖褐色，谷壳紫黑色，黑米。当地农户认为该品种米质优，抗虫，耐寒，耐热。

【利用价值】目前直接应用于生产，一般5月中旬播种，10月上旬收获。农户自留种，自产自销。可做水稻育种亲本。

146. 坪麻糯

【采集地】广西桂林市资源县梅溪镇铜座村。

【类型及分布】属于籼型糯稻，感温型品种。

【主要特征特性】在南宁种植，播始历期为74天，株高120.8cm，有效穗9个，穗长29.2cm，穗粒数239粒，结实率为86.4%，千粒重21.2g，谷粒长8.2mm、宽3.0mm，谷粒椭圆形，无芒，颖尖褐色，谷壳褐色，白米。

【利用价值】目前直接应用于生产，可做水稻育种亲本。

147. 六良黑糯

【采集地】广西崇左市扶绥县东门镇六头村。

【类型及分布】属于籼型糯稻，感温型品种，现仅有少数农户种植。

【主要特征特性】在南宁种植，播始历期为76天，株高117.0cm，有效穗6个，穗长23.0cm，穗粒数187粒，结实率为90.8%，千粒重21.4g，谷粒长8.4mm、宽3.0mm，谷粒椭圆形，无芒，颖尖黑色，谷壳黑褐色，黑米。

【利用价值】目前直接应用于生产，当地已种植约60年。农户自留种，自产自用或出售。主要用于制作糍粑，可做水稻育种亲本。

148. 那闷糯谷

【采集地】广西百色市隆林各族自治县岩茶乡者艾村。

【类型及分布】属于籼型糯稻，感温型品种，主要种植于半山坡区。

【主要特征特性】在南宁种植，播始历期为73天，株高154.0cm，有效穗6个，穗长31.6cm，穗粒数235粒，结实率为90.9%，千粒重31.0g，谷粒长8.0mm、宽4.0mm，谷粒阔卵形，无芒，颖尖紫色，谷壳褐色，白米。当地农户认为该品种米质优，糯性好。

【利用价值】目前直接应用于生产，当地已种植约60年。农户自留种，自产自销。主要用于制作粽子和糍粑，可做水稻育种亲本。

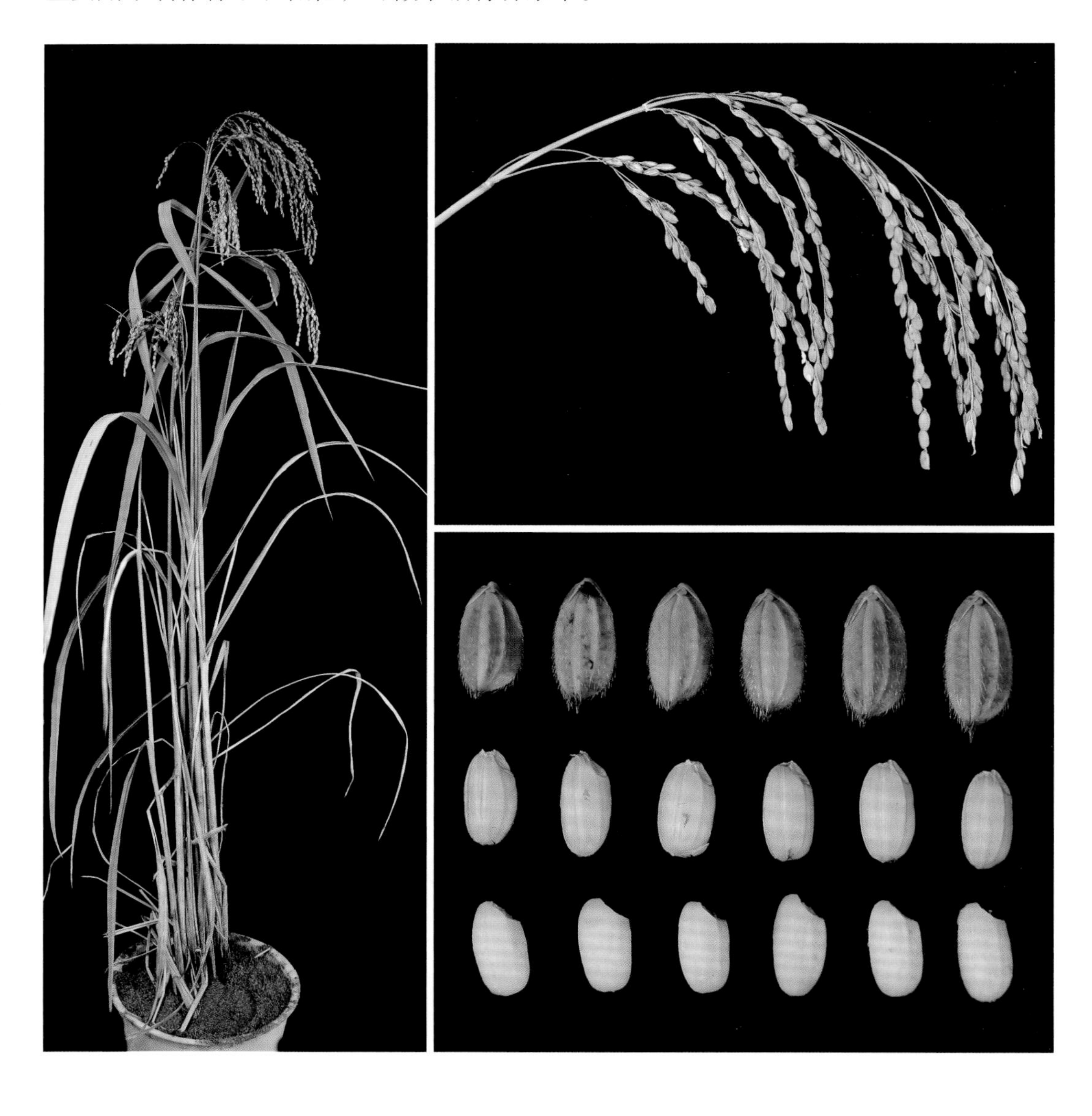

149. 黑米糯

【采集地】广西崇左市扶绥县。

【类型及分布】属于籼型糯稻，感温型品种。

【主要特征特性】在南宁种植，播始历期为80天，株高121.4cm，有效穗5个，穗长26.3cm，穗粒数176粒，结实率为88.3%，千粒重23.0g，谷粒长9.0mm、宽2.8mm，谷粒中长形，无芒，颖尖黑色，谷壳黑色，黑米。

【利用价值】目前直接应用于生产，可做水稻育种亲本。

150. 长糯稻

【采集地】广西柳州市柳城县太平镇上油村。

【类型及分布】属于籼型糯稻，感温型品种。

【主要特征特性】在南宁种植，播始历期为 72 天，株高 98cm，有效穗 6 个，穗长 27.8cm，穗粒数 157 粒，结实率为 85.6%，千粒重 25.6g，谷粒长 8.8mm、宽 2.9mm，谷粒椭圆形，无芒，颖尖黄色，谷壳黄色，白米。

【利用价值】目前直接应用于生产，当地主要用于酿酒，可做水稻育种亲本。

第四节　籼型粘稻种质资源

1. 佛荔红谷

【采集地】广西贵港市桂平市西山镇佛荔村。

【类型及分布】属于籼型粘稻，感光型品种，现种植分布少。

【主要特征特性】在南宁种植，播始历期为 62 天，株高 107.6cm，有效穗 9 个，穗长 26.9cm，穗粒数 198 粒，结实率为 89.5%，千粒重 22.7g，谷粒长 9.6mm、宽 2.9mm，谷粒细长形，无芒，颖尖紫色，谷壳黑色，黑米。当地农户认为该品种米质优。

【利用价值】目前直接应用于生产，主要种植于山区水田，一般 6 月上旬播种，11 月上旬收获。可做水稻育种亲本。

2. 兴塘吨半

【采集地】广西南宁市上林县巷贤镇兴塘村。

【类型及分布】属于籼型粘稻，感温型品种。

【主要特征特性】在南宁种植，播始历期为68天，株高103.3cm，有效穗8个，穗长26.8cm，穗粒数251粒，结实率为93.6%，千粒重21.6g，谷粒长7.8mm、宽3.0mm，谷粒椭圆形，无芒，颖尖黄色，谷壳黄色，白米。

【利用价值】目前直接应用于生产，可做水稻育种亲本。

3. 97香

【采集地】广西南宁市上林县白圩镇蓬寨村。

【类型及分布】属于籼型粘稻，感温型品种。

【主要特征特性】在南宁种植，播始历期为68天，株高106.2cm，有效穗9个，穗长25.5cm，穗粒数284粒，结实率为84.6%，千粒重17.8g，谷粒长8.9mm、宽2.5mm，谷粒细长形，无芒，颖尖黄色，谷壳黄色，白米。

【利用价值】目前直接应用于生产，可做水稻育种亲本。

4. 广东青

【采集地】广西南宁市上林县白圩镇爱长村。

【类型及分布】属于籼型粘稻，感温型品种。

【主要特征特性】在南宁种植，播始历期为69天，株高109.6cm，有效穗7个，穗长23.4cm，穗粒数322粒，结实率为85.1%，千粒重17.9g，谷粒长8.9mm、宽2.4mm，谷粒细长形，无芒，颖尖黄色，谷壳黄色，白米。

【利用价值】目前直接应用于生产，可做水稻育种亲本。

5. 三水吨半

【采集地】广西南宁市上林县巷贤镇三水村。

【类型及分布】属于籼型粘稻，感温型品种。

【主要特征特性】在南宁种植，播始历期为68天，株高105.9cm，有效穗8个，穗长25.8cm，穗粒数257粒，结实率为92.9%，千粒重22.4g，谷粒长8.0mm、宽2.8mm，谷粒椭圆形，无芒，颖尖黄色，谷壳黄色，白米。

【利用价值】目前直接应用于生产，可做水稻育种亲本。

6. 高峰小水稻

【采集地】广西南宁市宾阳县露圩镇浪利村。

【类型及分布】属于籼型粘稻，感温型品种，当地种植少。

【主要特征特性】在南宁种植，播始历期为 74 天，株高 113.1cm，有效穗 8 个，穗长 27cm，穗粒数 266 粒，结实率为 84.2%，千粒重 20.9g，谷粒长 7.8mm、宽 2.9mm，谷粒椭圆形，无芒，颖尖黄色，谷壳黄色，白米。当地农户认为该品种抗病。

【利用价值】目前直接应用于生产，一般 3 月中旬播种，7 月上旬收获。农户自留种，自产自销。可做水稻育种亲本。

7. 黑米粘

【采集地】广西柳州市融水苗族自治县白云乡大湾村。

【类型及分布】属于籼型粘稻，感温型品种，当地种植少。

【主要特征特性】在南宁种植，播始历期为76天，株高109.9cm，有效穗8个，穗长23.5cm，穗粒数247粒，结实率为90.8%，千粒重20.0g，谷粒长8.2mm、宽2.9mm，谷粒椭圆形，无芒，颖尖黑褐色，谷壳褐色，黑米。当地农户认为该品种米质优。

【利用价值】目前直接应用于生产，一般5月上旬播种，10月上旬收获。可做水稻育种亲本。

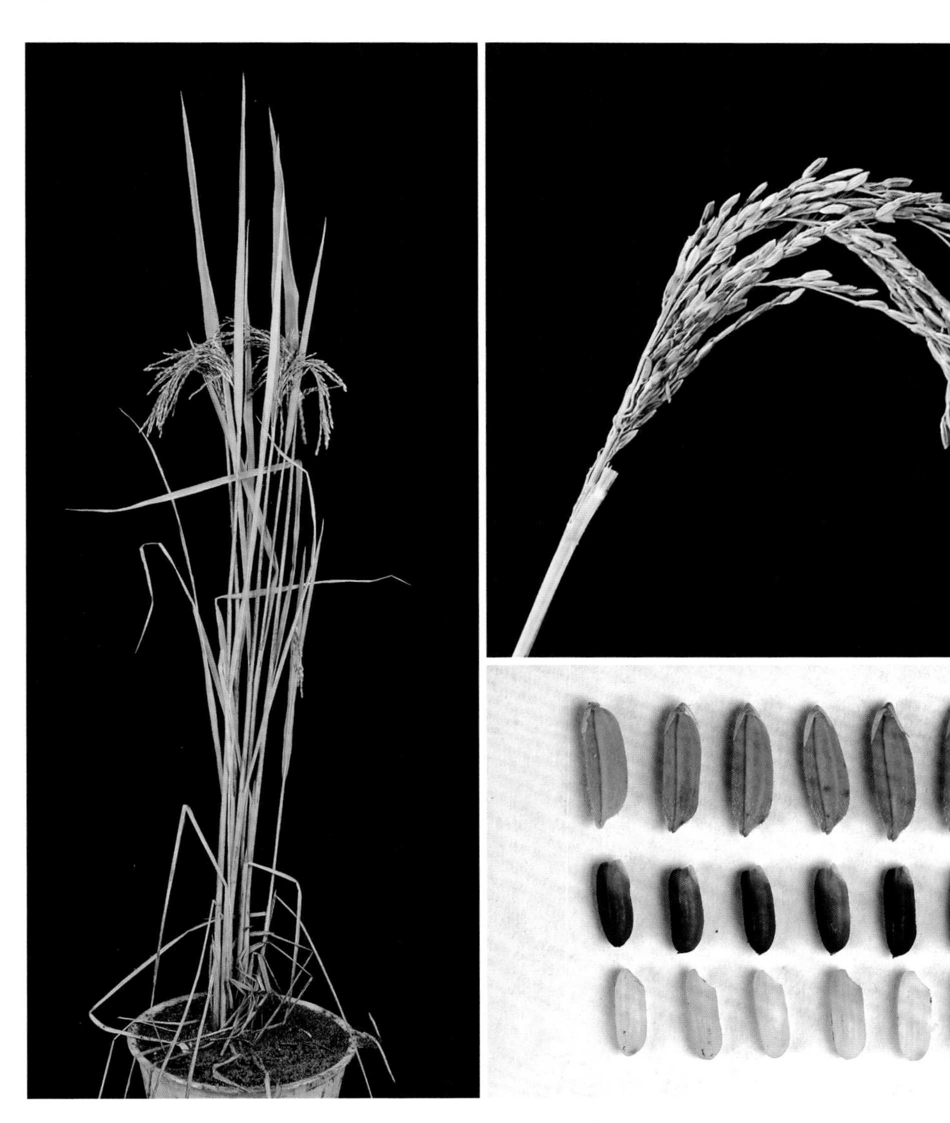

8. 大湾红米粘

【采集地】广西柳州市融水苗族自治县白云乡大湾村。

【类型及分布】属于籼型粘稻，感温型品种，现种植分布少。

【主要特征特性】在南宁种植，播始历期为70天，株高125.7cm，有效穗4个，穗长32.0cm，穗粒数273粒，结实率为90.2%，千粒重23.9g，谷粒长9.1mm、宽2.9mm，谷粒中长形，无芒，颖尖黄色，谷壳黄色，红米。当地农户认为该品种具有高产、抗病等特性。

【利用价值】目前直接应用于生产，一般4月中旬播种，9月上旬收获。可做水稻育种亲本。

9. 培秀稻

【采集地】广西柳州市融水苗族自治县安太乡培秀村。

【类型及分布】属于籼型粘稻，感温型品种。

【主要特征特性】在南宁种植，播始历期为73天，株高165.1cm，有效穗6个，穗长29.1cm，穗粒数177粒，结实率为86.0%，千粒重25.0g，谷粒长7.7mm、宽3.7mm，谷粒阔卵形，黄色长芒，颖尖黄色，谷壳黄色，白米。

【利用价值】目前直接应用于生产，可做水稻育种亲本。

10. 旱禾

【采集地】广西柳州市融水苗族自治县滚贝侗族乡同心村。

【类型及分布】属于籼型粘稻，感温型品种，陆稻。

【主要特征特性】在南宁种植，播始历期为79天，株高133.6cm，有效穗8个，穗长26.0cm，穗粒数91粒，结实率为84.3%，千粒重44.2g，谷粒长10.8mm、宽4.0mm，谷粒椭圆形，无芒，颖尖褐色，谷壳赤褐色，白米。

【利用价值】目前直接应用于生产，可做水稻育种亲本。

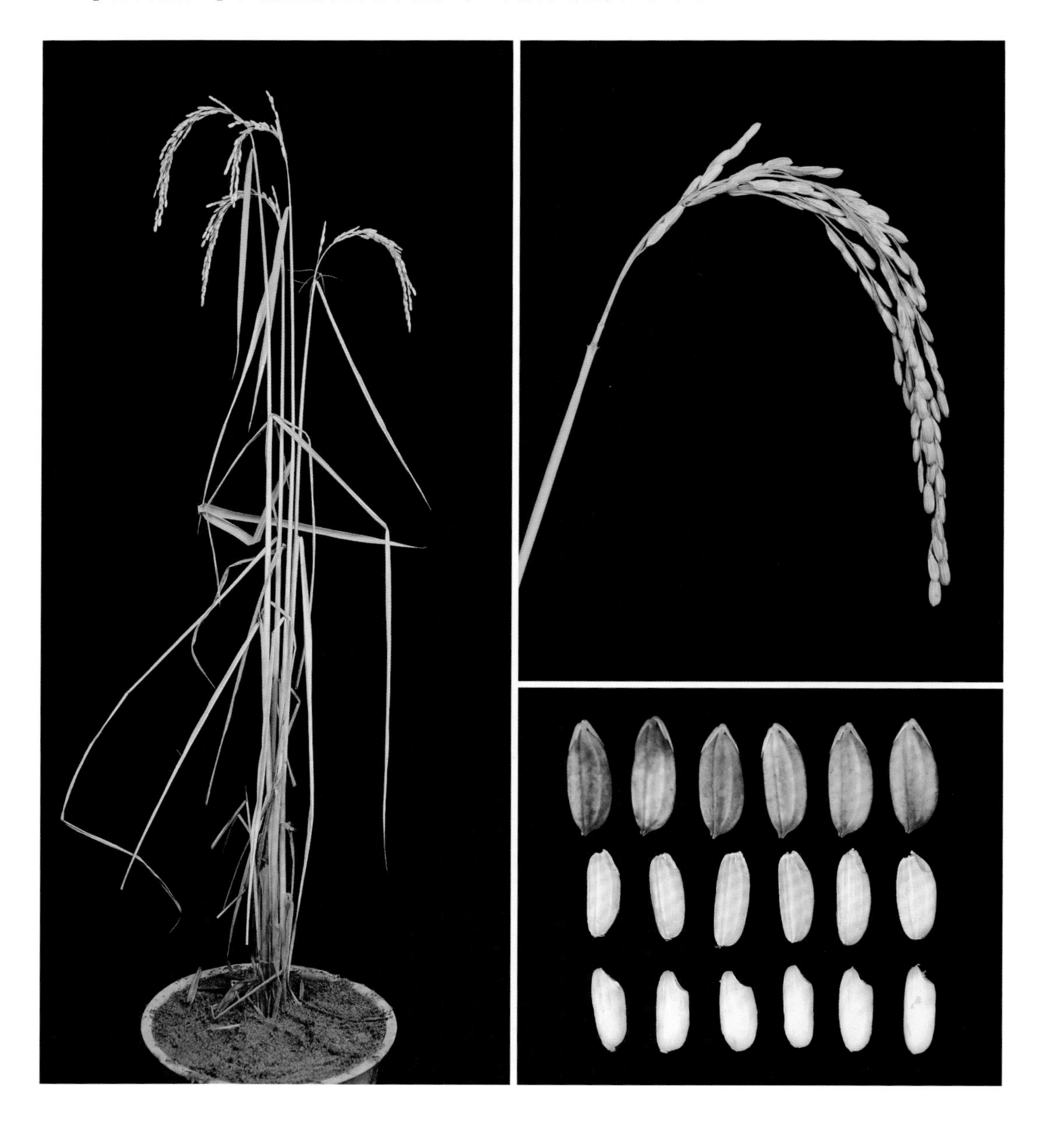

11. 红粘

【采集地】广西柳州市融水苗族自治县滚贝侗族乡同心村。

【类型及分布】属于籼型粘稻，感温型品种。

【主要特征特性】在南宁种植，播始历期为68天，株高131.1cm，有效穗9个，穗长28.5cm，穗粒数153粒，结实率为78.3%，千粒重22.2g，谷粒长7.8mm、宽3.5mm，谷粒椭圆形，褐色短芒，颖尖紫色，谷壳黄色，红米。

【利用价值】目前直接应用于生产，可做水稻育种亲本。

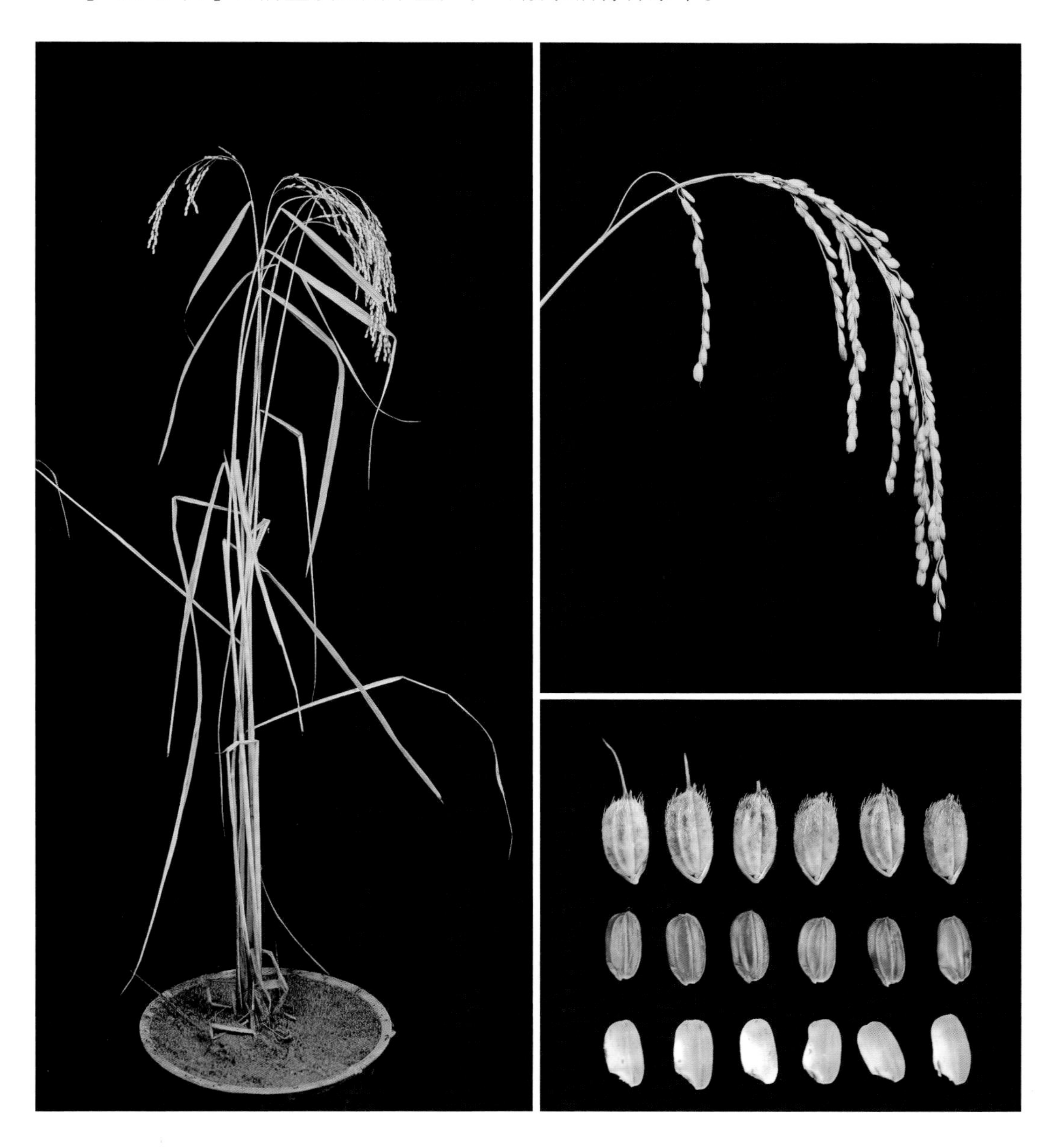

12. 同练红米

【采集地】广西柳州市融水苗族自治县同练瑶族乡同练村。

【类型及分布】属于籼型粘稻，感温型品种。

【主要特征特性】在南宁种植，播始历期为67天，株高157.2cm，有效穗10个，穗长28.8cm，穗粒数187粒，结实率为77.3%，千粒重23.9g，谷粒长8.0mm、宽3.7mm，谷粒阔卵形，褐色长芒，颖尖褐色，谷壳黄色，红米。

【利用价值】目前直接应用于生产，可做水稻育种亲本。

13. 红粘糯

【采集地】广西柳州市融水苗族自治县杆洞乡党鸠村。

【类型及分布】属于籼型粘稻，感温型品种。

【主要特征特性】在南宁种植，播始历期为54天，株高145.2cm，有效穗12个，穗长27.9cm，穗粒数148粒，结实率为92.7%，千粒重25.7g，谷粒长8.4mm、宽3.2mm，谷粒椭圆形，黄色短芒，颖尖黄色，谷壳黄色，红米。

【利用价值】目前直接应用于生产，可做水稻育种亲本。

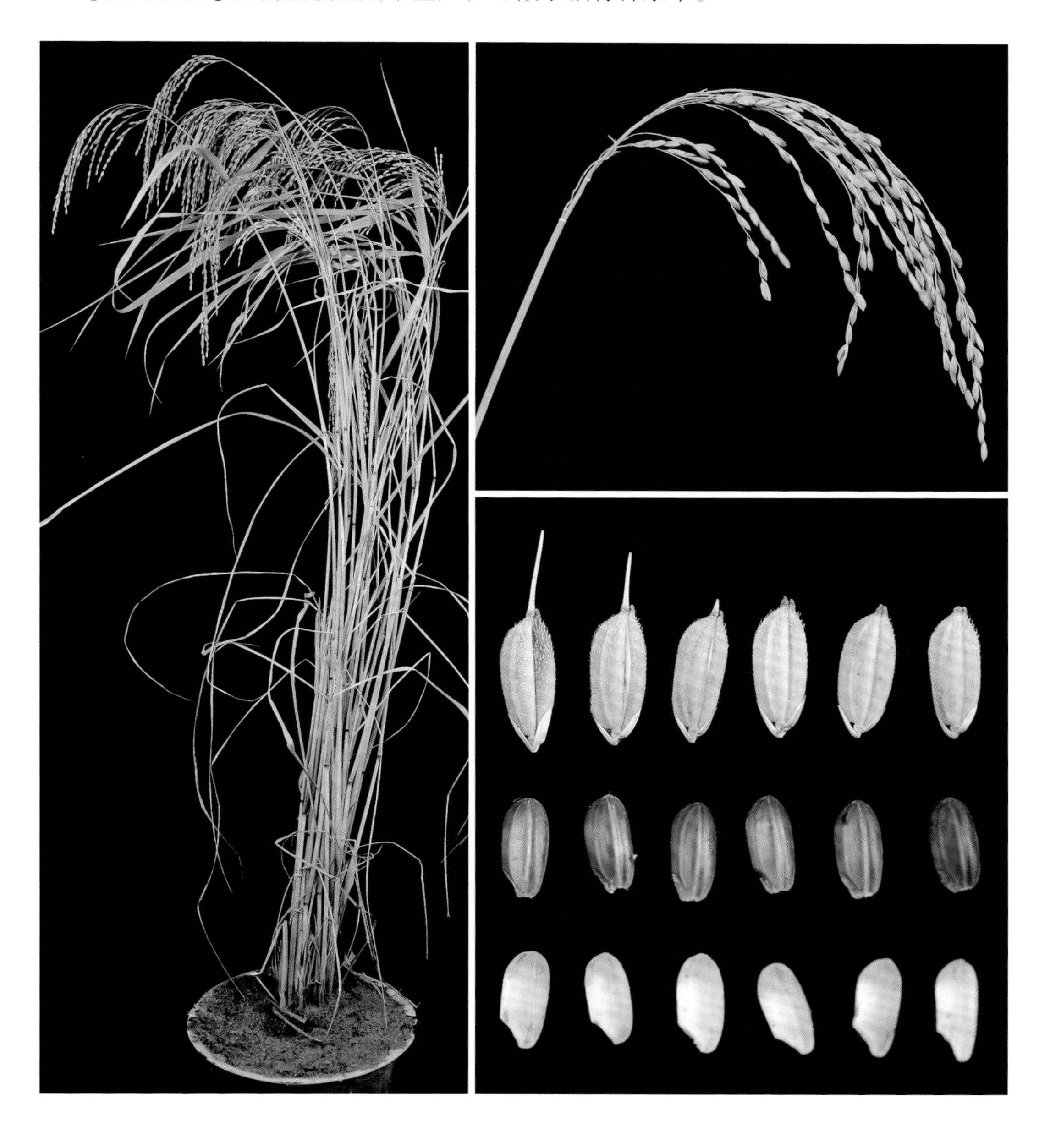

14. 小油米

【采集地】广西桂林市阳朔县福利镇垌心村。

【类型及分布】属于籼型粘稻，感温型品种。

【主要特征特性】在南宁种植，播始历期为70天，株高112.8cm，有效穗9个，穗长23.7cm，穗粒数304粒，结实率为88.8%，千粒重18.1g，谷粒长8.8mm、宽2.6mm，谷粒细长形，无芒，颖尖黄色，谷壳黄色，白米。

【利用价值】目前直接应用于生产，可做水稻育种亲本。

15. 道占米

【采集地】广西桂林市临桂区六塘镇道莲村。

【类型及分布】属于籼型粘稻，感温型品种，当地种植少。

【主要特征特性】在南宁种植，播始历期为 65 天，株高 113.0cm，有效穗 8 个，穗长 25.6cm，穗粒数 249 粒，结实率为 85.1%，千粒重 21.5g，谷粒长 9.2mm、谷粒宽 2.7mm，谷粒细长形，无芒，颖尖黄色，谷壳黄色，白米。当地农户认为该品种米质优。

【利用价值】目前直接应用于生产，农户自留种，一般 7 月上旬播种，10 月下旬收获。可做水稻育种亲本。

16. 楠木冷水麻

【采集地】广西桂林市临桂区宛田瑶族乡楠木村。

【类型及分布】属于籼型粘稻，感温型品种，当地种植少。

【主要特征特性】在南宁种植，播始历期为77天，株高146.8cm，有效穗13个，穗长25.3cm，穗粒数161粒，结实率为88.0%，千粒重22.4g，谷粒长7.0mm、宽2.4mm，谷粒阔卵形，无芒，颖尖黄色，谷壳褐色，红米。当地农户认为该品种耐寒，耐贫瘠。

【利用价值】目前直接应用于生产，农户自留种，一般6月下旬播种，10月中旬收获。可做水稻育种亲本。

17. 钩钩谷

【采集地】广西桂林市临桂区六塘镇侯庄村。

【类型及分布】属于籼型粘稻，感温型品种，现种植分布少。

【主要特征特性】在南宁种植，播始历期为 74 天，株高 113.2cm，有效穗 9 个，穗长 28.6cm，穗粒数 251 粒，结实率为 81.1%，千粒重 18.3g，谷粒长 11.0mm、宽 2.4mm，谷粒细长形，无芒，颖尖黄色，谷壳黄色，白米。当地农户认为该品种米质优。

【利用价值】目前直接应用于生产，一般 7 月上旬播种，10 月下旬收获。可做水稻育种亲本。

18. 青香

【采集地】广西桂林市临桂区六塘镇侯庄村。

【类型及分布】属于籼型粘稻，感温型品种，现种植分布少。

【主要特征特性】在南宁种植，播始历期为69天，株高99.0cm，有效穗11个，穗长25.8cm，穗粒数283粒，结实率为90.4%，千粒重17.6g，谷粒长9.2mm、宽2.4mm，谷粒细长形，无芒，颖尖黄色，谷壳黄色，白米。当地农户认为该品种米质优。

【利用价值】目前直接应用于生产，一般7月上旬播种，10月下旬收获。可做水稻育种亲本。

19. 九二四八

【采集地】广西桂林市临桂区会仙镇下会仙村。

【类型及分布】属于籼型粘稻，感温型品种，现种植分布少。

【主要特征特性】在南宁种植，播始历期为54天，株高89.5cm，有效穗12个，穗长23.6cm，穗粒数113粒，结实率为93.8%，千粒重25.9g，谷粒长10.3mm、宽2.8mm，谷粒细长形，无芒，颖尖黄色，谷壳黄色，白米。当地农户认为该品种抗病虫。

【利用价值】目前直接应用于生产，一般3月下旬播种，7月中旬收获。可做水稻育种亲本。

20. 稻叶占

【采集地】广西桂林市临桂区六塘镇岩岭村。

【类型及分布】属于籼型粘稻，感温型品种，现种植分布少。

【主要特征特性】在南宁种植，播始历期为 71 天，株高 105.7cm，有效穗 8 个，穗长 23.3cm，穗粒数 282 粒，结实率为 84.9%，千粒重 17.7g，谷粒长 8.6mm、宽 2.5mm，谷粒细长形，无芒，颖尖黄色，谷壳黄色，白米。当地农户认为该品种米质优。

【利用价值】目前直接应用于生产，一般 6 月下旬播种，10 月中旬收获。可做水稻育种亲本。

21. 桂早

【采集地】广西桂林市临桂区六塘镇东沙街村。

【类型及分布】属于籼型粘稻，感温型品种，当地分布少，已较少种植。

【主要特征特性】在南宁种植，播始历期为 71 天，株高 106.9cm，有效穗 12 个，穗长 23.2cm，穗粒数 281 粒，结实率为 85.3%，千粒重 18.1g，谷粒长 8.3mm、宽 2.4mm，谷粒细长形，无芒，颖尖黄色，谷壳黄色，白米。当地农户认为该品种米质优。

【利用价值】目前直接应用于生产，一般 4 月上旬播种，7 月下旬收获。农户自留种。可做水稻育种亲本。

22. 红米谷

【采集地】广西桂林市平乐县同安镇屯塘村。

【类型及分布】属于籼型粘稻，感温型品种。

【主要特征特性】在南宁种植，播始历期为68天，株高126cm，有效穗7个，穗长30.8cm，穗粒数152粒，结实率为93.9%，千粒重25.7g，谷粒长9.6mm、宽2.8mm，谷粒细长形，无芒，颖尖黄色，谷壳黄色，红米。

【利用价值】目前直接应用于生产，可做水稻育种亲本。

23. 棉稻

【采集地】广西百色市田东县义圩镇朔晚村。

【类型及分布】属于籼型粘稻，感光型品种，当地单季种植，现种植分布少。

【主要特征特性】在南宁种植，播始历期为79天，株高177.3cm，有效穗7个，穗长30.6cm，穗粒数223粒，结实率为85.4%，千粒重31.3g，谷粒长7.7mm、宽3.8mm，谷粒阔卵形，黄色长芒，颖尖黄色，谷壳黄色，红米。当地农户认为该品种米质优。

【利用价值】目前直接应用于生产，农户自留种，可做水稻育种亲本。

24. 那佐红谷

【采集地】广西百色市西林县那佐苗族乡那佐村。

【类型及分布】属于籼型粘稻，感温型品种。

【主要特征特性】在南宁种植，播始历期为71天，株高130.8cm，有效穗7个，穗长31.8cm，穗粒数282粒，结实率为87.4%，千粒重23.3g，谷粒长8.9mm、宽2.8mm，谷粒中长形，无芒，颖尖黄色，谷壳黄色，红米。

【利用价值】目前直接应用于生产，可做水稻育种亲本。

25. 红粘旱谷

【采集地】广西百色市隆林各族自治县沙梨乡岩偿村。

【类型及分布】属于籼型粘稻，感温型品种，当地仅发现一户农户种植，可在山坡、旱地种植。

【主要特征特性】在南宁种植，播始历期为 71 天，株高 124.0cm，有效穗 5 个，穗长 31.4cm，穗粒数 291 粒，结实率为 87.1%，千粒重 23.9g，谷粒长 8.1mm、宽 2.8mm，谷粒椭圆形，无芒，颖尖黄色，谷壳黄色，红米。当地农户认为该品种米质优，抗旱，广适，耐寒，耐贫瘠。

【利用价值】目前直接应用于生产，一般 4 月上旬播种，10 月上旬收获。可做水稻育种亲本。

26. 坝平红粘米

【采集地】广西百色市隆林各族自治县沙梨乡坝平村。

【类型及分布】属于籼型粘稻，感温型品种，当地仅极少农户种植。

【主要特征特性】在南宁种植，播始历期为 68 天，株高 130.4cm，有效穗 9 个，穗长 33.6cm，穗粒数 346 粒，结实率为 90.2%，千粒重 24.2g，谷粒长 8.9mm、宽 2.9mm，谷粒中长形，无芒，颖尖黄色，谷壳黄色，红米。当地农户认为该品种抗病，广适。

【利用价值】目前直接应用于生产，一般 5 月上旬播种，9 月中旬收获。农户自留种。可做水稻育种亲本。

27. 马卡芒谷

【采集地】广西百色市隆林各族自治县隆或镇马卡村。

【类型及分布】属于籼型粘稻，感光型品种，现种植分布少。

【主要特征特性】在南宁种植，播始历期为75天，株高170.9cm，有效穗9个，穗长27.6cm，穗粒数211粒，结实率为86.0%，千粒重26.4g，谷粒长8.6mm、宽3.0mm，谷粒椭圆形，黄色短芒，颖尖黄色，谷壳黄色，白米。当地农户认为该品种米质优，抗病，耐寒。

【利用价值】目前直接应用于生产，农户自留种，可做水稻育种亲本。

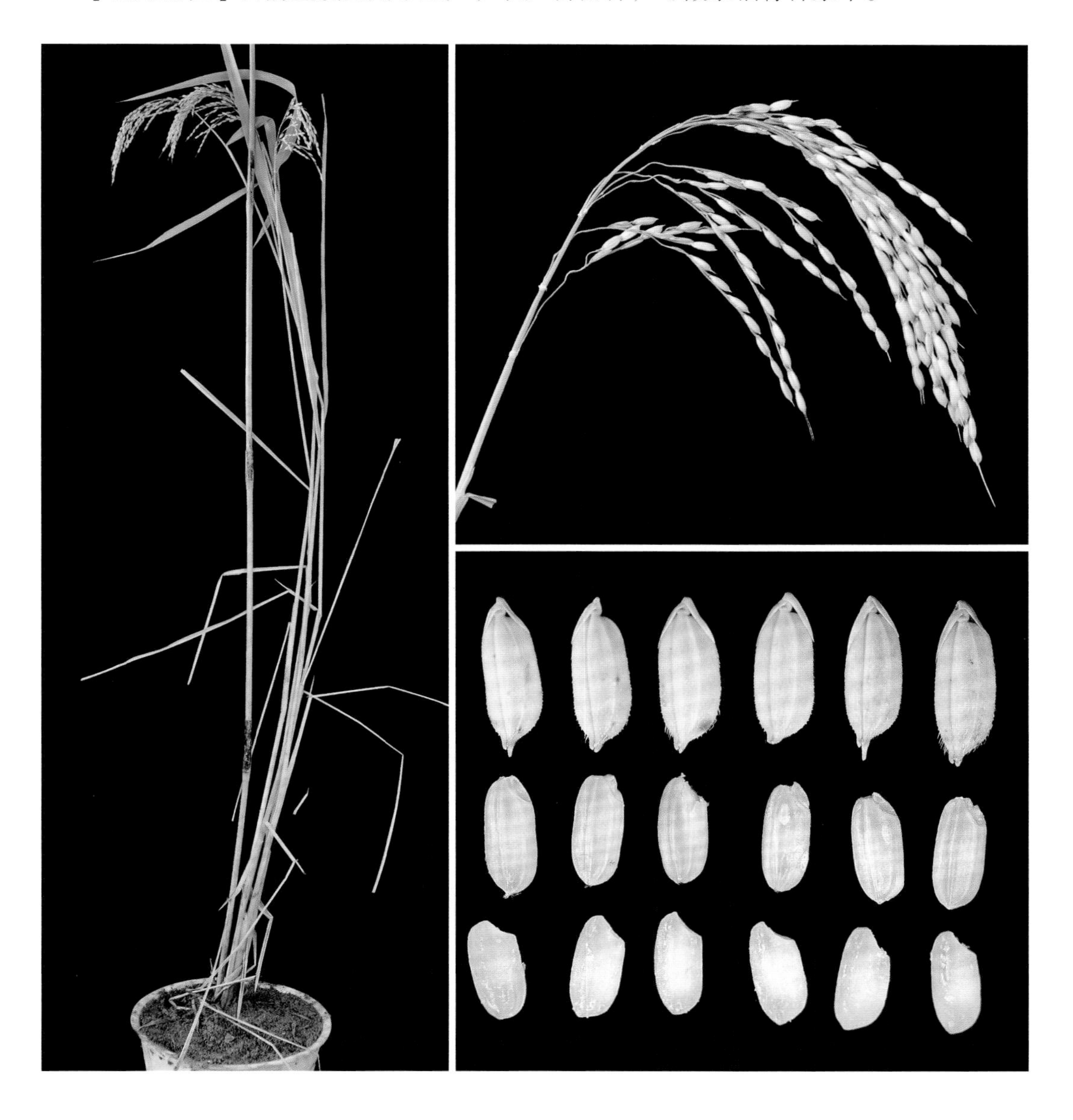

28. 红米打谷大禾

【采集地】广西贺州市富川瑶族自治县葛坡镇木楼湾村。

【类型及分布】属于籼型粘稻，感光型品种，现种植分布少。

【主要特征特性】在南宁种植，播始历期为76天，株高136.6cm，有效穗9个，穗长22.5cm，穗粒数184粒，结实率为90.5%，千粒重28.1g，谷粒长7.2mm、宽3.9mm，谷粒阔卵形，黄色短芒，颖尖黄色，谷壳黄色，红米。当地农户认为该品种高产，米质优，耐寒，耐热，耐涝。

【利用价值】目前直接应用于生产，一般4月上旬播种，10月上旬收获。农户自留种，自产自销。可做水稻育种亲本。

29. 白壳红米

【采集地】广西河池市巴马瑶族自治县燕洞乡燕洞村。

【类型及分布】属于籼型粘稻，感温型品种，现种植分布少。

【主要特征特性】在南宁种植，播始历期为76天，株高107.7cm，有效穗10个，穗长27.7cm，穗粒数205粒，结实率为80.9%，千粒重23.3g，谷粒长8.3mm、宽3.1mm，谷粒椭圆形，无芒，颖尖黄色，谷壳黄色，红米。当地农户认为该品种易落粒，米质优，抗病虫。

【利用价值】目前直接应用于生产，一般3月中旬播种，7月中旬收获。可做水稻育种亲本。

30. 花壳谷

【采集地】广西贵港市平南县东华乡新田村。

【类型及分布】属于籼型粘稻，感温型品种，现种植分布少。

【主要特征特性】在南宁种植，播始历期为70天，株高108.1cm，有效穗10个，穗长24.2cm，穗粒数161粒，结实率为68.4%，千粒重23.7g，谷粒长7.9mm、宽2.7mm，谷粒椭圆形，无芒，颖尖黄色，谷壳褐色，白米。当地农户认为该品种米质优。

【利用价值】目前直接应用于生产，一般7月中旬播种，11月下旬收获。可做水稻育种亲本。

31. 白谷

【采集地】广西贵港市平南县丹竹镇赤马村。

【类型及分布】属于籼型粘稻，感温型品种，现种植分布少。

【主要特征特性】在南宁种植，播始历期为 74 天，株高 117.0cm，有效穗 9 个，穗长 25.8cm，穗粒数 239 粒，结实率为 91.9%，千粒重 20.0g，谷粒长 8.1mm、宽 2.7mm，谷粒椭圆形，无芒，颖尖黄色，谷壳黄色，白米。当地农户认为该品种抗病。

【利用价值】目前直接应用于生产，可做水稻育种亲本。

32. 纳塘粘稻

【采集地】广西河池市南丹县月里镇纳塘村。

【类型及分布】属于籼型粘稻，感光型品种。

【主要特征特性】在南宁种植，播始历期为80天，株高129.0cm，有效穗9个，穗长24.4cm，穗粒数228粒，结实率为84.1%，千粒重21.4g，谷粒长7.5mm、宽3.1mm，谷粒中长形，无芒，颖尖黄色，谷壳黄色，白米。

【利用价值】目前直接应用于生产，可做水稻育种亲本。

33. 棉米

【采集地】广西百色市靖西市武平镇渠来村。

【类型及分布】属于籼型粘稻，感温型品种，现种植分布少，可在山地种植。

【主要特征特性】在南宁种植，播始历期为77天，株高108.0cm，有效穗9个，穗长24.8cm，穗粒数147粒，结实率为93.9%，千粒重28.0g，谷粒长8.8mm、宽3.2mm，谷粒椭圆形，无芒，颖尖黄色，谷壳黄色，白米。当地农户认为该品种米质优，抗病。

【利用价值】目前直接应用于生产，一般6月上旬播种，10月上旬收获。可做水稻育种亲本。

34. 暖和香籼

【采集地】广西河池市环江毛南族自治县大才乡暖和村。

【类型及分布】属于籼型粘稻，感温型品种。

【主要特征特性】在南宁种植，播始历期为66天，株高116.0cm，有效穗9个，穗长27.6cm，穗粒数160粒，结实率为96.1%，千粒重31.3g，谷粒长10.9mm、宽2.9mm，谷粒细长形，无芒，颖尖黄色，谷壳黄色，白米。

【利用价值】目前直接应用于生产，可做水稻育种亲本。

35. 石贵黑米

【采集地】广西来宾市象州县象州镇石贵村。

【类型及分布】属于籼型粘稻，感温型品种。

【主要特征特性】在南宁种植，播始历期为72天，株高112.2cm，有效穗10个，穗长24.8cm，穗粒数233粒，结实率为83.6%，千粒重20.2g，谷粒长9.4mm、宽2.8mm，谷粒细长形，无芒，颖尖褐色，谷壳褐色，黑米。

【利用价值】目前直接应用于生产，可做水稻育种亲本。

36. 沐恩红米

【采集地】广西来宾市象州县象州镇沐恩村。

【类型及分布】属于籼型粘稻，感温型品种。

【主要特征特性】在南宁种植，播始历期为71天，株高130.4cm，有效穗8个，穗长30.9cm，穗粒数223粒，结实率为94.1%，千粒重22.2g，谷粒长9.5mm、宽2.4mm，谷粒细长形，无芒，颖尖黄色，谷壳黄色，红米。

【利用价值】目前直接应用于生产，可做水稻育种亲本。

37. 油花粘

【采集地】广西来宾市武宣县禄新乡大荣村。

【类型及分布】属于籼型粘稻，感温型品种。

【主要特征特性】在南宁种植，播始历期为 69 天，株高 105.9cm，有效穗 9 个，穗长 26.2cm，穗粒数 176 粒，结实率为 82.7%，千粒重 21.0g，谷粒长 8.5mm、宽 2.5mm，谷粒细长形，无芒，颖尖黄色，谷壳黄色，白米。

【利用价值】目前直接应用于生产，可做水稻育种亲本。

38. 油粘米

【采集地】广西来宾市武宣县禄新乡大荣村。

【类型及分布】属于籼型粘稻，感温型品种。

【主要特征特性】在南宁种植，播始历期为70天，株高104.4cm，有效穗9个，穗长24.0cm，穗粒数321粒，结实率为83.5%，千粒重17.1g，谷粒长8.6mm、宽2.4mm，谷粒细长形，无芒，颖尖黄色，谷壳黄色，白米。

【利用价值】目前直接应用于生产，可做水稻育种亲本。

39. 硬香

【采集地】广西来宾市武宣县三里镇五福村。

【类型及分布】属于籼型粘稻，感温型品种。

【主要特征特性】在南宁种植，播始历期为 70 天，株高 97.0cm，有效穗 11 个，穗长 23.9cm，穗粒数 222 粒，结实率为 82.5%，千粒重 20.6g，谷粒长 7.7mm、宽 2.9mm，谷粒中长形，无芒，颖尖黄色，谷壳黄色，白米。

【利用价值】目前直接应用于生产，可做水稻育种亲本。

40. 槟榔香

【采集地】广西来宾市武宣县金鸡乡仁元村。

【类型及分布】属于籼型粘稻，感温型品种。

【主要特征特性】在南宁种植，播始历期为74天，株高123.8cm，有效穗8个，穗长27.2cm，穗粒数274粒，结实率为91.7%，千粒重18.5g，谷粒长8.9mm、宽2.5mm，谷粒细长形，无芒，颖尖黄色，谷壳褐色，白米。

【利用价值】目前直接应用于生产，可做水稻育种亲本。

41. 土黑米

【采集地】广西来宾市武宣县金鸡乡仁元村。

【类型及分布】属于籼型粘稻，感温型品种。

【主要特征特性】在南宁种植，播始历期为74天，株高118.9cm，有效穗9个，穗长26.3cm，穗粒数247粒，结实率为85.7%，千粒重21.5g，谷粒长9.4mm、宽2.8mm，谷粒细长形，无芒，颖尖褐色，谷壳紫黑色，黑米。

【利用价值】目前直接应用于生产，可做水稻育种亲本。

42. 陆粘稻

【采集地】广西来宾市金秀瑶族自治县三江乡石砍门村。

【类型及分布】属于籼型粘稻，感温型品种，陆稻，当地单季种植，现种植分布少，可在山地种植。

【主要特征特性】在南宁种植，播始历期为64天，株高121.9cm，有效穗7个，穗长28.7cm，穗粒数143粒，结实率为80.0%，千粒重28.1g，谷粒长8.6mm、宽3.7mm，谷粒椭圆形，黄色短芒，颖尖黄色，谷壳黄色，红米。当地农户认为该品种米质优。

【利用价值】目前直接应用于生产，可做水稻育种亲本。

43. 板凳粘稻

【采集地】广西来宾市金秀瑶族自治县三江乡。

【类型及分布】属于籼型粘稻，感温型品种，现种植分布少，可在山地种植。

【主要特征特性】在南宁种植，播始历期为73天，株高116.6cm，有效穗7个，穗长27.3cm，穗粒数223粒，结实率为92.5%，千粒重24.8g，谷粒长8.9mm、宽2.5mm，谷粒细长形，无芒，颖尖黄色，谷壳黄色，红米。当地农户认为该品种米质优。

【利用价值】目前直接应用于生产，一般4月上旬播种，8月上旬收获。可做水稻育种亲本。

44. 琼伍稻

【采集地】广西来宾市金秀瑶族自治县罗香乡琼伍村。

【类型及分布】属于籼型粘稻，感温型品种，现种植分布少，可在山地种植。

【主要特征特性】在南宁种植，播始历期为71天，株高110.7cm，有效穗10个，穗长27.9cm，穗粒数272粒，结实率为88.6%，千粒重19.2g，谷粒长9.8mm、宽2.4mm，谷粒细长形，无芒，颖尖黄色，谷壳黄色，白米。当地农户认为该品种米质优。

【利用价值】目前直接应用于生产，一般3月下旬播种，7月下旬收获。可做水稻育种亲本。

45. 甘林稻

【采集地】广西来宾市合山市河里镇甘林村。

【类型及分布】属于籼型粘稻，感温型品种。

【主要特征特性】在南宁种植，播始历期为69天，株高114.8cm，有效穗7个，穗长26.8cm，穗粒数328粒，结实率为92.0%，千粒重19.6g，谷粒长9.0mm、宽2.5mm，谷粒细长形，无芒，颖尖黄色，谷壳黄色，白米。

【利用价值】目前直接应用于生产，可做水稻育种亲本。

46. 镇石稻

【采集地】广西来宾市合山市岭南镇石村。

【类型及分布】属于籼型粘稻，感温型品种。

【主要特征特性】在南宁种植，播始历期为69天，株高110.9cm，有效穗7个，穗长25.6cm，穗粒数280粒，结实率为91.3%，千粒重18.4g，谷粒长8.7mm、宽2.5mm，谷粒细长形，无芒，颖尖黄色，谷壳黄色，白米。

【利用价值】目前直接应用于生产，可做水稻育种亲本。

47. 老油粘

【采集地】广西来宾市忻城县城关镇尚宁村。

【类型及分布】属于籼型粘稻，感温型品种，现种植分布少。

【主要特征特性】在南宁种植，播始历期为70天，株高102.8cm，有效穗9个，穗长28.3cm，穗粒数261粒，结实率为87.7%，千粒重19.7g，谷粒长8.8mm、宽2.7mm，谷粒中长形，黄色短芒，颖尖黄色，谷壳黄色，白米。当地农户认为该品种米质优。

【利用价值】目前直接应用于生产，一般7月下旬播种，11月中旬收获。可做水稻育种亲本。

48. 宜山粘

【采集地】广西河池市宜州区安马乡木寨村。

【类型及分布】属于籼型粘稻，感温型品种，现种植分布广。

【主要特征特性】在南宁种植，播始历期为 68 天，株高 118.1cm，有效穗 7 个，穗长 26.4cm，穗粒数 314 粒，结实率为 90.7%，千粒重 20.0g，谷粒长 9.0mm、宽 2.5mm，谷粒细长形，无芒，颖尖黄色，谷壳黄色，白米。当地农户认为该品种具有高产、米质优等特性。

【利用价值】目前直接应用于生产，一般 7 月中旬播种，11 月上旬收获。可做水稻育种亲本。

49. 留老根

【采集地】广西河池市宜州区庆远镇洛岩村。

【类型及分布】属于籼型粘稻，感温型品种，当地单季种植，种植分布广。

【主要特征特性】在南宁种植，播始历期为70天，株高117.4cm，有效穗8个，穗长26.0cm，穗粒数304粒，结实率为90.0%，千粒重19.6g，谷粒长8.8mm、宽2.6mm，谷粒细长形，黄色短芒，颖尖黄色，谷壳黄色，白米。当地农户认为该品种具有高产、米质优等特性。

【利用价值】目前直接应用于生产，可做水稻育种亲本。

50. 香粘谷

【采集地】广西河池市宜州区安马乡木寨村。

【类型及分布】属于籼型粘稻，感温型品种，当地单季种植，种植分布广。

【主要特征特性】在南宁种植，播始历期为73天，株高103.2cm，有效穗11个，穗长26.1cm，穗粒数243粒，结实率为85.5%，千粒重18.1g，谷粒长9.3mm、宽2.4mm，谷粒细长形，无芒，颖尖黄色，谷壳黄色，白米。当地农户认为该品种高产，米质优，广适。

【利用价值】目前直接应用于生产，可做水稻育种亲本。

51. 广州妹

【采集地】广西玉林市博白县博白镇柯木村。

【类型及分布】属于籼型粘稻，感温型品种，现仅几户农户种植。

【主要特征特性】在南宁种植，播始历期为69天，株高118.3cm，有效穗9个，穗长26.8cm，穗粒数310粒，结实率为74.7%，千粒重20.6g，谷粒长7.8mm、宽3.0mm，谷粒椭圆形，无芒，颖尖黄色，谷壳黄色，白米。当地农户认为该品种米饭硬，少作主食。

【利用价值】目前直接应用于生产，当地已种植近10年。主要用于制作米粉，也用作饲用原料，可做水稻育种亲本。

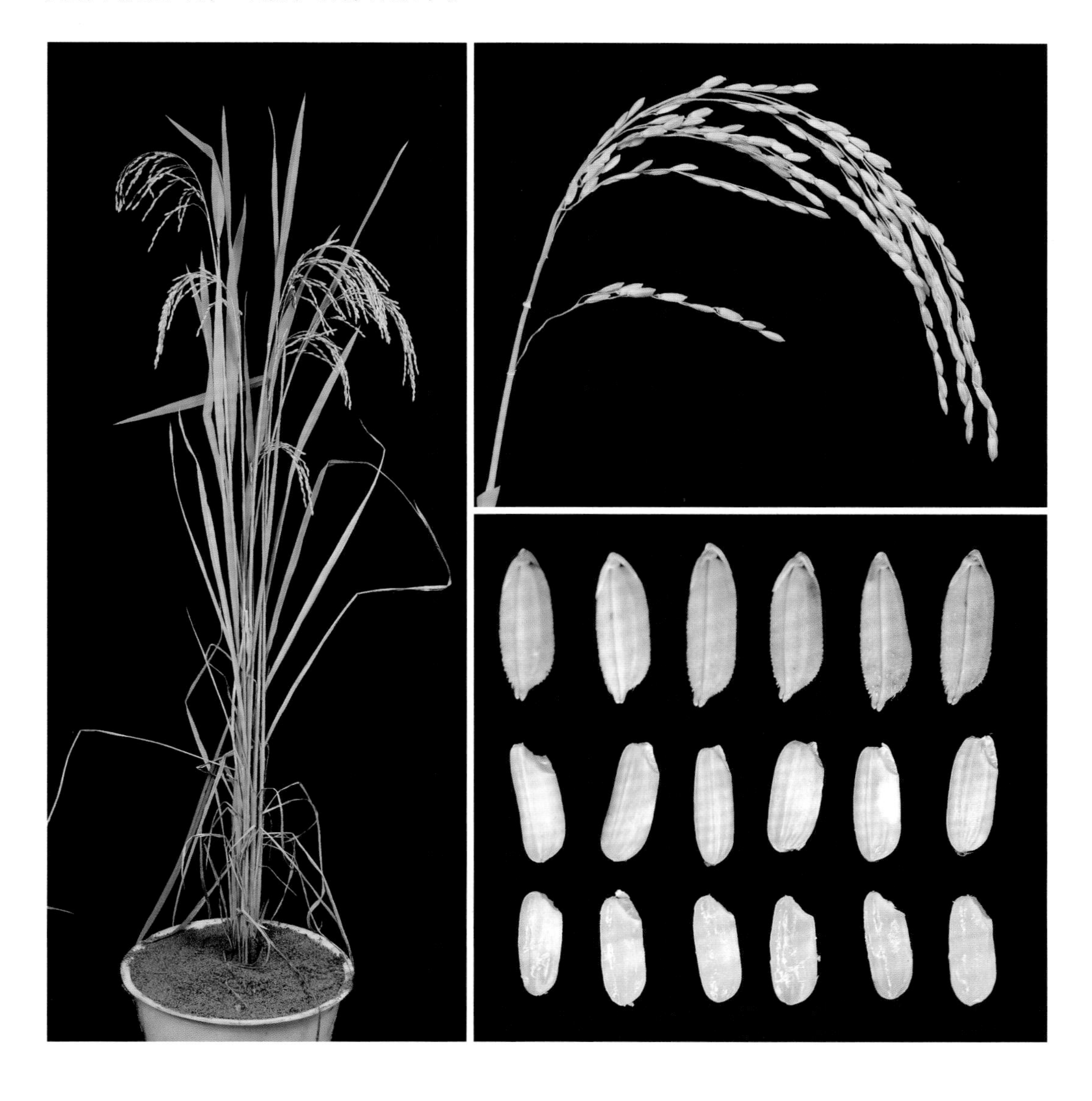

52. 大粒谷

【采集地】广西玉林市博白县博白镇柯木村。

【类型及分布】属于籼型粘稻，感温型品种，现有几十户农户种植。

【主要特征特性】在南宁种植，播始历期为68天，株高114.5cm，有效穗8个，穗长25.3cm，穗粒数272粒，结实率为86.9%，千粒重24.1g，谷粒长8.0mm、宽3.1mm，谷粒椭圆形，无芒，颖尖黄色，谷壳黄色，白米，产量约为5250kg/hm^2。当地农户认为该品种产量高，抗病，抗倒伏；米饭适口性差、饭粗不软，粥清水。

【利用价值】目前直接应用于生产，当地已种植约20年。农户自留种，稻谷常出售。主要用于制作米粉，可做水稻育种亲本。

53. 包胎红

【采集地】广西崇左市凭祥市上石镇练江村。

【类型及分布】属于籼型粘稻，感光型品种，现种植面积约为2hm^2。

【主要特征特性】在南宁种植，播始历期为79天，株高135.5cm，有效穗10个，穗长24.5cm，穗粒数189粒，结实率为89.1%，千粒重24.8g，谷粒长7.5mm、宽3.3mm，谷粒椭圆形，无芒，颖尖黄色，谷壳褐色，白米。当地农户认为该品种抗病，口感好。

【利用价值】目前直接应用于生产，当地已种植30年以上。农户自留种，自产自销。可做水稻育种亲本。

54. 小粒稻

【采集地】广西崇左市凭祥市上石镇浦东村。

【类型及分布】属于籼型粘稻，感温型品种，从越南引进品种，现约有十户农户种植，面积约为1hm^2。

【主要特征特性】在南宁种植，播始历期为72天，株高110.9cm，有效穗8个，穗长26.2cm，穗粒数269粒，结实率为89.6%，千粒重19.3g，谷粒长8.9mm、宽2.6mm，谷粒细长形，无芒，颖尖黄色，谷壳黄色，白米。当地农户认为该品种高产，产量约为6750kg/hm^2。当地农户认为该品种米饭口感好，米质比当地杂交稻好。

【利用价值】目前直接应用于生产，当地已种植6～7年。农户自留种，自产自销。可做水稻育种亲本。

55. 晚粘稻

【采集地】广西崇左市凭祥市夏石镇白马村。

【类型及分布】属于籼型粘稻，感光型品种。

【主要特征特性】在南宁种植，播始历期为78天，株高131.7cm，有效穗9个，穗长23.0cm，穗粒数188粒，结实率为88.3%，千粒重22.8g，谷粒长7.5mm、宽3.2mm，谷粒椭圆形，无芒，颖尖黄色，谷壳褐色，白米。

【利用价值】目前直接应用于生产，可做水稻育种亲本。

56. 中南籼稻

【采集地】广西桂林市灵川县公平乡中南村。

【类型及分布】属于籼型粘稻，感温型品种。

【主要特征特性】在南宁种植，播始历期为71天，株高105.8cm，有效穗9个，穗长24.5cm，穗粒数271粒，结实率为91.9%，千粒重18.5g，谷粒长8.5mm、宽2.6mm，谷粒中长形，黄色短芒，颖尖黄色，谷壳黄色，白米。

【利用价值】目前直接应用于生产，可做水稻育种亲本。

57. 公正花壳谷

【采集地】广西防城港市上思县公正乡公正村。

【类型及分布】属于籼型粘稻，感光型品种。

【主要特征特性】在南宁种植，播始历期为83天，株高136.3cm，有效穗8个，穗长25.4cm，穗粒数181粒，结实率为88.2%，千粒重22.4g，谷粒长7.4mm、宽3.2mm，谷粒椭圆形，无芒，颖尖褐色，谷壳褐色，白米。

【利用价值】目前直接应用于生产，可做水稻育种亲本。

58. 龙楼花壳谷

【采集地】广西防城港市上思县那琴乡龙楼村。

【类型及分布】属于籼型粘稻，感光型品种。

【主要特征特性】在南宁种植，播始历期为81天，株高138.1cm，有效穗9个，穗长25.2cm，穗粒数200粒，结实率为89.6%，千粒重23.0g，谷粒长7.3mm、宽3.1mm，谷粒椭圆形，无芒，颖尖褐色，谷壳褐色，白米。当地农户认为该品种易感病。

【利用价值】目前直接应用于生产，农户自留种、自产自销，可做水稻育种亲本。

59. 板定稻

【采集地】广西河池市都安瑶族自治县百旺镇板定村。

【类型及分布】属于籼型粘稻，感温型品种。现仅少数几户农户种植，面积约为 $0.5hm^2$。

【主要特征特性】在南宁种植，播始历期为69天，株高116.6cm，有效穗7个，穗长25.7cm，穗粒数316粒，结实率为88.8%，千粒重20.1g，谷粒长9.0mm、宽2.6mm，谷粒细长形，无芒，颖尖黄色，谷壳黄色，白米。当地农户认为该品种中抗病虫、米质优，早造米比晚造米口感好，晚造米较硬，冷后更硬。

【利用价值】目前直接应用于生产，当地已种植约10年。农户自留种，自产自销。可做水稻育种亲本。

60. 上隆黑米

【采集地】广西百色市那坡县百南乡上隆村。

【类型及分布】属于籼型粘稻，感温型品种，农户从广西象州县引进品种，种植六七年，面积约为 2hm^2。

【主要特征特性】在南宁种植，播始历期为 58 天，株高 95.4cm，有效穗 11 个，穗长 24.3cm，穗粒数 132 粒，结实率为 89.2%，千粒重 21.1g，谷粒长 9.8mm、宽 2.6mm，谷粒细长形，褐色短芒，颖尖紫色，谷壳褐色，黑米。该品种口感新鲜细腻，产量约为 3000kg/hm^2。当地农户认为该品种中抗病虫，米质优，食味佳。

【利用价值】目前直接应用于生产，一般 6 月播种，9 月收获。农户自产自用，少量出售。可做水稻育种亲本。

61. 上隆红米

【采集地】广西百色市那坡县百南乡上隆村。

【类型及分布】属于籼型粘稻，感温型品种，从广西象州县引进品种，已种植六七年，面积约为 $2hm^2$。

【主要特征特性】在南宁种植，播始历期为 72 天，株高 128.7cm，有效穗 8 个，穗长 29.7cm，穗粒数 204 粒，结实率为 96.1%，千粒重 24.1g，谷粒长 10.4mm、宽 3.0mm，谷粒细长形，无芒，颖尖黄色，谷壳褐色，红米，产量约为 $6750kg/hm^2$。当地农户认为该品种产量高，食味品质佳，中抗病虫。

【利用价值】目前直接应用于生产，一般 6 月播种，10 月收获。农户自产自用，少量出售。可做水稻育种亲本。

62. 910

【采集地】广西百色市那坡县百南乡上隆村。

【类型及分布】属于籼型粘稻，感温型品种，种植面积约为 $0.6hm^2$。

【主要特征特性】在南宁种植，播始历期为 74 天，株高 138.3cm，有效穗 8 个，穗长 32.4cm，穗粒数 244 粒，结实率为 93.0%，千粒重 27.0g，谷粒长 9.5mm、宽 2.9mm，谷粒中长形，无芒，颖尖黄色，谷壳黄色，白米，产量约为 $4500kg/hm^2$。当地农户认为该品种分蘖力强，米质优，中抗病虫。

【利用价值】目前直接应用于生产，当地已种植约 50 年。农户自留种，自产自用或出售。主要用作生榨米粉的原料，可做水稻育种亲本。

63. 恒星水稻

【采集地】 广西钦州市灵山县烟墩镇邓塘村。

【类型及分布】 属于籼型粘稻，感光型品种。

【主要特征特性】 在南宁种植，播始历期为 85 天，株高 106.6cm，有效穗 9 个，穗长 24.3cm，穗粒数 251 粒，结实率为 73.2%，千粒重 22.8g，谷粒长 7.1mm、宽 3.2mm，谷粒椭圆形，无芒，颖尖黄色，谷壳褐色，白米。

【利用价值】 目前直接应用于生产，可做水稻育种亲本。

64. 黑谷

【采集地】广西南宁市横县马山镇公平村。

【类型及分布】属于籼型粘稻，感温型品种。

【主要特征特性】在南宁种植，播始历期为72天，株高109.8cm，有效穗10个，穗长24.7cm，穗粒数193粒，结实率为86.5%，千粒重20.2g，谷粒长9.2mm、宽2.6mm，谷粒细长形，无芒，颖尖褐色，谷壳紫黑色，黑米。

【利用价值】目前直接应用于生产，可做水稻育种亲本。

65. 白米

【采集地】广西柳州市柳江区。

【类型及分布】属于籼型粘稻，感温型品种。

【主要特征特性】在南宁种植，播始历期为67天，株高110.6cm，有效穗10个，穗长25.5cm，穗粒数297粒，结实率为94.6%，千粒重19.4g，谷粒长8.6mm、宽2.5mm，谷粒细长形，无芒，颖尖黄色，谷壳黄色，白米。

【利用价值】目前直接应用于生产，可做水稻育种亲本。

66. 勾谷

【采集地】广西柳州市融安县潭头乡新桂村。

【类型及分布】属于籼型粘稻，感温型品种。

【主要特征特性】在南宁种植，播始历期为66天，株高138.0cm，有效穗7个，穗长26.6cm，穗粒数212粒，结实率为84.5%，千粒重18.5g，谷粒长9.4mm、宽2.3mm，谷粒细长形，无芒，颖尖黄色，谷壳黄色，白米。

【利用价值】目前直接应用于生产，可做水稻育种亲本。

67. 白谷红米

【采集地】广西桂林市资源县车田苗族乡坪寨村。

【类型及分布】属于籼型粘稻，感温型品种。

【主要特征特性】在南宁种植，播始历期为65天，株高105.2cm，有效穗9个，穗长27.5cm，穗粒数193粒，结实率为91.4%，千粒重25.0g，谷粒长7.6mm、宽3.0mm，谷粒椭圆形，无芒，颖尖黄色，谷壳黄色，红米。

【利用价值】目前直接应用于生产，可做水稻育种亲本。

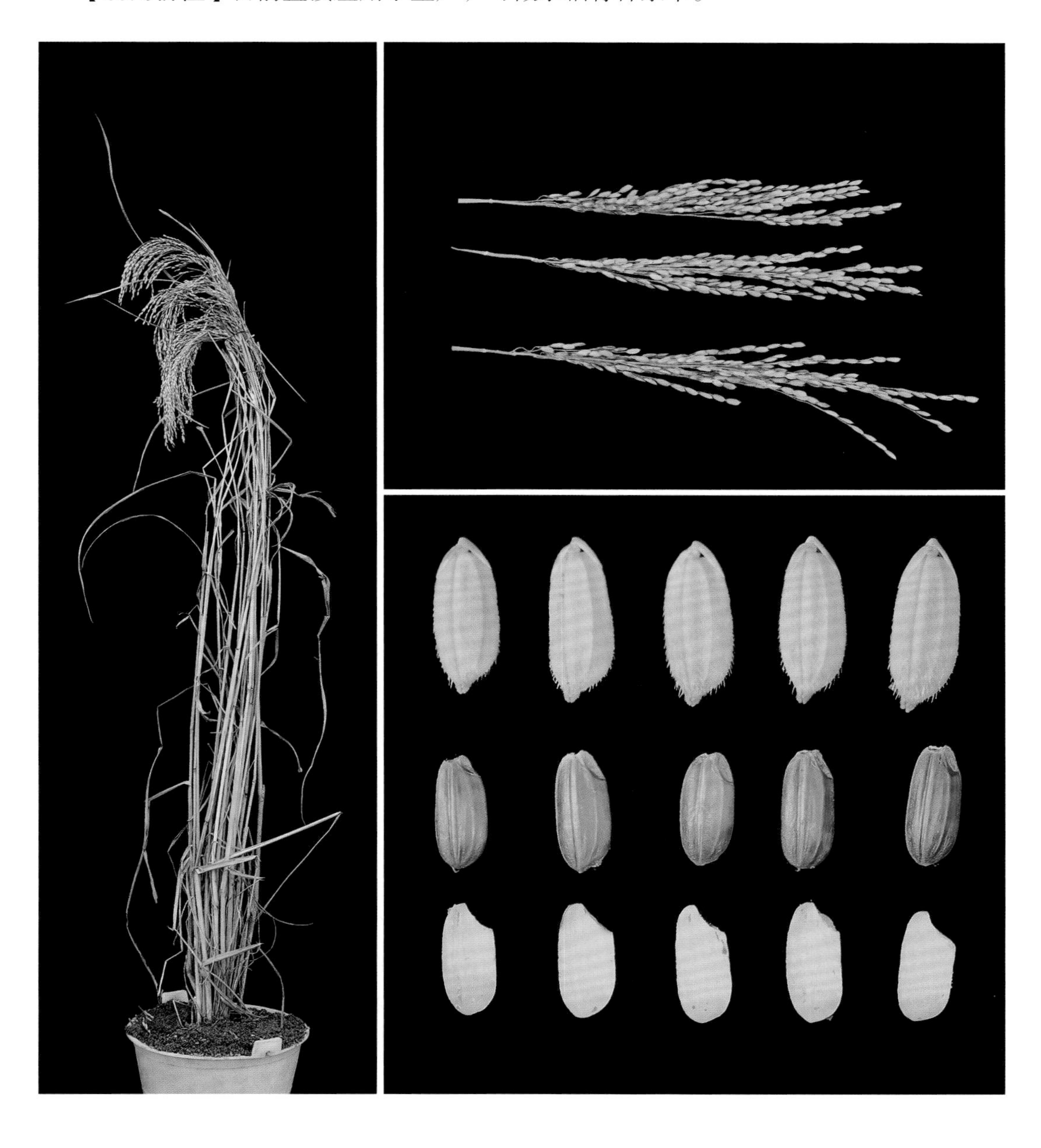

68. 三合粘米

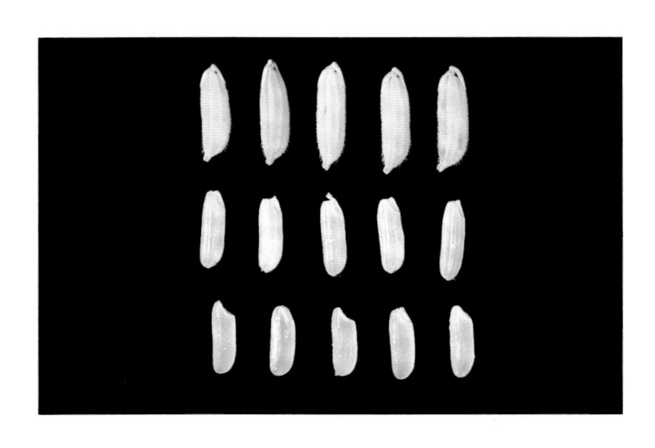

【采集地】广西河池市宜州区刘三姐镇三合社区。

【类型及分布】属于籼型粘稻，感温型品种，当地种植少。

【主要特征特性】在南宁种植，播始历期为67天，株高143.4cm，有效穗12个，穗长28.1cm，穗粒数292粒，结实率为91.1%，千粒重20.8g，谷粒长8.4mm、宽2.5mm，谷粒细长形，无芒，颖尖黄色，谷壳黄色，白米。当地农户认为该品种高产、优质。

【利用价值】目前直接应用于生产，一般3月中旬播种，7月中下旬收获。可做水稻育种亲本。

69. 竹坪十年不换种

【采集地】广西桂林市资源县资源镇同禾村。

【类型及分布】属于籼型粘稻，感温型品种。

【主要特征特性】在南宁种植，播始历期为67天，株高115.2cm，有效穗8个，穗长26.4cm，穗粒数334粒，结实率为78.1%，千粒重16.9g，谷粒长7.9mm、宽2.4mm，谷粒中长形，无芒，颖尖黄色，谷壳褐色，白米。

【利用价值】目前直接应用于生产，可做水稻育种亲本。

70. 小米稻

【采集地】广西桂林市资源县梅溪乡铜座村。

【类型及分布】属于籼型粘稻，感温型品种。

【主要特征特性】在南宁种植，播始历期为67天，株高139.4cm，有效穗9个，穗长28.2cm，穗粒数375粒，结实率为88.3%，千粒重18.5g，谷粒长8.6mm、宽2.3mm，谷粒细长形，无芒，颖尖黄色，谷壳黄色，白米。

【利用价值】目前直接应用于生产，可做水稻育种亲本。

71. 地谷

【采集地】广西梧州市蒙山县新圩镇六桂村。

【类型及分布】属于籼型粘稻，感光型品种。

【主要特征特性】在南宁种植，播始历期为66天，株高118.8cm，有效穗8个，穗长28.3cm，穗粒数144粒，结实率为84.7%，千粒重33.8g，谷粒椭圆形，无芒，颖尖紫色，谷壳黑色，红米。

【利用价值】目前直接应用于生产，可做水稻育种亲本。

72. 小石龙

【采集地】广西百色市乐业县同乐镇九利村。

【类型及分布】属于籼型粘稻，感光型品种，现种植分布少，单季稻种植。可在山地种植。

【主要特征特性】在南宁种植，播始历期为79天，株高162.6cm，有效穗6个，穗长30.6cm，穗粒数209粒，结实率为84.6%，千粒重34.0g，谷粒长8.4mm、宽3.5mm，谷粒椭圆形，无芒，颖尖褐色，谷壳褐色，黄米。当地农户认为该品种米质优、广适。

【利用价值】目前直接应用于生产，可做水稻育种亲本。

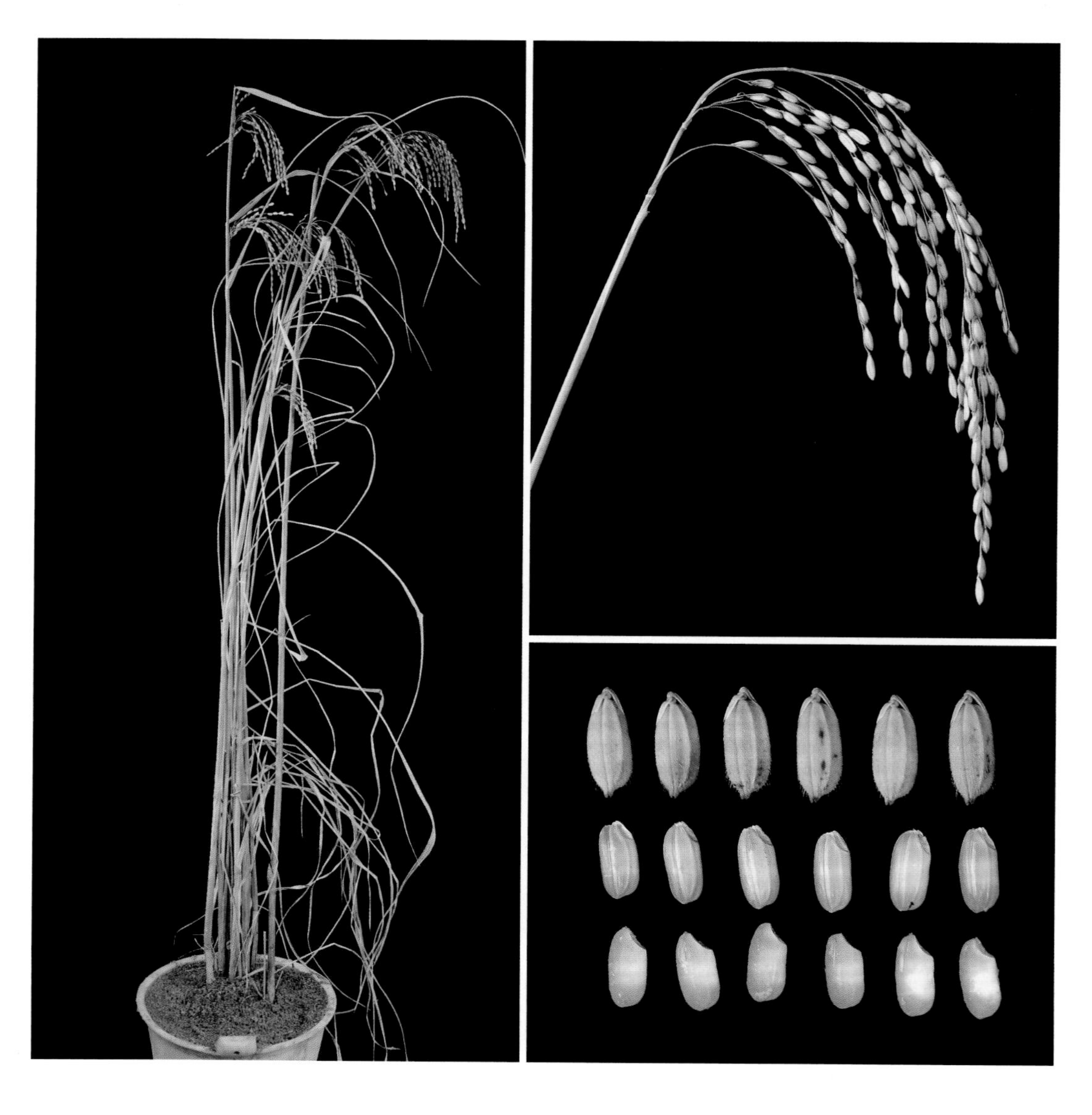

73. 红谷

【采集地】广西百色市隆林各族自治县岩茶乡者艾村。

【类型及分布】属于籼型粘稻，感温型品种。

【主要特征特性】在南宁种植，播始历期为68天，株高165.2cm，有效穗9个，穗长33.1cm，穗粒数326粒，结实率为92.6%，千粒重23.4g，谷粒长9.0mm、宽2.6mm，谷粒细长形，无芒，颖尖黄色，谷壳黄色，红米。

【利用价值】目前直接应用于生产，可做水稻育种亲本。

74. 桂三矮

【采集地】广西河池市宜州区刘三姐镇三合社区。

【类型及分布】属于籼型粘稻，感温型品种，现种植分布广。

【主要特征特性】在南宁种植，播始历期为70天，株高121.2cm，有效穗10个，穗长27.9cm，穗粒数265粒，结实率为91.7%，千粒重21.9g，谷粒长7.8mm、宽2.9mm，谷粒椭圆形，无芒，颖尖黄色，谷壳黄色，白米。当地农户认为该品种高产，抗病虫。

【利用价值】目前直接应用于生产，当地已种植30～40年。可做水稻育种亲本。

75. 晒禾坪红米

【采集地】广西桂林市资源县瓜里乡水头村。

【类型及分布】属于籼型粘稻，感温型品种。

【主要特征特性】在南宁种植，播始历期为69天，株高174.4cm，有效穗11个，穗长29.7cm，穗粒数225粒，结实率为94.1%，千粒重24.2g，谷粒长7.7mm、宽3.0mm，谷粒椭圆形，无芒，颖尖褐色，谷壳褐色，红米。当地农户认为该品种抗病虫。

【利用价值】目前直接应用于生产，可做水稻育种亲本。

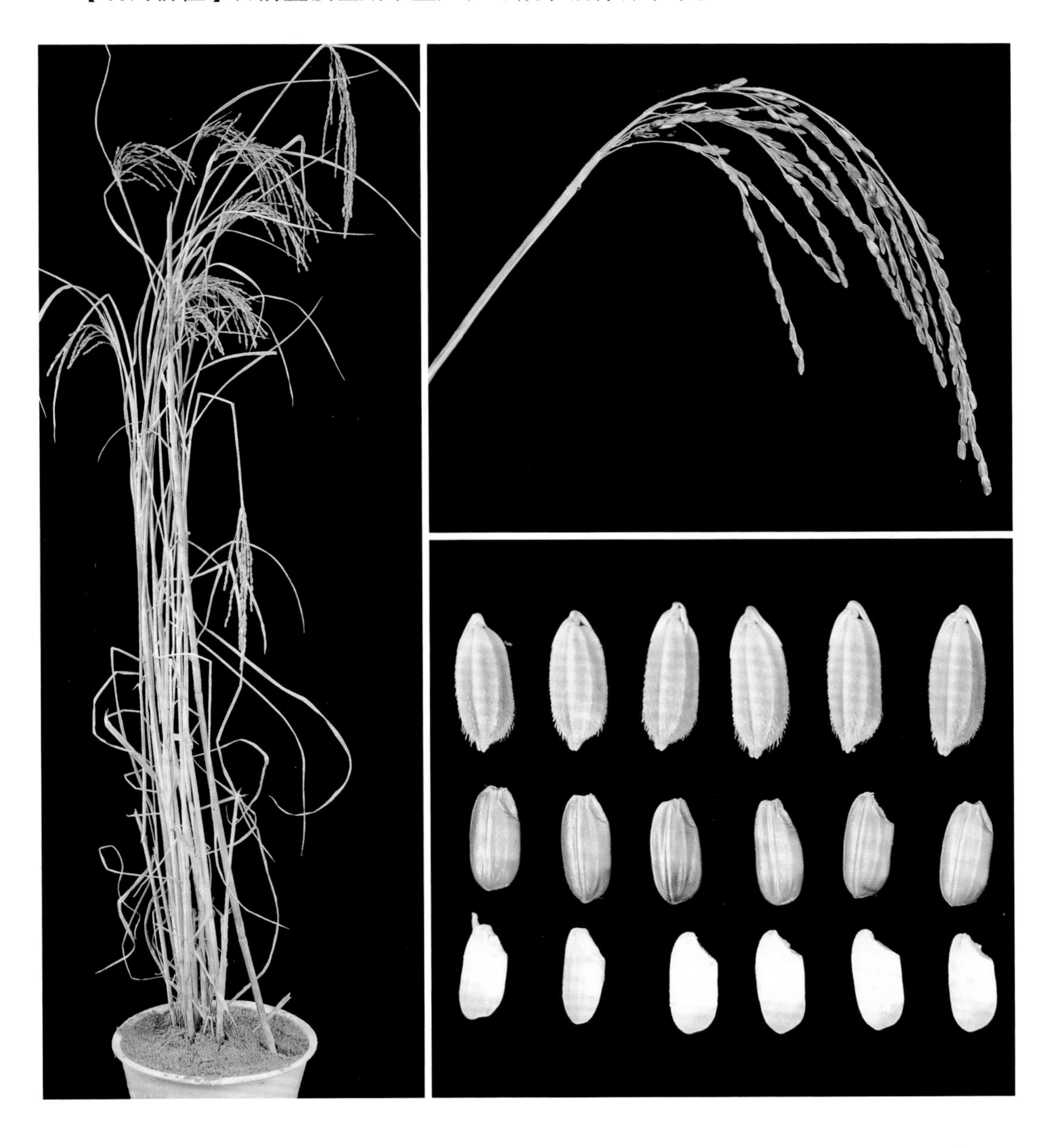

76. 冷水麻

【采集地】广西桂林市资源县瓜里乡大坪头村。

【类型及分布】属于籼型粘稻，感温型品种，宜在高山种植，单季稻，现仅有少数农户种植。

【主要特征特性】在南宁种植，播始历期为63天，株高132.6cm，有效穗13个，穗长25.2cm，穗粒数154粒，结实率为85.6%，千粒重23.2g，谷粒长8.2mm、宽2.9mm，谷粒椭圆形，无芒，颖尖黄色，谷壳褐色，红米，产量约为4500kg/hm^2。

【利用价值】目前直接应用于生产，当地已种植约80年。可做水稻育种亲本。

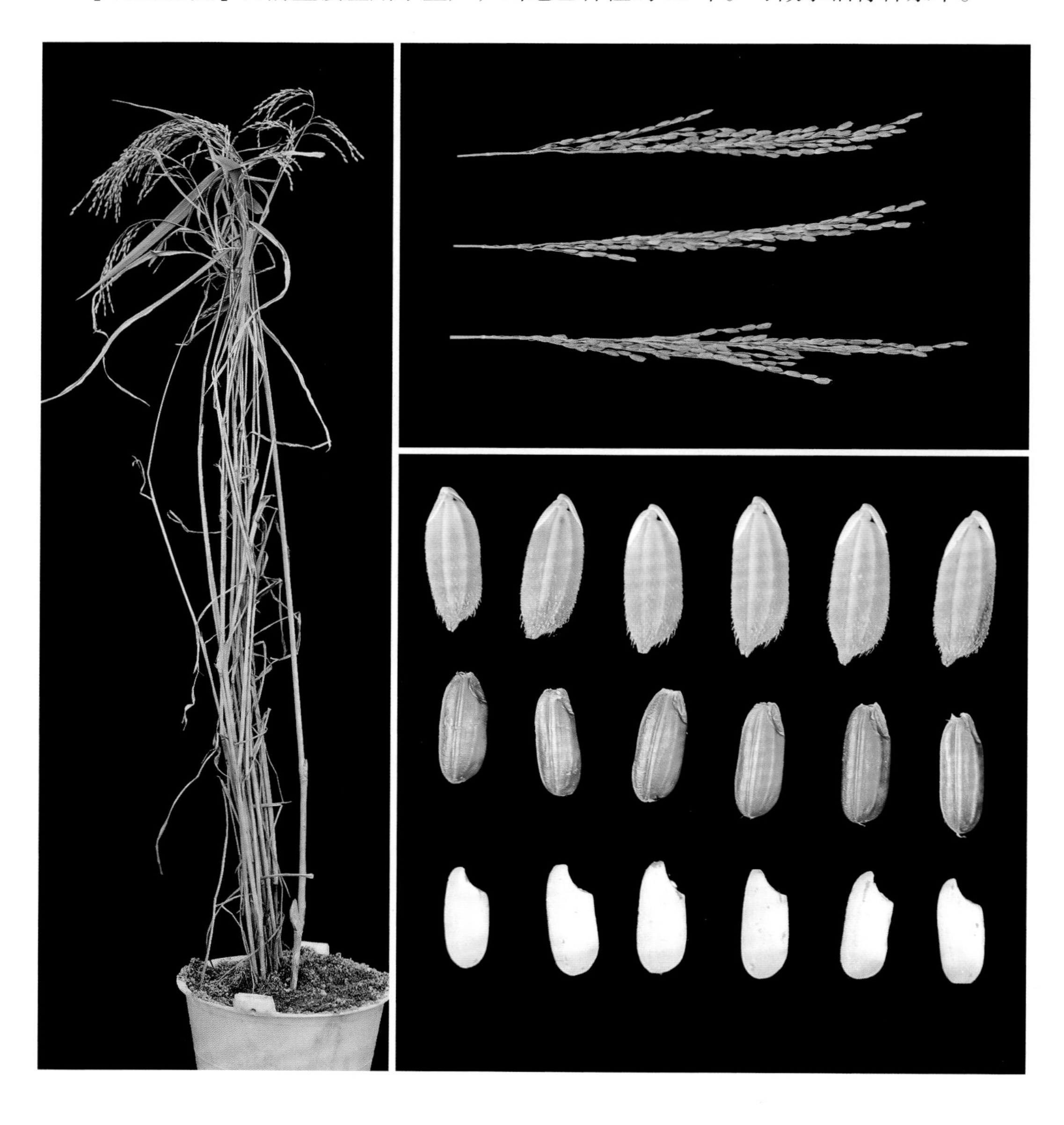

77. 广二

【采集地】广西柳州市融水苗族自治县融水镇新安村。

【类型及分布】属于籼型粘稻，感温型品种，现仅有三四户农户种植，种植面积约为 2.0hm^2。

【主要特征特性】在南宁种植，播始历期为 73 天，株高 113.2cm，有效穗 11 个，穗长 27.3cm，穗粒数 274 粒，结实率为 90.8%，千粒重 21.1g，谷粒长 9.4mm、宽 2.5mm，谷粒细长形，无芒，颖尖黄色，谷壳褐色，白米，产量约为 4500kg/hm^2。当地农户认为该品种口感好，产量较高。

【利用价值】目前直接应用于生产，当地已种植约 20 年，一般 3 月播种，7 月下旬收获。可做水稻育种亲本。

78. 大叶细米

【采集地】广西崇左市宁明县海渊镇那禄村。

【类型及分布】属于籼型粘稻，感温型品种，当地已种植约 60 年，种植面积约为 0.7hm^2。

【主要特征特性】在南宁种植，播始历期为 66 天，株高 117.6cm，有效穗 9 个，穗长 28.5cm，穗粒数 255 粒，结实率为 95.8%，千粒重 19.7g，谷粒长 8.2mm、宽 2.6mm，谷粒中长形，无芒，颖尖黄色，谷壳黄色，白米。

【利用价值】目前直接应用于生产，一般 3 月播种，6 月下旬收获。农户自留种，自产自销。可用于制作当地小吃蒸糕，可做水稻育种亲本。

79. 黄家寨红米

【采集地】广西桂林市龙胜各族自治县江底乡建新村。

【类型及分布】属于籼型粘稻，感温型品种，现种植面积约为 $0.13hm^2$。

【主要特征特性】在南宁种植，播始历期为 65 天，株高 129.2cm，有效穗 7 个，穗长 31.7cm，穗粒数 330 粒，结实率为 87.6%，千粒重 22.9g，谷粒长 9.0mm、宽 2.6mm，谷粒细长形，无芒，颖尖黄色，谷壳黄色，红米，产量约为 $6000kg/hm^2$。

【利用价值】目前直接应用于生产，当地已种植近 10 年。农户自留种，自产自销。可做水稻育种亲本。

80. 旱红米

【采集地】广西桂林市恭城瑶族自治县莲花镇桑源村。

【类型及分布】属于籼型粘稻，感温型品种，现仅有两三户农户种植，面积约为 $0.07hm^2$。

【主要特征特性】在南宁种植，播始历期为66天，株高96.2cm，有效穗5个，穗长23.8cm，穗粒数138粒，结实率为88.4%，千粒重27.0g，谷粒长8.0mm、宽4.0mm，谷粒阔卵形，无芒，颖尖紫色，谷壳黄色，红米。当地农户认为该品种米饭口感硬，中抗病虫。

【利用价值】目前直接应用于生产，当地已种植上百年，一般4月底播种，8月底收获。农户自留种，自产自销。可做水稻育种亲本。

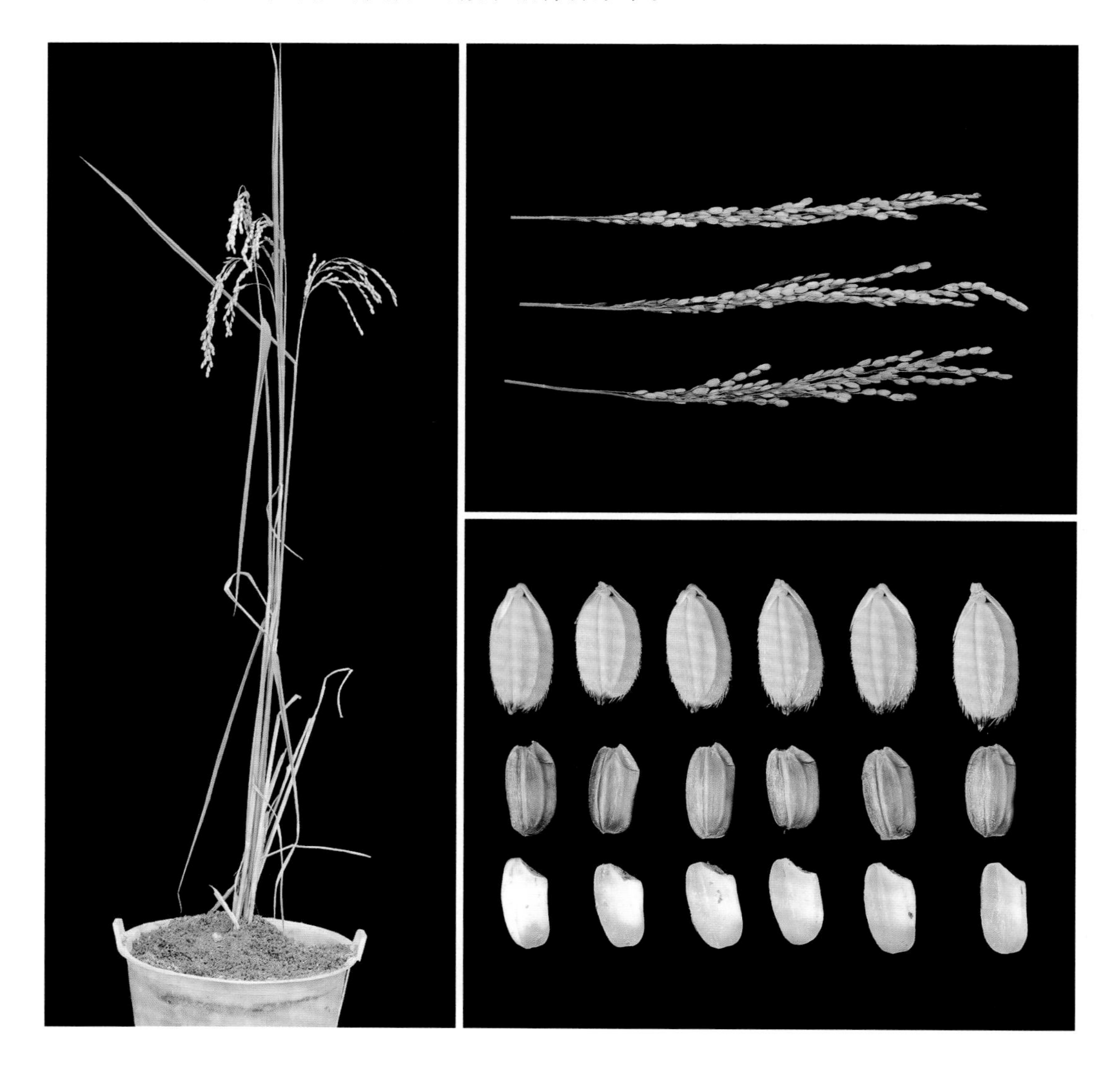

81. 六良稻

【采集地】广西崇左市扶绥县东门镇六头村。

【类型及分布】属于籼型粘稻，感温型品种，外地引进品种。

【主要特征特性】在南宁种植，播始历期为67天，株高112.2cm，有效穗8个，穗长27.2cm，穗粒数311粒，结实率为92.1%，千粒重19.8g，谷粒长8.0mm、宽2.6mm，谷粒中长形，无芒，颖尖黄色，谷壳黄色，白米，产量约为6000kg/hm^2。当地农户认为该品种高产，米质优。

【利用价值】目前直接应用于生产，近年开始种植，一般3月播种，7月收获，可双季种植。农户自留种，自产自销。可做水稻育种亲本。

82. 古昆稻

【采集地】广西河池市大化瑶族自治县共和乡古乔村。

【类型及分布】属于籼型粘稻，感温型品种，俗称唐朝籼稻，现种植面积约为 $0.7hm^2$。

【主要特征特性】在南宁种植，播始历期为70天，株高113.4cm，有效穗8个，穗长28.4cm，穗粒数302粒，结实率为90.4%，千粒重18.6g，谷粒长8.8mm、宽2.4mm，谷粒细长形，无芒，颖尖黄色，谷壳黄色，白米。当地农户认为该品种米饭香，口感好，抗病虫。

【利用价值】目前直接应用于生产，当地已种植30年以上，一般7月上旬播种，10月中旬收获。可做水稻育种亲本。

83. 老寨红米

【采集地】广西百色市西林县西平乡平上村。

【类型及分布】属于籼型粘稻，感温型品种，可在山地种植。

【主要特征特性】在南宁种植，播始历期为66天，株高132.6cm，有效穗7个，穗长34.0cm，穗粒数373粒，结实率为92.2%，千粒重23.8g，谷粒长8.8mm、宽2.8mm，谷粒细长形，无芒，颖尖黄色，谷壳黄色，红米，产量约为4500kg/hm^2。

【利用价值】目前直接应用于生产，当地已种植上百年，一般3月播种，8月收获。农户自留种，自产自销。可做水稻育种亲本。

84. 大白谷

【采集地】广西百色市隆林各族自治县岩茶乡者艾村。

【类型及分布】属于籼型粘稻，感温型品种，种植面积约为 2.6hm^2。

【主要特征特性】在南宁种植，播始历期为 75 天，株高 158.2cm，有效穗 8 个，穗长 29.5cm，穗粒数 204 粒，结实率为 94.3%，千粒重 24.8g，谷粒长 8.0mm、宽 3.4mm，谷粒椭圆形，黄色长芒，颖尖黄色，谷壳黄色，白米，产量约为 3000kg/hm^2。

【利用价值】目前直接应用于生产，当地已种植约 10 年，一般 7 月播种，11 月收获。农户自留种，自产自销。可做水稻育种亲本。

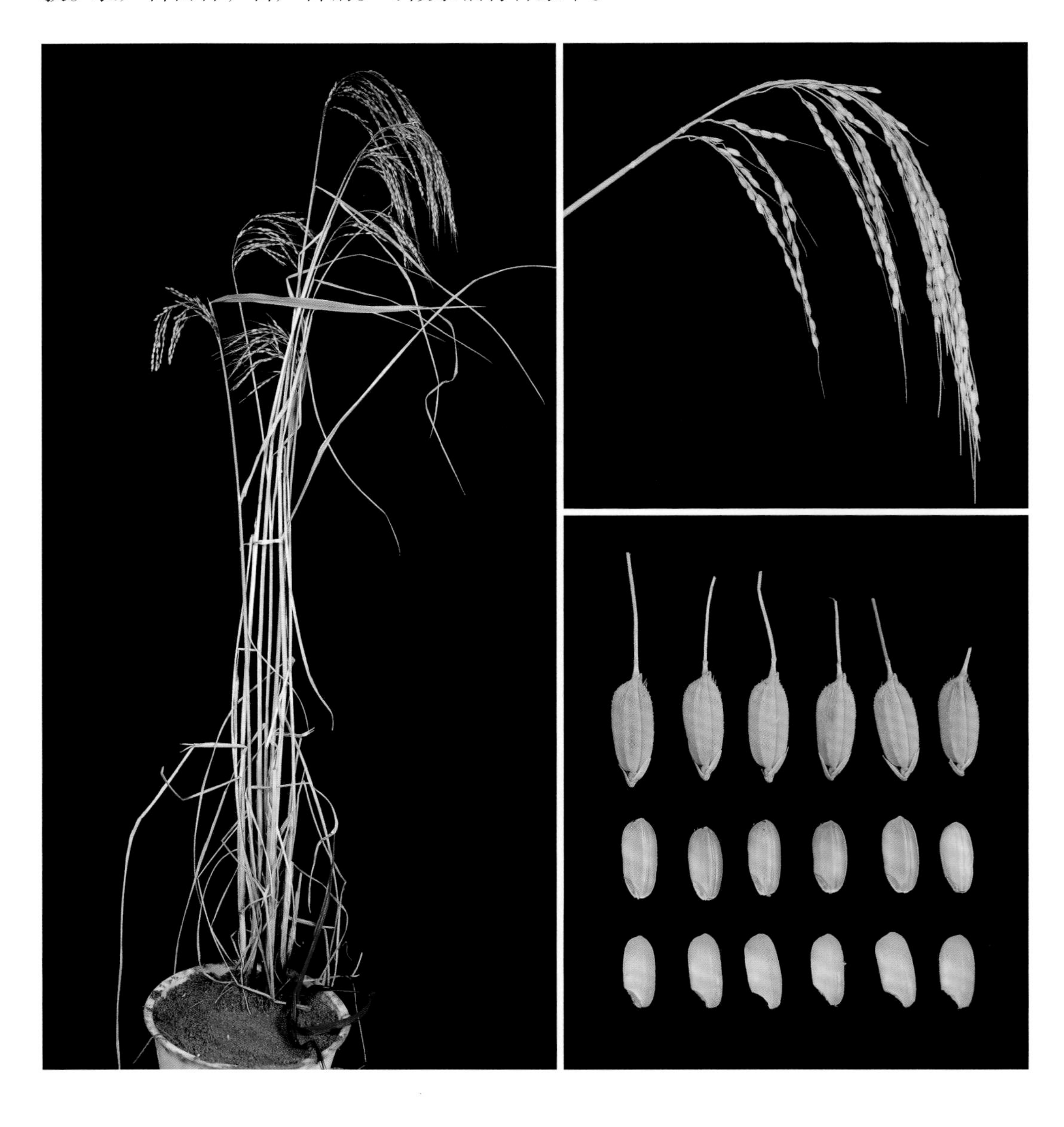

85. 马路旱稻

【采集地】广西百色市西林县古障镇妈蒿村。

【类型及分布】属于籼型粘稻，感温型品种，旱稻。

【主要特征特性】在南宁种植，播始历期为66天，株高135.6cm，有效穗7个，穗长33.5cm，穗粒数267粒，结实率为91.5%，千粒重21.8g，谷粒长9.0mm、宽2.6mm，谷粒细长形，无芒，颖尖黄色，谷壳黄色，红米。当地农户认为该品种米质差。

【利用价值】目前直接应用于生产，可做水稻育种亲本。

86. 马家坡十年不换种

【采集地】广西桂林市资源县资源镇马家村。

【类型及分布】属于籼型粘稻，感温型品种。

【主要特征特性】在南宁种植，播始历期为66天，株高116.2cm，有效穗9个，穗长24.8cm，穗粒数372粒，结实率为90.6%，千粒重16.9g，谷粒长8.4mm、宽2.4mm，谷粒细长形，无芒，颖尖黄色，谷壳黄色，白米。当地农户认为该品种米质优，但不耐肥。

【利用价值】目前直接应用于生产，当地已种植约60年。主要用于当地农户自家食用，也可用作饲料，可做水稻育种亲本。

87. 烟竹谷稻

【采集地】广西桂林市资源县梅溪乡三茶村。

【类型及分布】属于籼型粘稻，感温型品种。从江西引进品种，仅几户农户种植。

【主要特征特性】在南宁种植，播始历期为65天，株高164.2cm，有效穗9个，穗长34.7cm，穗粒数226粒，结实率为88.5%，千粒重35.4g，谷粒长8.2mm、宽2.4mm，谷粒细长形，无芒，颖尖黄色，谷壳黄色，白米，产量约为4500kg/hm^2。当地农户认为该品种米质优，抗病虫。

【利用价值】目前直接应用于生产，近几年开始种植。农户自留种，自产自销。可做水稻育种亲本。

88. 麻谷子

【采集地】广西桂林市资源县梅溪乡铜座村。

【类型及分布】属于籼型粘稻，感温型品种，种植面积约为 0.07hm²。

【主要特征特性】在南宁种植，播始历期为 63 天，株高 99.0cm，有效穗 9 个，穗长 25.1cm，穗粒数 235 粒，结实率为 83.8%，千粒重 14.2g，谷粒长 8.2mm，谷粒宽 2.2mm，谷粒细长形，无芒，颖尖黄色，谷壳褐色，白米，产量约为 3750kg/hm²。当地农户认为该品种高产，抗病虫。

【利用价值】目前直接应用于生产，当地已种植约 15 年。农户自留种，自产自用或出售。可做水稻育种亲本。

89. 毛粘

【采集地】广西桂林市资源县梅溪乡铜座村。

【类型及分布】属于籼型粘稻，感温型品种，俗称红米，分布于山区、冷水田。

【主要特征特性】在南宁种植，播始历期为67天，株高138.2cm，有效穗9个，穗长29.0cm，穗粒数214粒，结实率为94.9%，千粒重24.4g，谷粒长8.0mm、宽3.0mm，谷粒椭圆形，无芒，颖尖黄色，谷壳褐色，红米。当地农户认为该品种米饭口感好，抗稻曲病。

【利用价值】目前直接应用于生产，当地已种植约40年，一般清明后播种，9月上旬收获。农户自留种，主要自家食用，也用作饲料，可做水稻育种亲本。

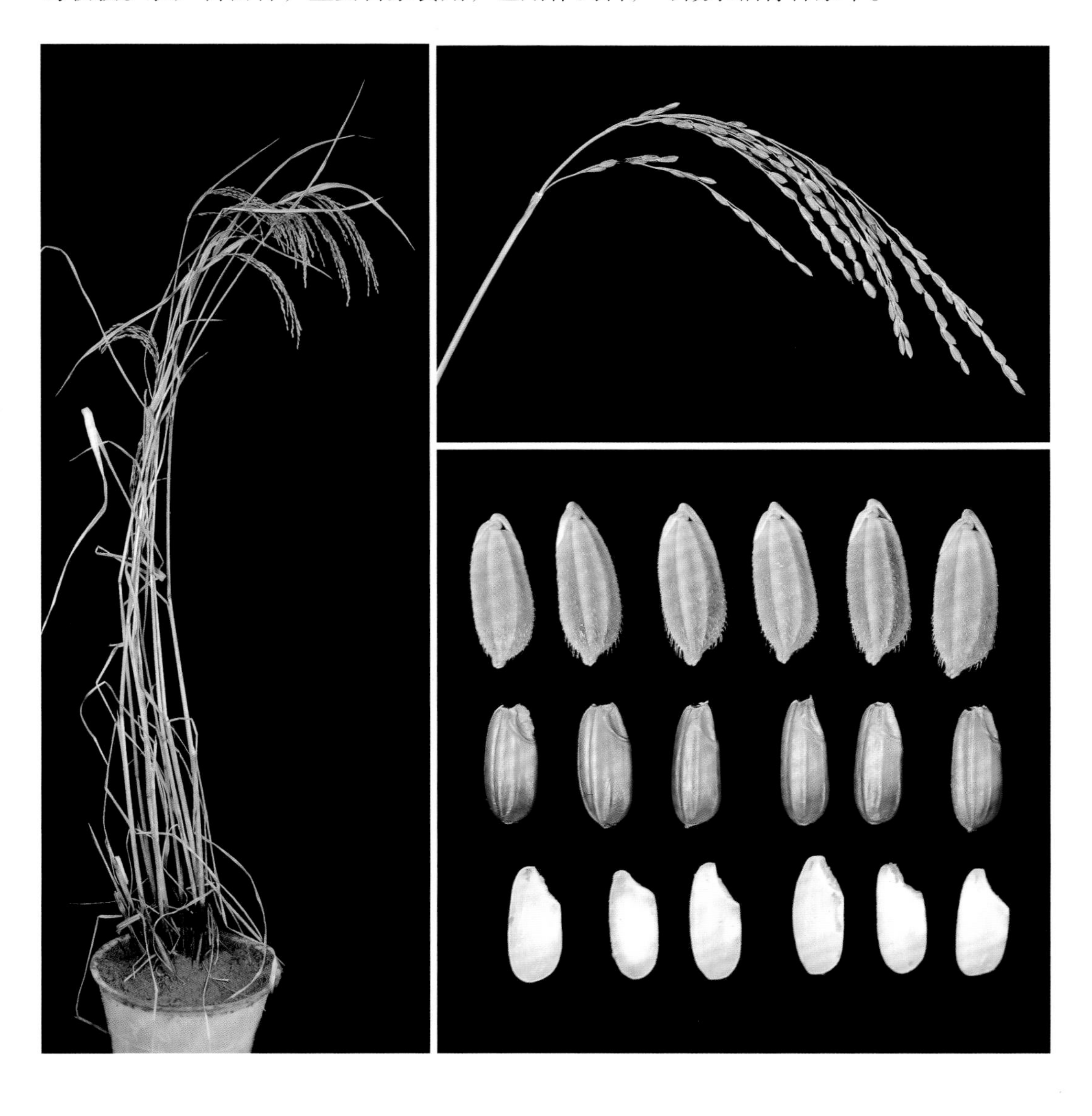

90. 广东小米

【采集地】广西贺州市富川瑶族自治县葛坡镇合洞村。

【类型及分布】属于籼型粘稻，感温型品种，种植面积约为 $4hm^2$。

【主要特征特性】在南宁种植，播始历期为 68 天，株高 111.4cm，有效穗 9 个，穗长 25.2cm，穗粒数 304 粒，结实率为 94.3%，千粒重 17.5g，谷粒长 8.8mm、宽 2.4mm，谷粒细长形，无芒，颖尖黄色，谷壳黄色，红米，产量约为 $6750kg/hm^2$。当地农户认为该品种种植管理粗放，施肥少，产量高，米质优，抗稻瘟病。

【利用价值】目前直接应用于生产，当地已种植约 20 年，一般 4 月播种，7 月收获。农户自留种，自产自用或少量出售。可做水稻育种亲本。

91. 马槽小米

【采集地】广西贺州市富川瑶族自治县葛坡镇马槽村。

【类型及分布】属于籼型粘稻，感温型品种。

【主要特征特性】在南宁种植，播始历期为68天，株高112.0cm，有效穗8个，穗长25.5cm，穗粒数349粒，结实率为86.1%，千粒重17.8g，谷粒长8.6mm、宽2.4mm，谷粒细长形，无芒，颖尖黄色，谷壳黄色，白米。

【利用价值】目前直接应用于生产，可做水稻育种亲本。

92. 三叉占稻

【采集地】广西南宁市横县平马镇三叉村。

【类型及分布】属于籼型粘稻，感温型品种。

【主要特征特性】在南宁种植，播始历期为67天，株高126.2cm，有效穗6个，穗长26.0cm，穗粒数283粒，结实率为95.3%，千粒重22.3g，谷粒长7.9mm、宽2.9mm，谷粒椭圆形，无芒，颖尖黄色，谷壳黄色，白米。

【利用价值】目前直接应用于生产，可做水稻育种亲本。

93. 环江旱稻

【采集地】广西河池市环江毛南族自治县。

【类型及分布】属于籼型粘稻，感温型品种。

【主要特征特性】在南宁种植，播始历期为55天，株高134.6cm，有效穗4个，穗长25.4cm，穗粒数147粒，结实率为76.7%，千粒重32.7g，谷粒长8.4mm、宽3.9mm，谷粒阔卵形，无芒，颖尖紫黑色，谷壳黄色，红米。

【利用价值】目前直接应用于生产，可做水稻育种亲本。

94. 青优

【采集地】广西南宁市横县平马乡三叉村。

【类型及分布】属于籼型粘稻，感温型品种。

【主要特征特性】在南宁种植，播始历期为74天，株高127.0cm，有效穗5个，穗长30.0cm，穗粒数294粒，结实率为89.3%，千粒重24.1g，谷粒长8.9mm、宽2.8mm，谷粒中长形，无芒，颖尖黄色，谷壳黄色，白米。

【利用价值】目前直接应用于生产，可做水稻育种亲本。

95. 叶凤粘

【采集地】广西南宁市横县平马乡三叉村。

【类型及分布】属于籼型粘稻，感温型品种。

【主要特征特性】在南宁种植，播始历期为69天，株高118.6cm，有效穗6个，穗长28.3cm，穗粒数309粒，结实率为94.1%，千粒重21.2g，谷粒长9.1mm、宽2.3mm，谷粒细长形，无芒，颖尖黄色，谷壳黄色，白米。

【利用价值】目前直接应用于生产，可做水稻育种亲本。

96. 青远长粒香

【采集地】广西南宁市横县平马乡三叉村。

【类型及分布】属于籼型粘稻，感温型品种。

【主要特征特性】在南宁种植，播始历期为67天，株高119.0cm，有效穗5个，穗长24.4cm，穗粒数268粒，结实率为90.7%，千粒重18.9g，谷粒长8.6mm、宽2.3mm，谷粒细长形，无芒，颖尖黄色，谷壳黄色，白米。

【利用价值】目前直接应用于生产，可做水稻育种亲本。

97. 青秆黑米粘

【采集地】广西柳州市融水苗族自治县白云乡大湾村。

【类型及分布】属于籼型粘稻，感光型品种。

【主要特征特性】在南宁种植，播始历期为56天，株高121.4cm，有效穗6个，穗长27.7cm，穗粒数182粒，结实率为77.2%，千粒重23.7g，谷粒长9.2mm、宽2.9mm，谷粒中长形，无芒，颖尖黑色，谷壳黑色，黑米。

【利用价值】目前直接应用于生产，可做水稻育种亲本。

98. 红米粘

【采集地】广西柳州市融水苗族自治县白云乡大湾村。

【类型及分布】属于籼型粘稻，感温型品种。

【主要特征特性】在南宁种植，播始历期为70天，株高137.4cm，有效穗6个，穗长28.1cm，穗粒数213粒，结实率为86.3%，千粒重24.0g，谷粒长9.5mm、宽2.5mm，谷粒细长形，无芒，颖尖黄色，谷壳黄色，红米。

【利用价值】目前直接应用于生产，可做水稻育种亲本。

99. 高秆红米粘

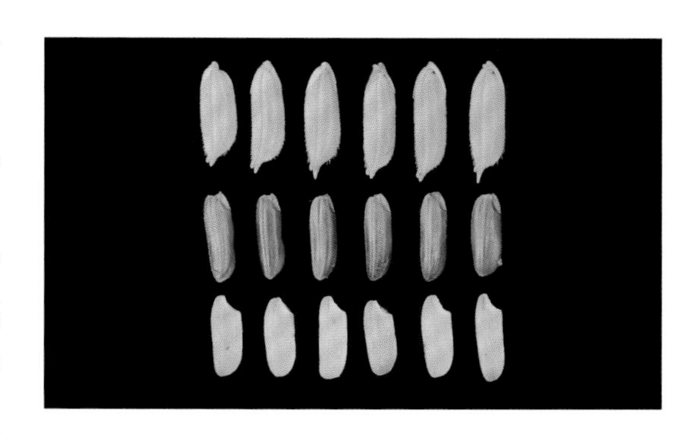

【采集地】广西柳州市融水苗族自治县白云乡大湾村。

【类型及分布】属于籼型粘稻，感温型品种。

【主要特征特性】在南宁种植，播始历期为47天，株高137.6cm，有效穗6个，穗长29.8cm，穗粒数168粒，结实率为75.9%，千粒重22.8g，谷粒长8.7mm、宽2.6mm，谷粒细长形，无芒，颖尖黄色，谷壳黄色，红米。

【利用价值】目前直接应用于生产，可做水稻育种亲本。

100. 龙州黑米粘

【采集地】广西崇左市龙州县。

【类型及分布】属于籼型粘稻，感温型品种。

【主要特征特性】在南宁种植，播始历期为72天，株高114.4cm，有效穗5个，穗长21.4cm，穗粒数256粒，结实率为88.9%，千粒重20.5g，谷粒长8.2mm、宽2.7mm，谷粒中长形，无芒，颖尖黑色，谷壳褐色，黑米。

【利用价值】目前直接应用于生产，可做水稻育种亲本。

101. 广东米

【采集地】广西桂林市雁山区柘木镇东山村。

【类型及分布】属于籼型粘稻，感温型品种。

【主要特征特性】在南宁种植，播始历期为70天，株高122.4cm，有效穗8个，穗长28.5cm，穗粒数196粒，结实率为83.9%，千粒重21.5g，谷粒长9.4mm、宽2.3mm，谷粒细长形，无芒，颖尖黄色，谷壳黄色，白米。

【利用价值】目前直接应用于生产，可做水稻育种亲本。

102. 矮秆红米

【采集地】广西桂林市资源县河口瑶族乡。

【类型及分布】属于籼型粘稻，感光型品种。

【主要特征特性】在南宁种植，播始历期为66天，株高134.0cm，有效穗5个，穗长32.6cm，穗粒数223粒，结实率为94.3%，千粒重24.8g，谷粒长8.9mm、宽2.6mm，谷粒细长形，无芒，颖尖黄色，谷壳黄色，红米。

【利用价值】目前直接应用于生产，可做水稻育种亲本。

103. 高秆红麻谷

【采集地】广西桂林市资源县。

【类型及分布】属于籼型粘稻，感光型品种。

【主要特征特性】在南宁种植，播始历期为57天，株高155.2cm，有效穗8个，穗长25.9cm，穗粒数169粒，结实率为88.5%，千粒重24.8g，谷粒长8.2mm、宽2.9mm，谷粒椭圆形，无芒，颖尖黄色，谷壳褐色，红米。

【利用价值】目前直接应用于生产，可做水稻育种亲本。

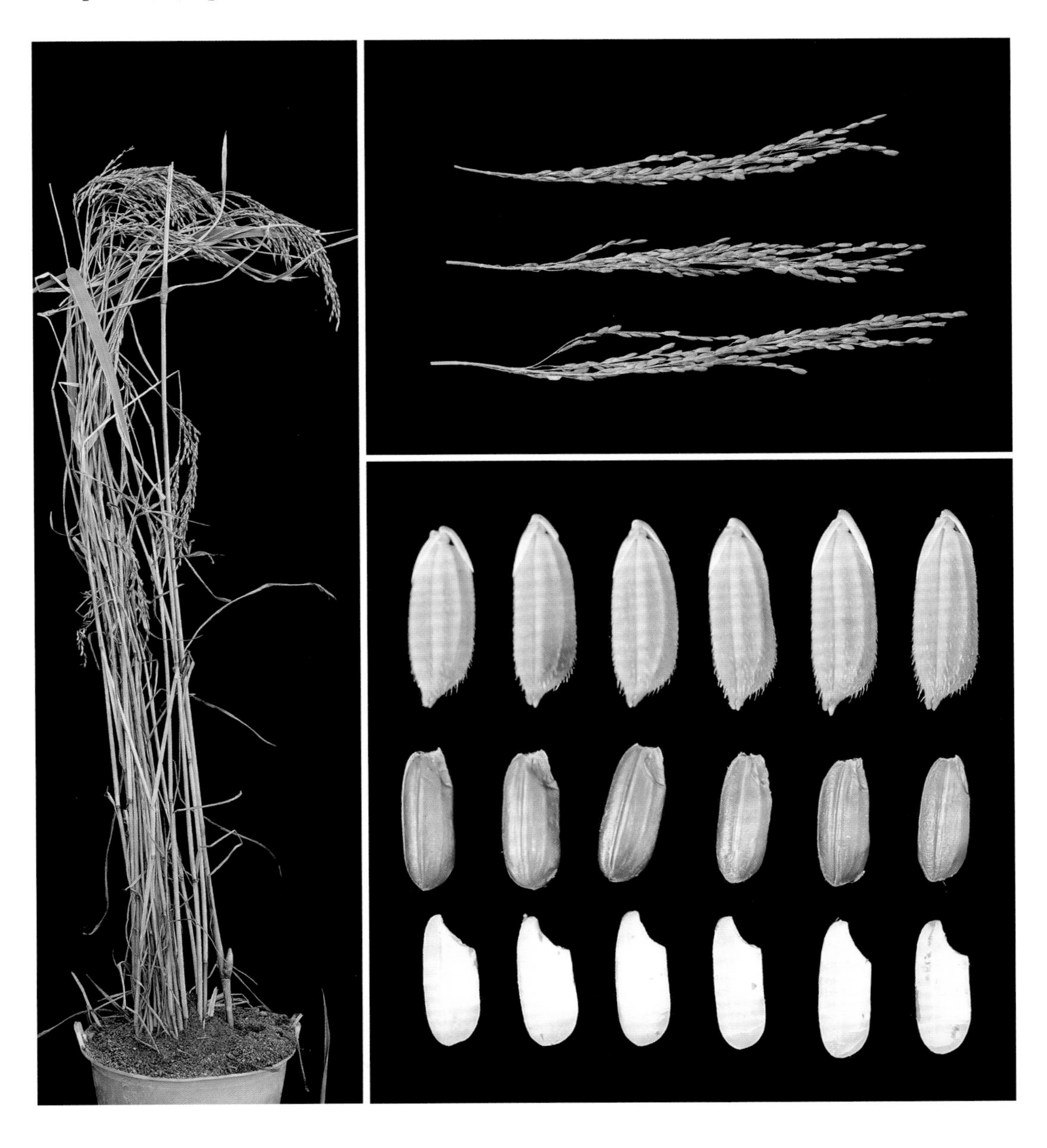

104. 贡米

【采集地】广西桂林市资源县。

【类型及分布】属于籼型粘稻，感温型品种。

【主要特征特性】在南宁种植，播始历期为67天，株高117cm，有效穗6个，穗长23.02cm，穗粒数252粒，结实率为90.2%，千粒重21.2g，谷粒长11.7mm、宽2.3mm，谷粒细长形，无芒，颖尖黄色，谷壳黄色，白米。

【利用价值】目前直接应用于生产，可做水稻育种亲本。

105. 河东旱稻

【采集地】广西桂林市永福县堡里乡河东村。

【类型及分布】属于籼型粘稻，感温型品种，现种植分布少，可在山地种植。

【主要特征特性】在南宁种植，播始历期为63天，株高119.3cm，有效穗5个，穗长25.6cm，穗粒数135粒，结实率为92.6%，千粒重30.2g，谷粒长9.1mm、宽3.9mm，谷粒椭圆形，黄色短芒，颖尖黄色，谷壳黄色，红米。当地农户认为该品种米质优，抗病虫，抗旱。

【利用价值】目前直接应用于生产，农户自留种、自产自销。主要用于当地农户自家食用，也可用作饲料，可做水稻育种亲本。

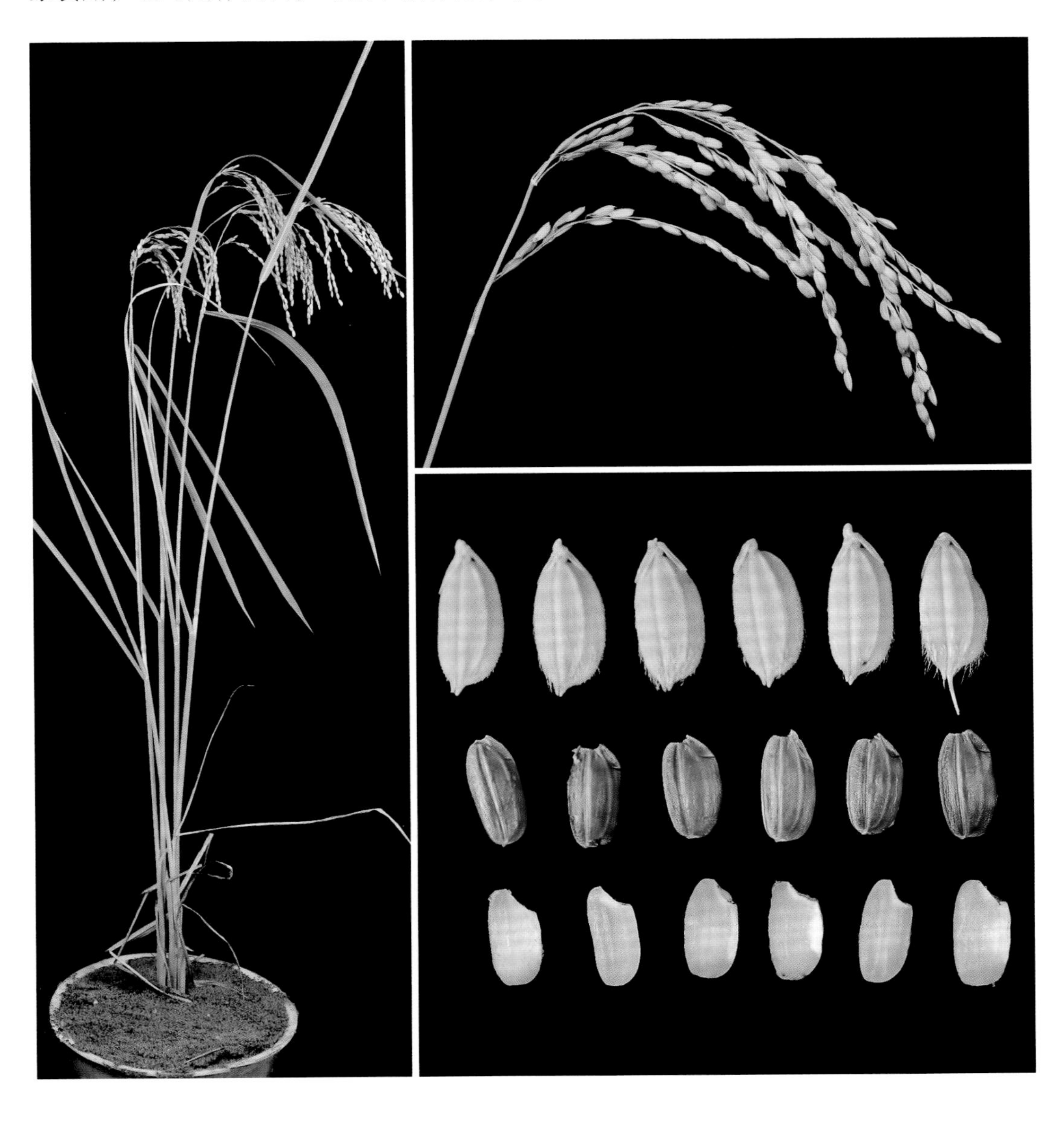

106. 麻粘

【采集地】广西桂林市资源县梅溪乡铜座村。

【类型及分布】属于籼型粘稻，感温型品种。

【主要特征特性】在南宁种植，播始历期为66天，株高129.6cm，有效穗9个，穗长29.0cm，穗粒数174粒，结实率为89.9%，千粒重24.0g，谷粒长8.1mm、宽3.0mm，谷粒椭圆形，无芒，颖尖褐色，谷壳褐色，红米。

【利用价值】目前直接应用于生产，可做水稻育种亲本。

107. 黄壳占

【采集地】广西桂林市平乐县阳安乡陶村村。

【类型及分布】属于籼型粘稻，感温型品种，现种植分布少。

【主要特征特性】在南宁种植，播始历期为68天，株高100.2cm，有效穗9个，穗长22.8cm，穗粒数274粒，结实率为92.9%，千粒重15.3g，谷粒长9.6mm、宽2.9mm，谷粒细长形，无芒，颖尖黄色，谷壳黄色，白米。当地农户认为该品种米质优。

【利用价值】目前主要用于生产，一般6月上旬播种，11月上旬收获。可做水稻育种亲本。

第三章
广西野生稻种质资源

第一节 普通野生稻种质资源

1. 普通野生稻 1

【采集地】广西北海市。

【类型及分布】多年生野生种，野外生长在水沟（渠）边、河边及池塘、沼泽等浅水区环境中，喜光照。

【主要特征特性】在南宁种植，为倾斜型，分蘖力特强（>30 个），株高 140.0cm，穗长 23.0cm，始穗期 10 月 4 日，开花期芒红色、芒长 7.5cm，剑叶长 17.5cm、宽 0.9cm，成熟时谷壳褐色，种皮红色，谷粒长 7.7mm、宽 2.1mm，长宽比约为 3.7，百粒重 1.2g，糙米外观品质中。

【利用价值】可用作多穗型水稻品种的育种亲本。

2. 普通野生稻 2

【采集地】广西玉林市。

【类型及分布】多年生野生种，野外生长在水沟（渠）边、河边及池塘、沼泽等浅水区环境中，喜光照。

【主要特征特性】在南宁种植，为倾斜型，分蘖力特强（>30 个），株高 202.0cm，穗长 27.0cm，始穗期 9 月 28 日，开花期芒黄色、芒长 8.9cm，剑叶长 28.5cm、宽 0.8cm，成熟时谷壳褐色，种皮红色，谷粒长 9.5mm、宽 2.0mm，长宽比约为 4.8，百粒重 1.5g，糙米外观品质中。

【利用价值】可用作多穗型水稻品种的育种亲本。

3. 普通野生稻 3

【采集地】广西玉林市。

【类型及分布】多年生野生种，野外生长在水沟（渠）边、河边及池塘、沼泽等浅水区环境中，喜光照。

【主要特征特性】在南宁种植，为倾斜型，分蘖力特强（>30 个），株高 172.0cm，穗长 22.0cm，始穗期 9 月 28 日，开花期芒红色、芒长 4.7cm，剑叶长 25.5cm、宽 1.1cm，成熟时谷壳褐色，种皮红色，谷粒长 8.5mm、宽 2.1mm，长宽比约为 4.0，百粒重 1.4g，糙米外观品质优。

【利用价值】可用作多穗型、优质水稻品种选育的亲本。

4. 普通野生稻 4

【采集地】广西玉林市。

【类型及分布】多年生野生种，野外生长在水沟（渠）边、河边及池塘、沼泽等浅水区环境中，喜光照。

【主要特征特性】在南宁种植，为倾斜型，分蘖力特强（>30 个），株高 195.0cm，穗长 23.0cm，始穗期 9 月 23 日，开花期芒红色、芒长 8.8cm，剑叶长 25.5cm、宽 0.9cm，成熟时谷壳褐色，种皮红色，谷粒长 9.2mm、宽 2.5mm，长宽比约为 3.7，百粒重 1.9g，糙米外观品质优。

【利用价值】可用作多穗型、优质水稻品种选育的亲本。

5. 普通野生稻 5

【采集地】广西贺州市。

【类型及分布】多年生野生种，野外生长在水沟（渠）边、河边及池塘、沼泽等浅水区环境中，喜光照。

【主要特征特性】在南宁种植，为倾斜型，分蘖力特强（＞30 个），株高 179.0cm，穗长 32.0cm，始穗期 9 月 25 日，开花期芒红色、芒长 6.5cm，剑叶长 20.0cm、宽 0.9cm，成熟时谷壳褐色，种皮红色，谷粒长 8.7mm、宽 2.3mm，长宽比约为 3.8，百粒重 1.8g，糙米外观品质优。

【利用价值】可用作多穗型、优质水稻品种选育的亲本。

6. 普通野生稻 6

【采集地】广西来宾市。

【类型及分布】多年生野生种，野外生长在水沟（渠）边、河边及池塘、沼泽等浅水区环境中，喜光照。

【主要特征特性】在南宁种植，为倾斜型，分蘖力特强（>30 个），株高 207.0cm，穗长 21.5cm，始穗期 9 月 25 日，开花期芒红色、芒长 7.2cm，剑叶长 23.5cm、宽 1.0cm，成熟时谷壳褐色，种皮红色，谷粒长 8.3mm、宽 2.2mm，长宽比约为 3.8，百粒重 1.6g，糙米外观品质优。

【利用价值】可用作多穗型、优质水稻品种选育的亲本。

7. 普通野生稻 7

【采集地】广西防城港市。

【类型及分布】多年生野生种，野外生长在水沟（渠）边、河边及池塘、沼泽等浅水区环境中，喜光照。

【主要特征特性】在南宁种植，为倾斜型，分蘖力特强（>30 个），株高 193.0cm，穗长 29.0cm，始穗期 9 月 28 日，开花期芒红色、芒长 3.9cm，剑叶长 24.0cm、宽 1.3cm，成熟时谷壳褐色，种皮红色，谷粒长 9.0mm、宽 2.3mm，长宽比约为 3.9，百粒重 1.8g。

【利用价值】可用作多穗型、特色水稻品种选育的亲本。

8. 普通野生稻 8

【采集地】广西防城港市。

【类型及分布】多年生野生种，野外生长在水沟（渠）边、河边及池塘、沼泽等浅水区环境中，喜光照。

【主要特征特性】在南宁种植，为倾斜型，分蘖力特强（>30 个），株高 175.0cm，穗长 24.5cm，始穗期 9 月 25 日，开花期芒红色、芒长 8.5cm，剑叶长 19.6cm、宽 1.0cm，成熟时谷壳褐色，种皮红色，谷粒长 8.3mm、宽 2.4mm，长宽比约为 3.5，百粒重 1.8g，糙米外观品质中。

【利用价值】可用作多穗型、特色水稻品种选育的亲本。

9. 普通野生稻 9

【采集地】广西防城港市。

【类型及分布】多年生野生种，野外生长在水沟（渠）边、河边及池塘、沼泽等浅水区环境中，喜光照。

【主要特征特性】在南宁种植，为倾斜型，分蘖力特强（>30 个），株高 197.0cm，穗长 30.0cm，始穗期 9 月 28 日，开花期芒红色、芒长 6.0cm，剑叶长 28.5cm、宽 1.4cm，成熟时谷壳褐色，种皮红色，谷粒长 9.0mm、宽 2.3mm，长宽比约为 3.9，百粒重 1.8g。

【利用价值】可用作多穗型、特色水稻品种选育的亲本。

10. 普通野生稻 10

【采集地】 广西防城港市。

【类型及分布】 多年生野生种，野外生长在水沟（渠）边、河边及池塘、沼泽等浅水区环境中，喜光照。

【主要特征特性】 在南宁种植，为倾斜型，分蘖力特强（>30 个），株高 165.0cm，穗长 23.5cm，始穗期 9 月 25 日，开花期芒红色、芒长 6.3cm，剑叶长 25.0cm、宽 1.0cm，成熟时谷壳褐色，种皮红色，谷粒长 9.5mm、宽 2.4mm，长宽比约为 4.0，百粒重 2.1g。

【利用价值】 可用作多穗型、特色水稻品种选育的亲本。

11. 普通野生稻 11

【采集地】广西来宾市。

【类型及分布】多年生野生种，野外生长在水沟（渠）边、河边及池塘、沼泽等浅水区环境中，喜光照。

【主要特征特性】在南宁种植，为倾斜型，分蘖力特强（>30 个），株高 192.0cm，穗长 35.5cm，始穗期 9 月 25 日，开花期芒红色、芒长 7.3cm，剑叶长 31.0cm、宽 1.0cm，成熟时谷壳褐色，种皮红色，谷粒长 9.0mm、宽 2.6mm，长宽比约为 3.5，百粒重 2.1g，糙米外观品质中。

【利用价值】可用作多穗型、特色水稻品种选育的亲本。

12. 普通野生稻 12

【采集地】广西来宾市。

【类型及分布】多年生野生种，野外生长在水沟（渠）边、河边及池塘、沼泽等浅水区环境中，喜光照。

【主要特征特性】在南宁种植，为倾斜型，分蘖力特强（>30 个），株高 184.0cm，穗长 35.5cm，始穗期 9 月 25 日，开花期芒红色、芒长 6.8cm，剑叶长 35.0cm、宽 1.3cm，成熟时谷壳褐色，种皮红色，谷粒长 9.1mm、宽 2.4mm，长宽比约为 3.8，百粒重 2.1g，外观品质优。

【利用价值】可用作多穗型、优质水稻品种选育的亲本。

13. 普通野生稻 13

【采集地】广西来宾市。

【类型及分布】多年生野生种，野外生长在水沟（渠）边、河边及池塘、沼泽等浅水区环境中，喜光照。

【主要特征特性】在南宁种植，为倾斜型，分蘖力特强（>30 个），株高 193.0cm，穗长 32.0cm，始穗期 9 月 25 日，开花期芒红色、芒长 7.8cm，剑叶长 29.5cm、宽 1.4cm，成熟时谷壳褐色，种皮红色，谷粒长 9.3mm、宽 2.4mm，长宽比约为 3.9，百粒重 2.2g，糙米外观品质优。

【利用价值】可用作多穗型、优质水稻品种选育的亲本。

14. 普通野生稻 14

【采集地】广西来宾市。

【类型及分布】多年生野生种，野外生长在水沟（渠）边、河边及池塘、沼泽等浅水区环境中，喜光照。

【主要特征特性】在南宁种植，为倾斜型，分蘖力特强（>30 个），株高 196.0cm，穗长 30.0cm，始穗期 9 月 23 日，开花期芒红色、芒长 10.1cm，剑叶长 22.5cm、宽 1.0cm，成熟时谷壳褐色，种皮红色，谷粒长 10.6mm、宽 2.3mm，长宽比约为 4.6，百粒重 2.6g。

【利用价值】可用作多穗型、特色水稻品种选育的亲本。

15. 普通野生稻 15

【采集地】广西来宾市。

【类型及分布】多年生野生种，野外生长在水沟（渠）边、河边及池塘、沼泽等浅水区环境中，喜光照。

【主要特征特性】在南宁种植，为倾斜型，分蘖力特强（>30 个），株高 167.0cm，穗长 24.5cm，始穗期 9 月 25 日，开花期芒红色、芒长 8.2cm，剑叶长 21.0cm、宽 1.0cm，成熟时谷壳褐色，种皮红色，谷粒长 9.1mm、宽 2.1mm，长宽比约为 4.3，百粒重 1.8g。

【利用价值】可用作水稻育种的亲本。

16. 普通野生稻 16

【采集地】广西来宾市。

【类型及分布】多年生野生种，野外生长在水沟（渠）边、河边及池塘、沼泽等浅水区环境中，喜光照。

【主要特征特性】在南宁种植，为匍匐型，分蘖力特强（>30 个），株高 167.0cm，穗长 24.5cm，始穗期 9 月 17 日，开花期芒红色、芒长 8.2cm，剑叶长 19.0cm、宽 1.1cm，成熟时谷壳褐色，种皮红色，谷粒长 9.1mm、宽 2.3mm，长宽比约为 4.0，百粒重 1.7g，糙米外观品质中。

【利用价值】可用作多穗型、特色水稻品种选育的亲本。

17. 普通野生稻 17

【采集地】广西贵港市。

【类型及分布】多年生野生种，野外生长在水沟（渠）边、河边及池塘、沼泽等浅水区环境中，喜光照。

【主要特征特性】在南宁种植，为倾斜型，分蘖力特强（>30个），株高189.0cm，穗长22.0cm，始穗期9月19日，开花期芒红色、芒长7.6cm，剑叶长19.0cm、宽0.9cm，成熟时谷壳褐色，种皮红色，谷粒长8.5mm、宽2.3mm，长宽比约为3.7，百粒重1.7g，糙米外观品质优。

【利用价值】可用作多穗型、优质水稻品种选育的亲本。

18. 普通野生稻 18

【采集地】广西贵港市。

【类型及分布】多年生野生种，野外生长在水沟（渠）边、河边及池塘、沼泽等浅水区环境中，喜光照。

【主要特征特性】在南宁种植，为倾斜型，分蘖力特强（>30 个），株高 186.0cm，穗长 26.5cm，始穗期 9 月 17 日，开花期芒红色、芒长 7.8cm，剑叶长 22.0cm、宽 1.1cm，成熟时谷壳褐色，种皮红色，谷粒长 8.8mm、宽 2.3mm，长宽比约为 3.8，百粒重 1.9g，糙米外观品质中。

【利用价值】可用作多穗型、特色水稻品种选育的亲本。

19. 普通野生稻 19

【采集地】广西贵港市。

【类型及分布】多年生野生种，野外生长在水沟（渠）边、河边及池塘、沼泽等浅水区环境中，喜光照。

【主要特征特性】在南宁种植，为倾斜型，分蘖力特强（>30 个），株高 175.0cm，穗长 27.5cm，始穗期 9 月 17 日，开花期芒红色、芒长 7.0cm，剑叶长 31.5cm、宽 1.4cm，成熟时谷壳褐色，种皮红色，谷粒长 9.5mm、宽 2.3mm，长宽比约为 4.1，百粒重 1.9g，糙米外观品质中。

【利用价值】可用作多穗型、特色水稻品种选育的亲本。

20. 普通野生稻 20

【采集地】广西贵港市。

【类型及分布】多年生野生种，野外生长在水沟（渠）边、河边及池塘、沼泽等浅水区环境中，喜光照。

【主要特征特性】在南宁种植，为倾斜型，分蘖力特强（>30 个），株高 170.0cm，穗长 23.0cm，始穗期 9 月 17 日，开花期芒红色、芒长 6.7cm，剑叶长 39.5cm、宽 1.2cm，成熟时谷壳褐色，种皮红色，谷粒长 8.6mm、宽 2.1mm，长宽比约为 4.1，百粒重 1.6g，糙米外观品质差。

【利用价值】可用作多穗型、特色水稻品种选育的亲本。

21. 普通野生稻 21

【采集地】广西南宁市。

【类型及分布】多年生野生种，野外生长在水沟（渠）边、河边及池塘、沼泽等浅水区环境中，喜光照。

【主要特征特性】在南宁种植，为倾斜型，分蘖力特强（>30 个），株高 175.0cm，穗长 27.5cm，始穗期 9 月 17 日，开花期芒红色、芒长 7.0cm，剑叶长 31.5cm、宽 1.4cm，成熟时谷壳褐色，种皮红色，谷粒长 9.5mm、宽 2.3mm，长宽比约为 4.1，百粒重 1.9g，糙米外观品质中。

【利用价值】可用作多穗型、特色水稻品种选育的亲本。

22. 普通野生稻 22

【采集地】广西南宁市。

【类型及分布】多年生野生种，野外生长在水沟（渠）边、河边及池塘、沼泽等浅水区环境中，喜光照。

【主要特征特性】在南宁种植，为倾斜型，分蘖力特强（>30 个），株高 152.0cm，穗长 25.0cm，始穗期 9 月 25 日，开花期芒红色、芒长 7.4cm，剑叶长 29.5cm、宽 1.0cm，成熟时谷壳褐色，种皮红色，谷粒长 8.4mm、宽 2.3mm，长宽比约为 3.7，百粒重 1.7g，糙米外观品质中。

【利用价值】可用作多穗型、特色水稻品种选育的亲本。

23. 普通野生稻 23

【采集地】广西南宁市。

【类型及分布】多年生野生种，野外生长在水沟（渠）边、河边及池塘、沼泽等浅水区环境中，喜光照。

【主要特征特性】在南宁种植，为倾斜型，分蘖力特强（>30 个），株高 165.0cm，穗长 23.5cm，始穗期 10 月 2 日，开花期芒红色、芒长 7.2cm，剑叶长 31.0cm、宽 1.0cm，成熟时谷壳褐色，种皮红色，谷粒长 8.8mm、宽 2.1mm，长宽比约为 4.2，百粒重 1.7g，糙米外观品质优。

【利用价值】可用作多穗型、特色水稻品种选育的亲本。

24. 普通野生稻 24

【采集地】广西南宁市。

【类型及分布】多年生野生种，野外生长在水沟（渠）边、河边及池塘、沼泽等浅水区环境中，喜光照。

【主要特征特性】在南宁种植，为倾斜型，分蘖力特强（>30 个），株高 145.0cm，穗长 23.0cm，始穗期 9 月 25 日，开花期芒红色、芒长 7.6cm，剑叶长 22.0cm、宽 0.8cm，成熟时谷壳褐色，种皮红色，谷粒长 8.5mm、宽 2.3mm，长宽比约为 3.7，百粒重 1.7g，糙米外观品质中。

【利用价值】可用作多穗型、特色水稻品种选育的亲本。

25. 普通野生稻 25

【采集地】广西南宁市。

【类型及分布】多年生野生种，野外生长在水沟（渠）边、河边及池塘、沼泽等浅水区环境中，喜光照。

【主要特征特性】在南宁种植，为倾斜型，分蘖力特强（＞30 个），株高 203.0cm，穗长 33.0cm，始穗期 9 月 25 日，开花期芒红色、芒长 7.4cm，剑叶长 36.5cm、宽 1.0cm，成熟时谷壳褐色，种皮红色，谷粒长 8.7mm、宽 2.3mm，长宽比约为 3.8，百粒重 1.8g，糙米外观品质优。

【利用价值】可用作多穗型、优质水稻品种选育的亲本。

26. 普通野生稻 26

【采集地】广西百色市。

【类型及分布】多年生野生种，野外生长在水沟（渠）边、河边及池塘、沼泽等浅水区环境中，喜光照。

【主要特征特性】在南宁种植，为倾斜型，分蘖力特强（>30 个），株高 212.0cm，穗长 22.5cm，始穗期 10 月 8 日，开花期芒红色、芒长 7.3cm，剑叶长 26.5cm、宽 1.2cm，成熟时谷壳褐色，种皮红色，谷粒长 8.4mm、宽 2.0mm，长宽比为 4.2，百粒重 1.3g。

【利用价值】可用作多穗型、特色水稻品种选育的亲本。

27. 普通野生稻 27

【采集地】广西百色市。

【类型及分布】多年生野生种，野外生长在水沟（渠）边、河边及池塘、沼泽等浅水区环境中，喜光照。

【主要特征特性】在南宁种植，为倾斜型，分蘖力特强（>30 个），株高 185.0cm，穗长 25.0cm，始穗期 10 月 10 日，开花期芒红色、芒长 5.6cm，剑叶长 33.0cm、宽 1.2cm，成熟时谷壳褐色，种皮红色，谷粒长 8.3mm、宽 2.1mm，长宽比约为 4.0，百粒重 1.3g。

【利用价值】可用作多穗型、特色水稻品种选育的亲本。

28. 普通野生稻 28

【采集地】广西贵港市。

【类型及分布】多年生野生种，野外生长在水沟（渠）边、河边及池塘、沼泽等浅水区环境中，喜光照。

【主要特征特性】在南宁种植，为倾斜型，分蘖力特强（＞30 个），株高 188.0cm，穗长 27.5cm，始穗期 9 月 28 日，开花期芒红色、芒长 5.1cm，剑叶长 30.0cm、宽 1.1cm，成熟时谷壳褐色，种皮红色，谷粒长 8.4mm、宽 2.2mm，长宽比约为 3.8，百粒重 1.7g，糙米外观品质优。

【利用价值】可用作多穗型、特色水稻品种选育的亲本。

29. 普通野生稻 29

【采集地】广西北海市。

【类型及分布】多年生野生种，野外生长在水沟（渠）边、河边及池塘、沼泽等浅水区环境中，喜光照。

【主要特征特性】在南宁种植，为倾斜型，分蘖力特强（>30 个），株高 166.0cm，穗长 23.7cm，始穗期 10 月 2 日，开花期芒红色、芒长 8.9cm，剑叶长 21.5cm、宽 0.8cm，成熟时谷壳褐色，种皮红色，谷粒长 8.0mm、宽 2.2mm，长宽比约为 3.6，百粒重 1.4g，糙米外观品质优。

【利用价值】可用作多穗型、优质水稻品种选育的亲本。

30. 普通野生稻 30

【采集地】 广西北海市。

【类型及分布】 多年生野生种，野外生长在水沟（渠）边、河边及池塘、沼泽等浅水区环境中，喜光照。

【主要特征特性】 在南宁种植，为倾斜型，分蘖力特强（>30 个），株高 175.0cm，穗长 24.0cm，始穗期 10 月 1 日，开花期芒红色、芒长 9.4cm，剑叶长 21.0cm、宽 1.1cm，成熟时谷壳褐色，种皮红色，谷粒长 8.8mm、宽 2.3mm，长宽比约为 3.8，百粒重 1.9g，糙米外观品质优。

【利用价值】 可用作多穗型、优质水稻品种选育的亲本。

31. 普通野生稻 31

【**采集地**】广西北海市。

【**类型及分布**】多年生野生种，野外生长在水沟（渠）边、河边及池塘、沼泽等浅水区环境中，喜光照。

【**主要特征特性**】在南宁种植，为倾斜型，分蘖力特强（>30 个），株高 172.0cm，穗长 28.0cm，始穗期 10 月 8 日，开花期芒红色、芒长 9.4cm，剑叶长 29.0cm、宽 1.3cm，成熟时谷壳褐色，种皮红色，谷粒长 8.4mm、宽 2.2mm，长宽比约为 3.8，百粒重 1.5g，糙米外观品质优。

【**利用价值**】可用作多穗型、优质水稻品种选育的亲本。

32. 普通野生稻 32

【采集地】广西北海市。

【类型及分布】多年生野生种，野外生长在水沟（渠）边、河边及池塘、沼泽等浅水区环境中，喜光照。

【主要特征特性】在南宁种植，为倾斜型，分蘖力特强（>30 个），株高 166.0cm，穗长 25.2cm，始穗期 9 月 25 日，开花期芒红色、芒长 6.9cm，剑叶长 25.0cm、宽 1.0cm，成熟时谷壳褐色，种皮红色，谷粒长 8.2mm、宽 2.2mm，长宽比约为 3.7，百粒重 1.6g。

【利用价值】可用作多穗型、特色水稻品种选育的亲本。

33. 普通野生稻 33

【采集地】广西玉林市。

【类型及分布】多年生野生种，野外生长在水沟（渠）边、河边及池塘、沼泽等浅水区环境中，喜光照。

【主要特征特性】在南宁种植，为倾斜型，分蘖力特强（>30 个），株高 185.0cm，穗长 27.0cm，始穗期 9 月 25 日，开花期芒红色、芒长 5.8cm，剑叶长 22.0cm、宽 1.3cm，成熟时谷壳褐色，种皮红色，谷粒长 8.9mm、宽 2.4mm，长宽比约为 3.7，百粒重 1.9g。

【利用价值】可用作多穗型、特色水稻品种选育的亲本。

34. 普通野生稻 34

【采集地】广西玉林市。

【类型及分布】多年生野生种，野外生长在水沟（渠）边、河边及池塘、沼泽等浅水区环境中，喜光照。

【主要特征特性】在南宁种植，为倾斜型，分蘖力特强（>30 个），株高 159.0cm，穗长 31.2cm，始穗期 9 月 28 日，开花期芒红色、芒长 7.9cm，剑叶长 30.0cm、宽 1.2cm，成熟时谷壳褐色，种皮红色，谷粒长 9.6mm、宽 2.4mm，长宽比为 4.0，百粒重 2.3g。

【利用价值】可用作多穗型、特色水稻品种选育的亲本。

35. 普通野生稻 35

【采集地】广西玉林市。

【类型及分布】多年生野生种，野外生长在水沟（渠）边、河边及池塘、沼泽等浅水区环境中，喜光照。

【主要特征特性】在南宁种植，为倾斜型，分蘖力特强（>30 个），株高 167.0cm，穗长 33.0cm，始穗期 9 月 25 日，开花期芒红色、芒长 7.3cm，剑叶长 34.0cm、宽 1.0cm，成熟时谷壳褐色，种皮红色，谷粒长 9.6mm、宽 2.4mm，长宽比为 4.0，百粒重 2.3g，糙米外观品质中。

【利用价值】可用作多穗型、特色水稻品种选育的亲本。

36. 普通野生稻 36

【采集地】广西玉林市。

【类型及分布】多年生野生种，野外生长在水沟（渠）边、河边及池塘、沼泽等浅水区环境中，喜光照。

【主要特征特性】在南宁种植，为倾斜型，分蘖力特强（>30 个），株高 183.0cm，穗长 28.0cm，始穗期 10 月 11 日，开花期芒红色、芒长 8.4cm，剑叶长 37.5cm、宽 1.2cm，成熟时谷壳褐色，种皮红色，谷粒长 8.6mm、宽 2.6mm，长宽比约为 3.3，百粒重 2.1g。

【利用价值】可用作多穗型、特色水稻品种选育的亲本。

37. 普通野生稻 37

【采集地】广西玉林市。

【类型及分布】多年生野生种，野外生长在水沟（渠）边、河边及池塘、沼泽等浅水区环境中，喜光照。

【主要特征特性】在南宁种植，为倾斜型，分蘖力特强（>30 个），株高 199.0cm，穗长 31.1cm，始穗期 9 月 29 日，开花期芒红色、芒长 6.7cm，剑叶长 26.0cm、宽 1.1cm，成熟时谷壳褐色，种皮红色，谷粒长 9.4mm、宽 2.4mm，长宽比约为 3.9，百粒重 2.1g。

【利用价值】可用作多穗型、特色水稻品种选育的亲本。

38. 普通野生稻 38

【采集地】广西玉林市。

【类型及分布】多年生野生种，野外生长在水沟（渠）边、河边及池塘、沼泽等浅水区环境中，喜光照。

【主要特征特性】在南宁种植，为倾斜型，分蘖力特强（>30 个），株高 175.0cm，穗长 28.0cm，始穗期 9 月 17 日，开花期芒红色、芒长 9.2cm，剑叶长 30.0cm、宽 1.0cm，成熟时谷壳褐色，种皮红色，谷粒长 8.7mm、宽 2.4mm，长宽比约为 3.6，百粒重 1.5g，糙米外观品质优。

【利用价值】可用作多穗型、优质水稻品种选育的亲本。

39. 普通野生稻 39

【采集地】广西玉林市。

【类型及分布】多年生野生种，野外生长在水沟（渠）边、河边及池塘、沼泽等浅水区环境中，喜光照。

【主要特征特性】在南宁种植，为倾斜型，分蘖力特强（>30 个），株高 181.0cm，穗长 28.0cm，始穗期 9 月 25 日，开花期芒红色、芒长 7.7cm，剑叶长 26.0cm、宽 1.1cm，成熟时谷壳褐色，种皮红色，谷粒长 8.4mm、宽 2.1mm，长宽比为 4.0，百粒重 1.3g，糙米外观品质中。

【利用价值】可用作多穗型、特色水稻品种选育的亲本。

40. 普通野生稻 40

【采集地】广西桂平市。

【类型及分布】多年生野生种，野外生长在水沟（渠）边、河边及池塘、沼泽等浅水区环境中，喜光照。

【主要特征特性】在南宁种植，为倾斜型，分蘖力特强（>30 个），株高 194.0cm，穗长 35.5cm，始穗期 9 月 30 日，开花期芒红色、芒长 7.8cm，剑叶长 28.5cm、宽 1.4cm，成熟时谷壳褐色，种皮红色，谷粒长 9.2mm、宽 2.4mm，长宽比约为 3.8，百粒重 2.2g。

【利用价值】可用作多穗型、特色水稻品种选育的亲本。

41. 普通野生稻 41

【采集地】广西南宁市。

【类型及分布】多年生野生种，野外生长在水沟（渠）边、河边及池塘、沼泽等浅水区环境中，喜光照。

【主要特征特性】在南宁种植，为匍匐型，分蘖力特强（>30 个），株高 194.0cm，穗长 35.5cm，始穗期 9 月 30 日，开花期芒红色、芒长 7.8cm，剑叶长 28.5cm、宽 1.4cm，成熟时谷壳褐色，种皮红色，谷粒长 9.2mm、宽 2.4mm，长宽比约为 3.8，百粒重 2.2g。

【利用价值】可用作多穗型、特色水稻品种选育的亲本。

42. 普通野生稻 42

【采集地】广西南宁市。

【类型及分布】多年生野生种，野外生长在水沟（渠）边、河边及池塘、沼泽等浅水区环境中，喜光照。

【主要特征特性】在南宁种植，为倾斜型，分蘖力特强（>30 个），株高 212.0cm，穗长 26.0cm，始穗期 9 月 18 日，开花期芒红色、芒长 11.0cm，剑叶长 43.0cm、宽 0.7cm，成熟时谷壳褐色，种皮红色，谷粒长 9.2mm、宽 2.5mm，长宽比约为 3.7，百粒重 1.9g，糙米外观品质中。

【利用价值】可用作多穗型、特色水稻品种选育的亲本。

43. 普通野生稻 43

【采集地】广西南宁市。

【类型及分布】多年生野生种，野外生长在水沟（渠）边、河边及池塘、沼泽等浅水区环境中，喜光照。

【主要特征特性】在南宁种植，为倾斜型，分蘖力特强（>30 个），株高 204.0cm，穗长 24.0cm，始穗期 9 月 17 日，开花期芒红色、芒长 7.5cm，剑叶长 43.0cm、宽 1.2cm，成熟时谷壳褐色，种皮红色，谷粒长 8.8mm、宽 2.4mm，长宽比约为 3.7，百粒重 2.3g。

【利用价值】可用作多穗型、特色水稻品种选育的亲本。

44. 普通野生稻 44

【采集地】广西崇左市。

【类型及分布】多年生野生种，野外生长在水沟（渠）边、河边及池塘、沼泽等浅水区环境中，喜光照。

【主要特征特性】在南宁种植，为倾斜型，分蘖力特强（>30 个），株高 217.0cm，穗长 34.5cm，始穗期 9 月 16 日，开花期芒红色、芒长 7.4cm，剑叶长 33.5cm、宽 1.0cm，成熟时谷壳褐色，种皮红色，谷粒长 8.9mm、宽 2.4mm，长宽比约为 3.7，百粒重 1.9g。

【利用价值】可用作多穗型、特色水稻品种选育的亲本。

45. 普通野生稻 45

【采集地】广西崇左市。

【类型及分布】多年生野生种，野外生长在水沟（渠）边、河边及池塘、沼泽等浅水区环境中，喜光照。

【主要特征特性】在南宁种植，为倾斜型，分蘖力特强（>30 个），株高 192.5cm，穗长 34.0cm，始穗期 9 月 16 日，开花期芒红色、芒长 8.2cm，剑叶长 27.5cm、宽 1.0cm，成熟时谷壳褐色，种皮红色，谷粒长 8.4mm、宽 2.2mm，长宽比约为 3.8，百粒重 1.8g，糙米外观品质优。

【利用价值】可用作多穗型、优质水稻品种选育的亲本。

46. 普通野生稻 46

【采集地】广西梧州市。

【类型及分布】多年生野生种，野外生长在水沟（渠）边、河边及池塘、沼泽等浅水区环境中，喜光照。

【主要特征特性】在南宁种植，为倾斜型，分蘖力特强（>30 个），株高 195.0cm，穗长 22.0cm，始穗期 9 月 15 日，开花期芒红色、芒长 6.8cm，剑叶长 23.5cm、宽 1.0cm，成熟时谷壳褐色，种皮红色，谷粒长 8.9mm、宽 2.3mm，长宽比约为 3.9，百粒重 2.0g，糙米外观品质优。

【利用价值】可用作多穗型、特色水稻品种选育的亲本。

47. 普通野生稻 47

【采集地】广西梧州市。

【类型及分布】多年生野生种，野外生长在水沟（渠）边、河边及池塘、沼泽等浅水区环境中，喜光照。

【主要特征特性】在南宁种植，为倾斜型，分蘖力特强（>30 个），株高 164.0cm，穗长 23.0cm，始穗期 9 月 12 日，开花期芒红色、芒长 7.5cm，剑叶长 26.5cm、宽 1.0cm，成熟时谷壳褐色，种皮红色，谷粒长 8.3mm、宽 2.2mm，长宽比约为 3.8，百粒重 1.7g，糙米外观品质优。

【利用价值】可用作多穗型、优质水稻品种选育的亲本。

48. 普通野生稻 48

【采集地】广西贵港市。

【类型及分布】多年生野生种，野外生长在水沟（渠）边、河边及池塘、沼泽等浅水区环境中，喜光照。

【主要特征特性】在南宁种植，为倾斜型，分蘖力特强（>30 个），株高 166.0cm，穗长 29.0cm，始穗期 9 月 20 日，开花期芒红色、芒长 6.9cm，剑叶长 22.0cm、宽 1.2cm，成熟时谷壳褐色，种皮红色，谷粒长 9.0mm、宽 2.5mm，长宽比为 3.6，百粒重 2.0g，糙米外观品质优。

【利用价值】可用作多穗型、优质水稻品种选育的亲本。

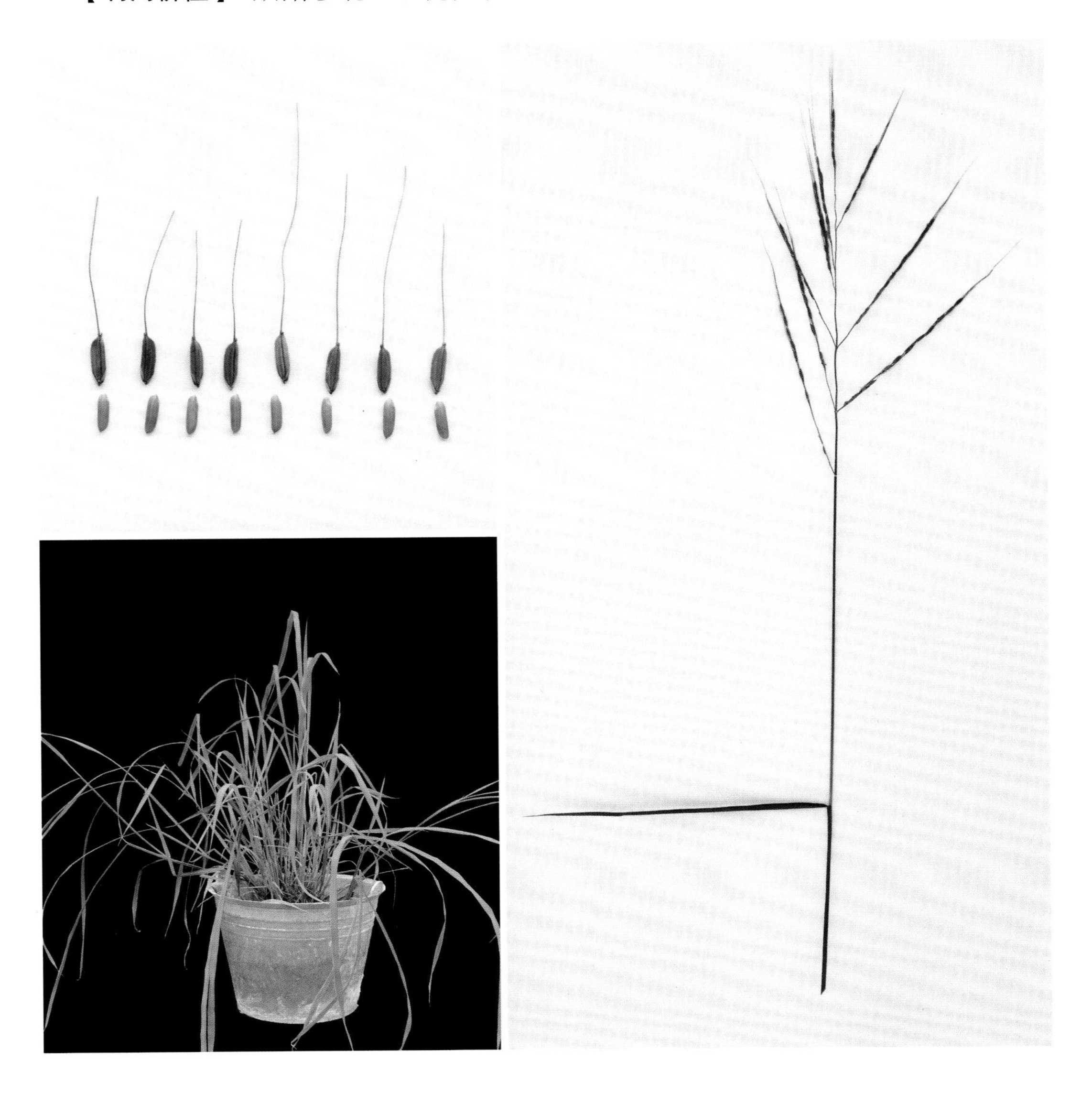

49. 普通野生稻 49

【采集地】广西钦州市。

【类型及分布】多年生野生种，野外生长在水沟（渠）边、河边及池塘、沼泽等浅水区环境中，喜光照。

【主要特征特性】在南宁种植，为倾斜型，分蘖力特强（>30 个），株高 165.0cm，穗长 26.0cm，始穗期 9 月 22 日，开花期芒红色、芒长 10.0cm，剑叶长 32.5cm、宽 1.0cm，成熟时谷壳褐色，种皮红色，谷粒长 9.8mm、宽 2.2mm，长宽比约为 4.5，百粒重 2.1g，糙米外观品质优。

【利用价值】可用作多穗型、优质水稻品种选育的亲本。

50. 普通野生稻 50

【采集地】广西柳州市。

【类型及分布】多年生野生种，野外生长在水沟（渠）边、河边及池塘、沼泽等浅水区环境中，喜光照。

【主要特征特性】在南宁种植，为倾斜型，分蘖力特强（＞30 个），株高 204.0cm，穗长 30.5cm，始穗期 9 月 28 日，开花期芒红色、芒长 9.3cm，剑叶长 23.5cm、宽 1.4cm，成熟时谷壳褐色，种皮红色，谷粒长 7.2mm、宽 2.0mm，长宽比为 3.6，百粒重 1.3g，外观品质差。

【利用价值】可用作多穗型、特色水稻品种选育的亲本。

51. 普通野生稻 51

【采集地】广西柳州市。

【类型及分布】多年生野生种，野外生长在水沟（渠）边、河边及池塘、沼泽等浅水区环境中，喜光照。

【主要特征特性】在南宁种植，为倾斜型，分蘖力特强（>30 个），株高 192.0cm，穗长 30.8cm，始穗期 9 月 24 日，开花期芒红色、芒长 8.1cm，剑叶长 23.5cm、宽 1.2cm，成熟时谷壳褐色，种皮红色，谷粒长 9.1mm、宽 2.2mm，长宽比约为 4.1，百粒重 1.7g，外观品质差。

【利用价值】可用作多穗型、特色水稻品种选育的亲本。

52. 普通野生稻 52

【采集地】广西来宾市。

【类型及分布】多年生野生种，野外生长在水沟（渠）边、河边及池塘、沼泽等浅水区环境中，喜光照。

【主要特征特性】在南宁种植，为倾斜型，分蘖力特强（>30 个），株高 176.0cm，穗长 26.5cm，始穗期 10 月 5 日，开花期芒黄色、芒长 4.8cm，剑叶长 29.5cm、宽 1.2cm，成熟时谷壳褐色，种皮红色，谷粒长 9.8mm、宽 2.2mm，长宽比约为 4.5，百粒重 2.1g。

【利用价值】可用作多穗型、特色水稻品种选育的亲本。

53. 普通野生稻 53

【采集地】广西南宁市。

【类型及分布】多年生野生种，野外生长在水沟（渠）边、河边及池塘、沼泽等浅水区环境中，喜光照。

【主要特征特性】在南宁种植，为倾斜型，分蘖力特强（>30 个），株高 220.0cm，穗长 30.5cm，始穗期 9 月 27 日，开花期芒红色、芒长 8.0cm，剑叶长 22.0cm、宽 1.0cm，成熟时谷壳褐色，种皮红色，谷粒长 9.3mm、宽 2.5mm，长宽比约为 3.7，百粒重 2.2g。

【利用价值】可用作多穗型、特色水稻品种选育的亲本。

第二节　药用野生稻种质资源

1. 药用野生稻 1

【采集地】 广西梧州市。

【类型及分布】 多年生野生种，生长于半阴生环境，多见于丘陵和山坡中下部的冲积地及山谷等腐殖质丰富的地方。

【主要特征特性】 在南宁种植，为半直立型，分蘖力特强（>30 个），株高 231.0cm，穗长 33.5cm，始穗期 9 月 17 日，开花期芒黄色、芒长 0.8cm，剑叶长 16.5cm、宽 1.9cm，成熟时谷壳褐色有斑点，种皮红色，谷粒长 4.9mm、宽 2.3mm，长宽比约为 2.1，百粒重 0.7g，糙米外观品质优。

【利用价值】 可用作多穗型水稻品种选育的亲本。

2. 药用野生稻 2

【采集地】广西梧州市。

【类型及分布】多年生野生种，生长于半阴生环境，多见于丘陵和山坡中下部的冲积地及山谷等腐殖质丰富的地方。

【主要特征特性】在南宁种植，为半直立型，分蘖力特强（>30个），株高177.0cm，穗长41.0cm，始穗期9月27日，开花期芒黄色、芒长0.9cm，剑叶长16.5cm、宽1.9cm，成熟时谷壳褐色有斑点，种皮红色，谷粒长5.2mm、宽2.5mm，长宽比约为2.1，百粒重0.9g，糙米外观品质优。

【利用价值】可用作多穗型水稻品种选育的亲本。

3. 药用野生稻 3

【采集地】广西梧州市。

【类型及分布】多年生野生种，生长于半阴生环境，多见于丘陵和山坡中下部的冲积地及山谷等腐殖质丰富的地方。

【主要特征特性】在南宁种植，为半直立型，分蘖力特强（>30 个），株高 235.0cm，穗长 35.0cm，始穗期 9 月 14 日，开花期芒黄色、芒长 0.9cm，剑叶长 23.0cm、宽 1.7cm，成熟时谷壳褐色有斑点，种皮红色，谷粒长 4.7mm、宽 2.3mm，长宽比约为 2.0，百粒重 0.7g，糙米外观品质优。

【利用价值】可用作多穗型水稻品种选育的亲本。

4. 药用野生稻 4

【采集地】广西梧州市。

【类型及分布】多年生野生种，生长于半阴生环境，多见于丘陵和山坡中下部的冲积地及山谷等腐殖质丰富的地方。

【主要特征特性】在南宁种植，为半直立型，分蘖力特强（>30个），株高217.0cm，穗长31.5cm，始穗期9月13日，开花期芒黄色、芒长0.8cm，剑叶长14.0cm、宽1.2cm，成熟时谷壳褐色有斑点，种皮红色，谷粒长4.9mm、宽2.4mm，长宽比约为2.0，百粒重0.8g，糙米外观品质中。

【利用价值】可用作多穗型水稻品种选育的亲本。

5. 药用野生稻 5

【采集地】广西梧州市。

【类型及分布】多年生野生种，生长于半阴生环境，多见于丘陵和山坡中下部的冲积地及山谷等腐殖质丰富的地方。

【主要特征特性】在南宁种植，为半直立型，分蘖力特强（>30个），株高175.0cm，穗长34.0cm，始穗期9月26日，开花期芒黄色、芒长0.9cm，剑叶长19.0cm、宽1.6cm，成熟时谷壳褐色有斑点，种皮红色，谷粒长4.9mm、宽2.3mm，长宽比约为2.1，百粒重0.6g，糙米外观品质优。

【利用价值】可用作多穗型水稻品种选育的亲本。

6. 药用野生稻 6

【采集地】广西贺州市。

【类型及分布】多年生野生种，生长于半阴生环境，多见于丘陵和山坡中下部的冲积地及山谷等腐殖质丰富的地方。

【主要特征特性】在南宁种植，为半直立型，分蘖力特强（>30 个），株高 242.0cm，穗长 37.0cm，始穗期 9 月 17 日，开花期芒黄色、芒长 0.7cm，剑叶长 15.5cm、宽 1.6cm，成熟时谷壳褐色有斑点，种皮红色，谷粒长 4.7mm、宽 2.3mm，长宽比约为 2.0，百粒重 0.7g，糙米外观品质优。

【利用价值】可用作多穗型水稻品种选育的亲本。

参 考 文 献

陈成斌, 李杨瑞, 黄一波, 等. 2005. 广西野生稻种质资源原位保护示范区资源现状调查研究. 广西农业科学, 36 (3): 269-272.

陈成斌, 庞汉华. 2001. 广西普通野生稻资源遗传多样性初探 I. 普通野生稻资源生态系统多样性探讨. 植物遗传资源学报, 2 (2): 16-21.

陈传华, 李虎, 刘广林, 等. 2017. 广西香稻育种现状及发展策略. 中国稻米, 23 (6): 117-120.

陈大洲, 肖叶青, 皮勇华, 等. 2003. 东乡野生稻耐冷性的遗传改良初步研究. 江西农业大学学报, 25 (1): 8-11.

邓国富, 张宗琼, 李丹婷, 等. 2012. 广西野生稻资源保护现状及育种应用研究进展. 南方农业学报, 43 (9): 1425-1428.

李道远, 梁耀懋, 杨华铨. 2001. 广西农作物种质资源遗传多样性. 云南植物研究, (S1): 18-21.

李金泉, 杨秀青, 卢永根, 等. 2009. 水稻中山 1 号及其衍生品种选育和推广的回顾与启示. 植物遗传资源学报, 10 (2): 317-323.

梁耀懋. 1991. 广西栽培稻资源类型初析. 西南农业学报, (3): 10-14.

卢玉娥, 梁耀懋. 1987. 广西紫米稻品种资源. 广西农业科学, (3): 10-12.

罗同平. 2014. 广西有色稻米育种研究进展. 中国稻米, 20 (2): 106-108.

潘英华, 徐志健, 梁云涛. 2018. 广西普通野生稻群体结构解析与核心种质构建. 植物遗传资源学报, 19 (3): 498-509.

王象坤, 孙传清, 才宏伟, 等. 2003. 亚洲各国普通野生稻的分类与遗传多样性研究 // 杨庆文, 陈大洲. 中国野生稻研究与利用: 第一届全国野生稻大会论文集. 北京: 气象出版社: 107-117.

应存山. 1993. 中国稻种资源. 北京: 中国农业科学技术出版社: 223-240.

曾宇, 夏秀忠, 农保选, 等. 2017. 广西特色香稻地方品种香味及其香味基因型的鉴定. 南方农业学报, 48 (9): 1548-1553.

中国农业科学院作物品种资源研究所. 1992. 中国稻种资源目录. 北京: 农业出版社.

Huang X H, Kurata N, Wei X H, et al. 2012. A map of rice genome variation reveals the origin of cultivated rice. Nature, 490 (7421): 497-501.

索　引

F

G

H

J

K

Q

R

S

T

W

X

Y

Z